国家"十一五"高职高专计算机应用型规划教材

U0146257

数据库系统开发基础与项目实训
——基于SQL Server 2005

文 东 主 编

宋 钰 周从军 罗兴荣 副主编

中国人民大学出版社　　　北京科海电子出版社

·北京·　　　www.khp.com.cn

图书在版编目(CIP)数据

数据库系统开发基础与项目实训：基于 SQL Server 2005 / 文东主编.

北京：中国人民大学出版社，2009

国家"十一五"高职高专计算机应用型规划教材

ISBN 978-7-300-10604-5

Ⅰ. 数…

Ⅱ. 文…

Ⅲ. 关系数据库—数据库管理系统，SQL Server 2005—高等学校：技术学校—教材

Ⅳ. TP311.138

中国版本图书馆 CIP 数据核字（2009）第 062859 号

国家"十一五"高职高专计算机应用型规划教材

数据库系统开发基础与项目实训——基于SQL Server 2005

文东　主编

出版发行	中国人民大学出版社　北京科海电子出版社				
社　　址	北京中关村大街31号		邮政编码	100080	
	北京市海淀区上地七街国际创业园2号楼14层		邮政编码	100085	
电　　话	（010）82896594　62630320				
网　　址	http://www.crup.com.cn				
	http://www.khp.com.cn（科海图书服务网站）				
经　　销	新华书店				
印　　刷	北京市鑫山源印刷有限公司				
规　　格	185 mm×260 mm　16开本		版　次	2009年6月第1版	
印　　张	18.25		印　次	2009年6月第1次印刷	
字　　数	444 000		定　价	29.50元	

丛 书 序

　　市场经济的发展要求高等职业院校能培养具有操作技能的应用型人才。所谓有操作技能的应用型人才，是指能将专业知识和相关岗位技能应用于所从事的专业和工作实践的专门人才。有操作技能的应用型人才培养应强调以专业知识为基础，以职业能力为重点，知识能力素质协调发展。在具体的培养目标上应强调学生综合素质和操作技能的培养，在专业方向、课程设置、教学内容、教学方法等方面都应以知识在实际岗位中的应用为重点。

　　近年来，已经出版的一些编写得较好的培养操作技能的应用型教材，受到很多高职高专师生的欢迎。随着 IT 技术的不断发展，行业应用的不断拓宽，原有的应用型教材很难满足时代发展的需要，特别是已有教材中，与行业背景、岗位需求紧密结合，以项目实训为特色的教材还不是很多，而这种突出项目实训、培养操作技能的应用型教材正是当前高等职业院校迫切需要的。

　　为此，在教育部关于建设精品课程相关文件和职业教育专家的指导下，以培养动手能力强、符合用人单位需求的熟练掌握操作技能的应用型人才为宗旨，我们组织职业教育专家、企业开发人员以及骨干教师编写了本套计算机操作技能与项目实训示范性教程——国家"十一五"高职高专计算机应用型规划教材。本套丛书重点放在"基础与项目实训"上（基础指的是相应课程的基础知识和重点知识，以及在实际项目中会应用到的知识，基础为项目服务，项目是基础的综合应用）。

　　我们力争使本套丛书符合精品课程建设的要求，在内容建设、作者队伍和体例架构上强调"精品"意识，力争打造出一套满足现代高等职业教育应用型人才培养教学需求的精品教材。

丛书定位

　　本丛书面向高等职业院校、大中专院校、计算机培训学校学生，以及需要强化工作岗位技能的在职人员。

丛书特色

▶▶ 以项目开发为目标，提升岗位技能

　　本丛书中的各分册都是在一个或多个项目的实现过程中，融入相关知识点，以便学生快速将所学知识应用到实践工程项目中。这里的"项目"是指基于工作过程的，从典型工作任务中提炼并分析得到的，符合学生认知过程和学习领域要求的，模拟任务且与实际工作岗位要求一致的项目。通过这些项目的实现，可让学生完整地掌握、应用相应课程的实用知识。

▶▶ 力求介绍最新的技术和方法

　　高职高专的计算机与信息技术专业的教学具有更新快、内容多的特点，本丛书在体例安排和实际讲述过程中都力求介绍最新的技术（或版本）和方法，强调教材的先进性和时代感，并注重拓宽学生的知识面，激发他们的学习热情和创新欲望。

>> 实例丰富，紧贴行业应用

本丛书作者精心组织了与行业应用、岗位需求紧密结合的典型实例，且实例丰富，让教师在授课过程中有更多的演示环节，让学生在学习过程中有更多的动手实践机会，以巩固所学知识，迅速将所学内容应用于实际工作中。

>> 体例新颖，三位一体

根据高职高专的教学特点安排知识体系，体例新颖，依托"基础＋项目实践＋课程设计"的三位一体教学模式组织内容。

- 第 1 部分：够用的基础知识。在介绍基础知识部分时，列举了大量实例并安排有上机实训，这些实例主要是项目中的某个环节。
- 第 2 部分：完整的项目。这些项目是从典型工作任务中提炼、分析得到的，符合学生的认知过程和学习领域要求。项目中的大部分实现环节是前面章节已经介绍到的，通过实现这些项目，学生可以完整地应用、掌握这门课的实用知识。
- 第 3 部分：课程设计（最后一章）。通常是大的行业综合项目案例，不介绍具体的操作步骤，只给出一些提示，以方便教师布置课程设计。大部分具体操作的视频演示文件在多媒体教学资源包中提供，方便教学。

此外，本丛书还根据高职高专学生的认知特点安排了"光盘拓展知识"、"提示"和"技巧"等小项目，打造了一种全新且轻松的学习环境，让学生在行家提醒中技高一筹，在知识链接中理解更深、视野更广。

丛书组成

本丛书涵盖计算机基础、程序设计、数据库开发、网络技术、多媒体技术、计算机辅助设计及毕业设计和就业指导等诸多课程，包括：

- Dreamweaver CS3 网页设计基础与项目实训
- 中文 3ds Max 9 动画制作基础与项目实训
- Photoshop CS3 平面设计基础与项目实训
- Flash CS3 动画设计基础与项目实训
- AutoCAD 2009 中文版建筑设计基础与项目实训
- AutoCAD 2009 中文版机械设计基础与项目实训
- AutoCAD 2009 辅助设计基础与项目实训
- 网页设计三合一基础与项目实训
- Access 2003 数据库应用基础与项目实训
- Visual Basic 程序设计基础与项目实训
- Visual FoxPro 程序设计基础与项目实训
- C 语言程序设计基础与项目实训
- Visual C++程序设计基础与项目实训
- ASP.NET 程序设计基础与项目实训
- Java 程序设计基础与项目实训
- 多媒体技术基础与项目实训 （Premiere Pro CS3）

- 数据库系统开发基础与项目实训——基于 SQL Server 2005
- 计算机专业毕业设计基础与项目实训
  ……

丛书作者

本丛书的作者均系国内一线资深设计师或开发专家、双师技能型教师、国家级或省级精品课教师，有着多年的授课经验与项目开发经验。他们将经过反复研究和实践得出的经验有机地分解开来，并融入字里行间。丛书内容最终由企业专业技术人员和国内职业教育专家、学者进行审读，以保证内容符合企业对应用型人才培养的需求。

多媒体教学资源包

本丛书各个教材分册均为任课教师提供一套精心开发的 DVD（或 CD）多媒体教学资源包，包含内容如下：

(1) 所有实例的素材文件、最终工程文件

(2) 本书实例的全程讲解的多媒体语音视频教学演示文件

(3) 附送大量相关的案例和工程项目的语音视频技术教程

(4) 电子教案

(5) 相关教学资源

用书教师请致电（010）82896438 或发 E-mail：feedback@khp.com.cn 免费获取多媒体教学资源包。

此外，我们还将在网站（http://www.khp.com.cn）上提供更多的服务，希望我们能成为学校倚重的教学伙伴、教师学习工作的亲密朋友。

编者寄语

希望经过我们的努力，能提供更好的教材服务，帮助高等职业院校培养出真正的熟练掌握岗位技能的应用型人才，让学生在毕业后尽快具备实践于社会、奉献于社会的能力，为我国经济发展做出贡献。

在教材使用中，如有任何意见或建议，请直接与我们联系。

联系电话：（010）82896438

电子邮件地址：feedback@khp.com.cn

丛书编委会

2009 年 1 月

内容提要

本书以"图书馆管理系统的开发"项目案例为主线，通过大量的典型实例介绍了使用SQL Server 2005进行数据库管理和开发的过程。

全书共分12章，第1～10章是SQL Server 2005的基础应用部分，主要介绍了数据库基础，初识SQL Server 2005，管理数据库和表，用户安全管理，Transact-SQL语言，视图，索引，SQL程序设计，数据库完整性，数据的备份、恢复和报表等内容。第11章以一个综合实训项目——图书馆管理系统的开发为例，详细介绍了SQL Server结合ASP.NET进行数据库管理系统开发的全过程。第12章提供了一个课程设计——学生成绩管理系统的开发，并给出了必要的需求分析、系统设计等提示，以便学生能够结合SQL Server和程序设计语言独立完成一个信息管理系统，从而提高数据库系统开发水平。

为方便教学，本书特为任课教师提供了教学资源包（1CD），包括电子教案、60小节播放时间长达155分钟的多媒体视频教学课程和书中实例的源代码文件。用书教师请致电（010）82896438或发E-mail：feedback@khp.com.cn免费获取教学资源包（1CD）。

本书深入浅出、实例丰富、实用性强，不仅可作为高等职业院校、大中专院校和计算机培训学校相关课程的教材，也可供计算机爱好者和数据库系统开发从业人员参考使用。

本书编委会

主　编：文　东

副主编：宋　钰　　周从军　　罗兴荣

参　编：宋丽荣　　董美玲　　敖晓莉

前　言

数据库技术是计算机科学技术中应用最广泛的技术之一，是计算机信息管理的核心技术。Microsoft SQL Server 2005是微软公司在SQL Server 2000的基础上最新开发的数据库管理系统，是目前主流数据库管理系统之一。它建立在成熟而强大的关系模型基础上，可以很好地支持客户机服务器网络模式，能够满足对构建网络数据库的需求，是目前各级、各类学校学习大型数据库管理系统的首选对象。

本书主要内容

本书从数据库的应用出发，通过大量典型实例介绍了使用SQL Server 2005进行数据库管理和开发的过程。全书共分12章：

第1～10章是SQL Server 2005的基础应用部分，主要介绍了数据库基础，初识SQL Server 2005，管理数据库和表，用户安全管理，Transact-SQL语言，视图，索引，SQL程序设计，数据库完整性，数据的备份、恢复和报表等内容。除了列举大量有代表性的实例外，每章均精心安排了上机实训和习题，上机实训中涉及的案例主要是实际工程项目中的某个环节，从而可以让学生更快地掌握数据库系统的应用和开发，了解行业应用；课后习题可帮助学生检验本章所学，以便巩固知识。

第11章以一个综合实训项目——图书馆管理系统的开发为例，详细介绍了SQL Server结合ASP.NET进行数据库管理系统开发的全过程。本项目从系统需求分析入手，然后进行模块设计、数据库设计及程序设计，最后完成系统的运行。其中，图书馆管理系统的数据库部分已在第1～10章中进行了相应的介绍，便于学生循序渐进地学习图书馆管理系统的建立。通过该实训项目案例的实现，可使学生掌握SQL Server与其他软件一起完成程序开发的流程与方法，从而开发具有实际使用价值的数据库。

第12章提供了一个课程设计——学生成绩管理系统的开发，并给出了必要的需求分析、系统设计等提示，以便学生能够结合SQL Server和程序设计语言独立完成一个管理系统的开发，从而提高数据库系统开发水平。

全书最后附有习题参考答案，方便读者参考学习。

本书特色

本书由Microsoft软件教育专家和资深数据库系统工程师联袂策划和编写。

本书立足于实用，以项目驱动的方式，按照教与学的实际需要取材谋篇，将理论知识讲解与实际项目案例紧密结合，既阐述了数据库的基本原理和方法，又结合SQL Server 2005数据库管理系统核心内容讲解其技术应用，并在最后通过综合实训项目案例阐述了典型数据库应用系统的开发过程与实现方法，便于学生系统掌握利用SQL Server 2005进行数据库应用程序的开发。

增值服务

为方便教学，本书特为任课教师提供了教学资源包（1CD），包括电子教案、60小节播放时间长达155分钟的多媒体视频教学课程和书中实例的源代码文件。用书教师请致电（010）82896438或发E-mail：feedback@khp.com.cn免费获取教学资源包（1CD）。

读者对象

本书深入浅出、实例丰富、实用性强，不仅可作为高等职业院校、大中专院校和计算机培训学校相关课程的教材，也可供计算机爱好者和数据库系统开发从业人员参考使用。

由于作者水平有限，书中难免会有疏漏之处，敬请读者朋友批评指正。

编　者
2009年5月

目　　录

第 1 章

数据库基础

本章首先介绍数据库的基本概念，然后对关系型数据库进行详细介绍，以便为后面的学习打下一个很好的基础。

本章的重点应放在对数据库概念、数据库模型和数据库系统的认识上，特别是关系型数据库的概念更要熟悉；关系型数据库的设计是本章的难点。

知 识 点

- 数据库的特点
- 数据库模型
- 数据库管理系统
- 数据库管理系统的网络结构
- 关系型数据库的概念
- 关系型数据库的设计

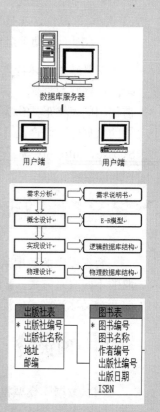

1.1 数据库概述

计算机的出现，标志着人类开始使用机器来存储和管理数据。随着信息处理技术的发展，计算机管理数据的方式也发生了巨大的变化。20世纪50年代出现了文件管理系统，即以文件方式来管理及处理数据。但是，在数据量较大的系统中，数据之间存在这样或那样的联系，如果仍然采用文件系统来管理这些数据，则处理这些数据就会引起很大的麻烦。因此，20世纪60年代就出现了数据库管理系统。

从文件管理系统到数据库管理系统，标志着数据管理技术的飞跃发展。但是，直到20世纪80年代，数据库技术才得到真正意义上的广泛应用。

与文件系统相比，数据库系统有以下特点：

- 数据的结构化　在文件系统中，文件之间不存在联系。文件内部的数据一般是有结构的，但是从数据的整体来说是没有结构的。数据库系统也包含许多单独的文件，但它们之间相互联系，在整体上也服从一定的结构形式，从而更适应管理大量数据的需求。
- 数据共享　共享是数据库系统的目的，也是其最重要的特点。一个数据库中的数据不仅可以被同一企业或者组织内部的各部门共享，还可以被不同国家、地区的用户所共享。
- 数据独立性　在文件系统中，文件和应用程序相互依赖，一方的改变总要影响另一方的改变。数据库系统则力求使这种依赖性较小化，以实现数据的独立性。
- 可控冗余度　数据专用后，每个用户拥有并使用自己的数据。许多数据就会出现重复，这就是数据冗余。实现共享后，同一数据库中的数据集中存储，共同使用，因而有助于避免重复，减少和控制数据的冗余。

正是基于上述特点，数据库系统在数据处理中得到了很大的发展。其发展经历了 3 个阶段：网状数据库、层次型数据库和关系型数据库。但是由于关系型数据库采用了人们习惯使用的表格形式作为存储结构，易学易用，因而成为使用最广泛的数据库模型。现在常用的数据库系统产品几乎全是关系型的，包括微软的 SQL Server、IBM 的 DB2、Oracle、Sybase、Informix 等。另外，还有用于小型数据库管理的 Access、FoxPro、PowerBuilder。

1.2 数据库模型

数据库中的数据从整体来看是有结构的，即所谓数据的结构化。按照实现结构化所采取的不同联系方式，数据库的整体结构可分为3种数据模型：网状、层次型和关系型。其中前两类又称为格式化模型。

1.2.1 网状

网状数据库模型将每个记录当成一个结点，结点和结点之间可以建立关联，形成一个复杂的网状结构，如图1.1所示。

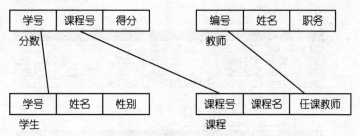

图 1.1 网状结构模型

网状数据库模型的优点是避免了数据的重复性，缺点是关联性比较复杂，尤其是当数据库变得越来越大时，关联性的维护会非常麻烦。

1.2.2 层次型

层次型数据库模型采用树状结构，依据数据的不同类型，将数据分门别类，存储在不同的层次之下，如图1.2所示。

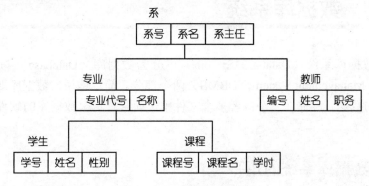

图 1.2 层次结构模型

层次型数据库模型的优点是数据结构类似于金字塔，不同层次之间的关联直接而且简单。其缺点是，由于数据纵向发展，横向关系难以建立，数据可能会重复出现，造成管理维护的不便。

1.2.3 关系型

关系型数据库模型是以二维矩阵来存储数据的，行和列形成一个关联的数据表（Table）。

图1.3所示为一个图书的目录表。如果要查找编号为"002"的图书的书名，则可以由横向的"002"与纵向的"书名"字段的关联相交处而得到，如图1.4所示。

由上面可看到，关系型数据库的关联是指表中行与列的关联，而网状数据库的关联是记录与记录的关联。网状数据库要存取一项数据，需要将整笔记录取出，而关系型数据库则可以直接存取到某一字段。

纵向的一列称
为一个字段

书号	书名	作者	出版社	价格
001	3DS MAX 7.0标准教程	刘耀儒	人民邮电出版社	30
002	Windows Vista网络管理	王晓明	北京航空航天大学出版社	40
003	3DS MAX 7.0实例教程	刘耀儒	人民邮电出版社	45
004	Mathematica 5.0入门到精通	刘耀儒	国防工业出版社	45

图 1.3 关系型数据库中的表

书号	书名	作者	出版社	价格
001	3DS MAX 7.0标准教程	刘耀儒	人民邮电出版社	30
002	Windows Vista网络管理	王晓明	北京航空航天大学出版社	40
003	3DS MAX 7.0实例教程	刘耀儒	人民邮电出版社	45
004	Mathematica 5.0入门到精通	刘耀儒	国防工业出版社	45

图 1.4 查找编号为"002"的图书的书名

提 示

在关系型数据库中，如果有多个表存在，则表与表之间也会因为字段的关系而产生关联。

1.3 数据库系统

一个数据库系统（Database System）可分为数据库（Database）与数据库管理系统（Database Management System，DBMS）两个部分。简单地说，数据库即是一组经过计算机整理后的数据，存储在一个或者多个文件中，而管理这个数据库的软件就称为数据库管理系统。

1.3.1 数据库系统的用户

数据库系统的用户是指使用和访问数据库中数据的人，有以下4种：

- 数据库设计者　负责整个数据库系统的设计工作。设计者依据用户的需求设计合适的表和格式来存放数据，并对整个数据库的存取权限作出规划。这些工作完成后，即可交给数据库管理员进行管理。

注 意

这里的设计者一般并不只是指一个人，而往往是指一组人。

- 数据库管理员　数据库管理员（Database Administrator，DBA）决定数据库中的数据，并对这些数据进行修改、维护，监督数据库的运行状况。数据库管理员的任务主要是维护数据库的内容，管理账户，备份和还原数据，以及提高数据库的运行效率。
- 应用程序设计者　负责编写访问数据库的应用程序，使用户可以很友好地使用数据库。可以使用Visual Basic、Visual C++、Delphi等来开发数据库应用程序。
- 普通用户　普通用户只需操作应用程序来访问所要查询的数据，不必关心数据库的具体格式及其维护和管理等问题。

在实际工作中，数据库管理员利用账户来控制每个用户的访问权限。每个用户都有自己的账户和密码，使用此账户和密码，用户可以登录数据库，并在允许的权限范围内访问数据库中的数据。

1.3.2　数据库管理系统

数据库管理系统（DBMS）是指帮助用户建立、使用和管理数据库的软件系统。它通常有下面3个组成部分：

- 数据描述语言（Data Description Language，DDL）　用来描述数据库的结构，供用户建立数据库。
- 数据操作语言（Data Manipulation Language，DML）　供用户对数据库进行数据的查询（数据的检索和统计等）和处理（数据的增加、删除和修改等）等操作。
- 其他管理和控制程序　包括安全、通信控制和工作日志等。

一般情况下，DDL 和 DML 组成一个一体化的语言。对于关系型数据库，最常用的就是 SQL（Structure Query Language）语言，几乎所有的数据库管理系统都提供了对 SQL 语言的支持。

注意

不同的数据库管理系统，例如SQL Server和Oracle，对SQL语言的功能扩展一般是不相同的，但是一般的检索、删除及修改等操作都是一样的。

对DDL和DML，数据库管理系统都带有翻译程序，与普通高级语言类似，翻译程序也可以分为编译执行和解释执行两种方式。例如，SQL语言既有解释型的，也有编译型的。

数据库管理系统提供了用户和数据库之间的软件界面，使用户能更方便地操作数据库。一般来说，它应有如下功能：

- 数据定义　和高级语言类似，必须定义需要的数据类型。
- 数据处理　DBMS必须提供用户对数据库的存取能力，包括记录的增加、修改、检索和删除等。
- 数据安全　管理和监督用户的权限，防止用户有任何破坏或者恶意的企图。
- 效率　DBMS应保证数据库的高效率运行，以提高数据检索和修改的速度。

提示

一般DBMS提供的功能虽然完善，但并不是很好用，所以出现了数据库应用系统（Database Application System，DBAS）。它是在DBMS支持下运行的一类计算机应用系统，通常由数据库、应用程序和支持它们的DBMS组成。而应用程序就是由应用程序设计者使用各种开发工具（例如上面提到的Visual Basic等）开发而成的。

1.3.3　数据库管理系统的网络结构

可依据数据的多少、使用的人数与硬件设备等条件，将数据库管理系统分为4种网络结构：大型数据库（Main Frame）、本地小型数据库、分布式数据库和客户机/服务器数据库。下面介绍这4种网络结构，其中重点介绍客户机/服务器数据库。

1．大型数据库

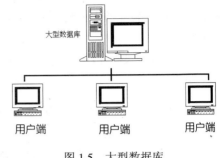

大型数据库是由一台性能很强的计算机（称为主机或者数据库服务器）负责处理庞大的数据，用户通过终端机与大型主机相连，以存取数据，如图1.5所示。

大型数据库的所有检索和修改的功能都由主机来完成，因此，如果终端用户很多，主机会非常忙碌，使得反应比较缓慢。另外，大型主机的性能虽然很强，但价格都相当昂贵，一般只有大型机构使用。

图 1.5　大型数据库

2．本地小型数据库

在用户较少、数据量不大的情况下，可使用本地小型数据库。一般是由个人建立的个人数据库。常用的DBMS有Access和FoxPro等。

3．分布式数据库

分布式数据库就是为了解决大型数据库反应缓慢的问题而提出的，它由多台数据库服务器组成，数据可来自不同的服务器，如图1.6所示。

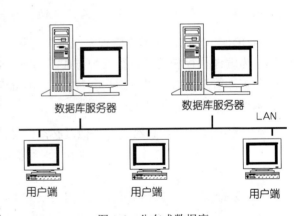

分布式数据库可以将数据分放在不同的服务器上，这样易于管理数据，而且存取效率也会比较高。

4．客户机/服务器数据库

随着微型计算机（微机）的发展，其运算速度越来越快，而且价格越来越低

图 1.6　分布式数据库

廉。在利用网络将终端机（一般为微机）和数据库服务器连接后，就可以从数据库服务器中存取数据，而且部分工作可以由终端机来完成，以分散数据库服务器的负担，这样数据库服务器就不必是价格昂贵的大型主机了。这就是客户机/服务器数据库网络结构，如图1.7所示。

在客户机/服务器数据库最简单的形式中，数据库的处理可分成两个系统：客户机（Client）和数据库服务器（Database Server），前者运行数据库应用程序，后者运行全部或者部分数据库管理系统。在客户机上的数据应用程序（也称为前端系统）处理所有的屏幕和用户输入/输出，在服务器上的后端系统处理和管理磁盘访问。例如，如果前端系统的一个用户对数据库中的数据发出请求（也称为查询），前端应用程序就将该请求通过网络发送给服务器，数据库服务器就进行搜索，并将用户查询所需的数据返回到客户机，图1.8表示了客户机/服务器结构的工作方式。

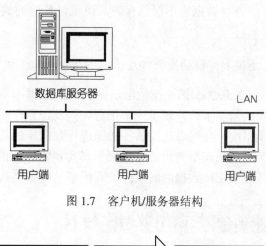

图 1.7　客户机/服务器结构

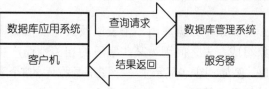

图 1.8　客户机/服务器结构的工作方式

客户机/服务器结构的优点是很明显的：由于将处理工作分在两个系统上进行，在网络上的流量将大大减少，可以加速数据的传输。

由于数据必须存放在一个单独的系统中，对于大公司来说可能是一个问题，因为他们的数据库用户分散在很广的地理区域内，或者需要与其他部门或者中心主机共享部分部门数据库，这种情况就要求有一种方法能够将数据分布在各个主机上。客户机/服务器结构就能担当此任，其网络流量比较小，可以使公司的局域网能轻松地访问远方的任何服务器。

1.4　关系型数据库

关系型数据库最大的特点在于它将每个具有相同属性的数据独立地存储在一个表中。对任何一个表而言，用户可以新增、删除和修改表中的数据，而不会影响表中的其他数据。它解决了层次型数据库的横向关联不足的缺点，也避免了网状数据库关联过于复杂的问题，所以目前大部分的数据库都是使用关系型数据库模型。

1.4.1　关系型数据库的定义

关系型数据库这一概念是由IBM公司的E.F.Codd博士提出的，他在1976年6月发表的《关于大型共享数据库数据的关系模型》论文中，首次阐述了关系数据库模型及其原理，并把它用于数据库系统中。他指出：关系型数据库是指一些相关的表和其他数据库对象的集合。这个定义表达了3部分含义：

- 在关系数据库中，信息存放在二维表格结构的表中，一个关系数据库包含多个数据表，每一个表包含行（记录）和列（字段）。一般来说，数据库都有多个表。

- 数据库所包含的表之间是有关联的，关联性由主键和外键所体现的参照关系实现。
- 数据库不仅包含表，还包含其他的数据库对象，例如视图、存储过程和索引等。

注意 ● ● ●

主键和外键的概念将在1.4.3小节中介绍。

E.F.Codd博士把数学法则引入到数据库领域中，使关系模型成为数学化模型。关系是表的数学术语，表是一个集合。因此，数学中的集合论、数理逻辑等知识可以应用在关系模型中，并可以使用这些知识进行数据库的规范化设计。

关系模型使用表格来表示和实现实体间的联系，而不像网状模型和层次模型使用指针链表来实现数据的联系。关系模型的数据结构简单、灵活，容易掌握和使用。

1.4.2 关系型数据库与表

关系型数据库由多个表以及其他的数据库对象组成，表之间因为某些字段的相关性而产生关联。例如，图1.9显示了一个图书数据库的3个表的结构及其关联。

图 1.9　图书数据库的 3 个表的结构及其关联

提示 ● ● ●

前面加有星号"*"的字段，表示是该表的主键（Primary Key），详见1.4.3小节。

图书表通过出版社编号与出版社表有关联，通过作者编号与作者表有关联。在实际分析表的关联性时，一般都使用分割表的方法。即将所有需要的字段大致归类，使用正规化分析方法将重复的字段选择出来，然后产生新的表。

从图1.9可以看到，关系型数据库有下面3个明显的优点。

1. 节省存储空间

因为数据库中会有大量的数据是重复的，如果每一次都要输入相同的数据，则容易浪费磁盘空间。例如，在图1.10所示的表中，"人民邮电出版社"输入了3次，"国

图书编号	图书名称	作者	出版社
001	3DS MAX 7.0标准教程	刘耀儒	人民邮电出版社
002	Mathematica 5.0入门到精通	王晓明	国防工业出版社
003	3DS MAX 7.0实例教程	刘耀儒	人民邮电出版社
004	Windows 2003网络管理	刘耀儒	人民邮电出版社
005	Windows Vista看图速成	刘耀儒	国防工业出版社

图 1.10　一个重复输入的表

防工业出版社"输入了2次，而作者字段中也有类似的重复情况。如果某一个表有成千上万笔记录，则这些重复输入所造成的磁盘空间的浪费是很严重的。

如果采用图1.9所示的方式，则只需要在图书表中使用出版社和作者的编号，从而可节省大量磁盘空间。

2. 可有效防止输入错误

如果重复数据太多，则在输入时难免会有输入错误。例如，出版社名称和作者姓名字段，只要输错一个字，假设将编号为"002"的"国防工业出版社"输成"国方工业出版社"，则在依据出版社名称查询时，该记录将会查不到。

如果按照图1.9的结构，则出版社名称只会输入一次，出错几率将大大降低。

3．方便数据修改

如果有一天，某出版社修改名称，在图1.10所示的表中，则对所有涉及到该出版社的记录都要进行修改。而如果采用图1.9所示的结构，只需对出版社表修改一次即可。

1.4.3 表的主键与外键

键（Key）是关系数据库模型中的一个非常重要的概念。它是一个逻辑结构，不是数据库的物理结构。下面仍然以图1.9所示的数据库为例来介绍表的主键（Primary Key）和外键（Foreign Key）。

主键是指表中的某一列，该列的值唯一标识一行。例如，图书表中的图书编号字段，对每一笔记录，它的值都是唯一确定的。给定一个图书编号，就能唯一确定表中的一笔记录。而图书名称则不能作为主键，因为图书有可能是重名的。

主键实施实体完整性，即每个表必有且仅有一个主键，主键必须唯一，而且不允许为NULL或者重复。一般为整数类型的字段。

提 示

NULL表示该字段的值为空，它不是0，也不是空格。

外键是指表中含有的与另外一个表的主键相对应的字段，它用来与其他表建立关联。例如，在图1.9所示的图书数据库中，图书表中的作者编号和出版社编号都是外键。因为作者编号是作者表的主键，而出版社编号是出版社表的主键。

使用外键的优点如下：

- 提供表之间的连接。例如通过作者编号可将图书表和作者表连接起来。
- 可以根据外键的值检查输入数据的合法性。例如，在输入图书的数据时，应保证输入的作者编号在作者表中存在，否则，数据库管理系统将报错。
- 保证了外键字段的值都是一个有效的主键，从而可以实施参照完整性。

可以将外键视为主动画的子动画。

提 示

关系型数据库的表间关系必须借助外键来建立。因为对某一个表的外键而言，其详细数据是存储在另外一个表中的，因而称之为外键。

1.4.4 数据完整性

数据完整性（Data Integrity）是用来确保数据库中的数据的正确性和可靠性。例如，数据库中某一个表的数据得到了更新，则所有与此相关的数据都要更新。例如，在图1.9所示的图书数据库中，在输入图书表的记录时，应该保证所输入的出版社在出版社表中存在。

数据的完整性包括以下几类：

- **实体完整性** 实体完整性是为了保证表中的数据唯一，实体完整性可由主键来实现。表中的主键在所有记录上的取值必须唯一。例如，图书表中，图书编号必须唯一，以保证每一图书的唯一性。
- **域完整性** 域完整性可以保证数据的取值在有效的范围内。例如，可以限制某一字段的取值范围为300～500。若输入的内容不在此范围内，则不符合域完整性。域完整性是对业务管理或者对数据库数据的限制，它们反映了业务的规则，因此域完整性也称为商业规则（Business Rule）。
- **参照完整性** 参照完整性是用于确保相关联的表间的数据保持一致，避免因一个表的记录修改，造成另一个表的内容变为无效的值。一般来说，参照完整性是通过外键和主键来维护的。
- **自定义完整性** 它是由用户自行定义的，不同于前面3种完整性，也可以说是一种强制数据定义。例如，在输入图书表的记录时，应确保图书编号不为空（NOT NULL）。

SQL Server 2005 具有强制保证数据完整性的功能，以避免数据的错误。

1.4.5 表的关联种类

前面介绍了表的关联，在关系型数据库中，关联可分为如下3类：

- **一对一关联** A表的一笔记录只能对应到B表中的一笔记录，称为一对一关联。实际应用中，一对一的关联比较少。
- **一对多关联** A表的一笔记录可以对应到B表的多笔记录，而B表的一笔记录只能对应A表的一笔记录时，称为一对多关联。例如，一本图书只能在一个出版社出版，而一个出版社却可以出版多本图书。即在图书表中的一笔记录只对应出版社表中的一笔记录，而出版社表中的一笔记录却对应图书表中的多笔记录。因此，出版社表和图书表的关联即为一对多关联。
- **多对多关联** 当两个表为多对多关联时，表示A表中的一笔记录能对应B表中的多笔记录，而B表中的一笔记录也能对应A表中的多笔记录。例如，一个作者可以写好几本书，而一本书也可以由多个作者来写。两者即为多对多关联。

1.5 关系型数据库的设计

在使用普通文件的计算机应用系统中，数据是从属于程序的，数据文件的设计通常是应用程序设计的一部分。在数据库系统应用中，数据由DBMS进行独立的管理，对程序的依赖性大为减少。而数据库的设计也逐渐形成为一项独立的开发活动。

1.5.1 数据库的设计过程

一般说来，数据库的设计都要经历需求分析、概念设计、实现设计和物理设计几个阶段，图1.11所示为数据的设计过程和每一过程应生成的文档。

下面分别介绍各个模块的功能：

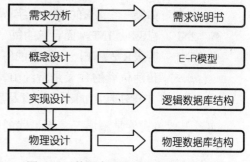

图 1.11　数据库设计过程和产生的文档

- 需求分析　目的是分析系统的需求。该过程的主要任务是从数据库的所有用户那里收集对数据的需求和对数据处理的要求，并把这些需求写成用户和设计人员都能接受的说明书。

- 概念设计　目的是将需求说明书中关于数据的需求，综合为一个统一的概念模型。首先根据单个应用的需求，画出能反映每一应用需求的局部E-R模型。然后把这些E-R模型图合并起来，消除冗余和可能存在的矛盾，得出系统总体的E-R模型。

- 实现设计　目的是将E-R模型转换为某一特定的DBMS能够接受的逻辑模式。对关系型数据库，主要是完成表的关联和结构的设计。

- 物理设计　目的在于确定数据库的存储结构。主要任务包括：确定数据库文件和索引文件的记录格式和物理结构，选择存取方法，决定访问路径和外存储器的分配策略等。不过这些工作大部分可由DBMS来完成，仅有一小部分工作由设计人员来完成。例如，物理设计应确定字段类型和数据库文件的长度。实际上，由于借助DBMS，这部分工作难度比实现设计要容易得多。

提 示

E-R（Entity-Relation，实体-联系）模型是由美籍华人陈平山在1976年提出的，用来建立数据库的概念模型。

对于一个数据库开发人员，需要了解最多的应该是实现设计阶段。因为数据库不管设计得好坏，都可以存储数据，但是在存取的效率上可能有很大的差别。可以说，实现设计阶段是关系数据库存取效率的很重要的阶段。

1.5.2　关系型数据库的规范化

在实现设计阶段，常常使用E.F.Codd的关系规范化理论来指导关系数据库的设计。其基本思想是，每个关系都应满足一定的规范，才能使关系模式设计合理，达到减少冗余、提高查询效率的目的。

提 示

完全消除数据的冗余是不可能的，因为只要有关系存在，就会存在公共的属性。而且，有时数据存在一定冗余可能更利于数据的管理和处理。

为了建立冗余较小、结构合理的数据库，Codd把关系应满足的规范划分为若干等级，每一级称为一个范式。满足最低要求的称为第一范式（1NF）；在1NF基础上又满足某些特性的称为第二范式（2NF）；在2NF的基础上再满足一些要求的称为第三范式（3NF）。

这些范式的定义如下:

- 1NF 如果一个表R的每一个字段都是不可再分的,则称表R为第一范式。
- 2NF 若表R是1NF,而且它的每一非主键字段完全依赖于主键,则表R是第二范式。
- 3NF 若表R是2NF,而且它的每一非主键字段不传递依赖于主键,则表R是第三范式。传递依赖的含义是指经由其他字段而依赖于主键的字段。3NF的实际含义是要求非主键字段之间不应该有从属关系。

实际上,范式就是施加于关系模式的约束条件,也是一个逐步对表结构进行规范化的过程。

1.6 上机实训——表的设计

1.6.1 图书和订单管理系统中表的设计

实例说明:

本例建立图书和订单管理系统中的有关表。

学习目标:

通过本例来学习如何通过分析应用系统的需求,确定表以及表的字段,初步了解主键、外键和数据完整性等概念,并在SQL Server 2005中创建表。具体实施步骤如下:

Step 01 分析包含的信息。对于图书和订单系统而言,应该包含图书的有关信息、作者的有关信息、订单的有关信息和客户的有关信息。具体包括:

- 图书信息 书名、作者、价格、出版社和简介等。
- 作者信息 作者姓名、电话和地址等。
- 订单信息 订购图书、订购数量、订单日期和客户等。
- 客户信息 客户姓名和客户地址。

Step 02 上述信息确定后,就可以规划该系统应该包含的表。这里可以将其划分为4个表:

- 图书表 book表。
- 作者表 authors表。
- 客户表 clients表。
- 订单表 orderform表。

Step 03 确定每个表的字段。根据上面的情况,可以确定每个表的名称和字段如下:

- book表 图书编号、图书名称、作者编号、价格、出版社和简介。
- authors表 作者编号、姓名、电话和地址。
- clients表 客户编号、客户姓名、客户电话和客户地址。
- orderform表 订单编号、订购图书编号、订购数量、订购日期和订购客户编号。

Step **04** 确定主键。字段初步确定后，就需要为每个表确定一个主键。在上面的分析中，可以看到，每个表的主键应该确定为每个表的编号，即通过编号可以唯一确定每一项记录。

Step **05** 确定外键。为了减少数据冗余，可以确定各表的外键如下：

- book表 作者编号是外键，利用作者编号可以在authors表中确定作者的信息。
- authors表 不需要外键。
- clients表 不需要外键。
- orderform表 订购图书编号和订购客户编号是外键。通过前者可以在books表中确定有关图书的信息；通过后者可以在clients表中确定客户的有关信息。

Step **06** 确定表之间的关联。经过前面的分析，表之间的关联也就很清楚了，如图1.12所示。

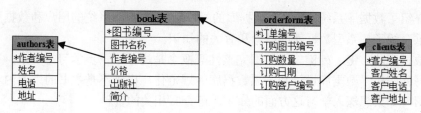

图 1.12 表之间的关联

提 示

上述过程实际上是一个反复调整的过程。初步确定的表如果不满足要求，则可以重新调整表结构，再进行分析。如此反复，直到满足要求为止。这里的要求就是兼顾数据的完整性和易用性，又不要出现太多冗余。另外，在上面的过程中，如果要增加出版社的信息，也可以增加一个出版社表。

1.6.2 公告信息系统中表的设计

实例说明：

本例针对一个简单的公告信息系统进行数据库设计。

学习目标：

通过本例的学习，加深对系统需求分析的理解，学习构建表的结构和设置表的属性。具体实施如下：

Step **01** 本公告信息系统的主要功能是发布公告，系统首先验证用户是否合法，如果合法，则将公告的内容保存到数据库中。因此，数据库中可以只包含两个表，一个用于验证用户，一个用于保存公告信息。

Step **02** 分析两个表应包含的内容，具体如下：

- 用户表 用户名、用户密码、用户姓名、性别、地址、E-mail和电话等。
- 公告信息表 公告编号、公告题目、公告内容、提交时间和提交用户名等。

Step 03 确定每个表的字段，确定两个表的名称和字段如下：

- users表　用户表，包含用户名、用户密码、用户姓名、性别、地址、E-mail和电话。
- board表　公告编号、公告题目、公告内容、提交时间和提交用户名。

Step 04 确定表之间的关联。对于board表中提交的用户名，可以在users表中唯一确定用户的详细信息。

1.7 小结

本章介绍了数据库系统的特点、数据库的3种模型、数据库系统的用户和数据库管理系统，并着重介绍了关系型数据库的概念和有关的知识。

关系数据库的主键、外键以及数据完整性等概念是进行下一步学习的基础，因此应熟练掌握。另外，对于数据库设计和关系数据库的规范化，由于不是本书的主要内容，只做了简单介绍，如果想深入学习这方面的知识，可查阅相关的资料。

1.8 习题

1．简答题

（1）简要叙述数据库系统的特点。
（2）说明数据库模型的结构。
（3）说明数据库管理系统的网络结构。
（4）说明关系型数据库模型的基本概念。

2．操作题

（1）尝试做一个学生管理信息系统的数据库结构设计。
（2）尝试做一个网上图书商城的数据库结构的设计。

第 **2** 章

初识SQL Server 2005

本章首先简单介绍SQL Server 2005，然后阐述安装SQL Server 2005的软硬件需求，并对SQL Server 2005的安装知识及安装过程进行讲解。

知 识 点

- SQL Server 2005简介
- SQL Server 2005的特性和新增功能
- SQL Server 2005的软硬件需求
- SQL Server 2005安装基本知识
- SQL Server 2005安装
- SQL Server 2005组件功能简介
- SQL Server 2005配置工具
- 管理SQL Server服务器

2.1 SQL Server 2005系统简介

Microsoft SQL Server起源于Sybase SQL Server。1988年，由Sybase公司、Microsoft公司和Asbton-Tate公司联合开发的运行于OS/2操作系统上的SQL Server诞生。后来，Asbton-Tate公司退出SQL Server的开发，而Sybase公司和Microsoft公司签署了一项共同开发协议。在1992年，两公司将SQL Server移植到了Windows NT操作系统上。之后，Microsoft公司致力于Windows NT平台的SQL Server开发，而Sybase公司则致力于UNIX平台的SQL Server的开发。

在Microsoft SQL Server的发展历程中，有两个版本具有重要的意义：在1996年推出的SQL Server 6.5版本和在2000年8月推出的SQL Server 2000版本。前者使SQL Server得到了广泛的应用，而后者在功能和易用性上有了很大的增强，并推出了简体中文版，它包括企业版、标准版、开发版和个人版4个版本。SQL Server 2005扩展了SQL Server 2000的性能、可靠性、可用性、可编程性和易用性，并包含了多项新功能，这使它成为大规模联机事务处理（OLTP）、数据仓库和电子商务应用程序的优秀数据库平台。

2.1.1 SQL Server 2005概述

Microsoft SQL Server 2005（以下简称SQL Server）由一系列相互协作的组件构成，能满足最大的Web站点和企业数据处理系统存储和分析数据的需要。

SQL Server提供了在服务器系统上运行的服务器软件和在客户端运行的客户端软件，连接客户和服务器计算机的网络软件则由Windows NT/2000/2003系统提供。

SQL Server的数据库系统的服务器运行在Windows NT/2000/2003/Vista系统上，负责创建和维护表以及索引等数据库对象，确保数据完整性和安全性，能够在出现各种错误时恢复数据。

客户端应用程序可以运行在Windows 9x/NT/2000/2003/Vista系统上，完成所有的用户交互操作。将数据从服务器检索出来后，可以生成副本，以便在本地保留以及对其进行操作。

提 示 ● ● ●

客户机/服务器（C/S）数据库计算是一种分布式的数据存储、访问和处理技术。它已成为大多数企业计算的标准。SQL Server是客户机/服务器系统应用的完美例子。

SQL Server的客户机/服务器提供了许多传统主机数据库所没有的先进功能。数据访问并非局限于某些已有的主机数据库应用程序。SQL Server的一个主要优点就是与主流客户机/服务器开发工具和桌面应用程序的紧密集成。可以使用许多方法访问SQL Server数据库。例如，可以在Visual Studio、Access、Power Builder和Delphi中访问SQL Server数据库。在进行数据库应用程序开发时，可以使用数据访问对象（DAO）、远程数据对象（RDO）、ActiveX控件、OLE DB、ODBC、DB-Library和其他第三方提供的开发工具访问SQL Server数据库。

SQL Server的客户端应用程序可以通过SQL Server提供的应用程序接口来访问服务器端的数据。有4个主要的访问方法：ODBC API、OLE DB、Transact-SQL和DB-Library。对于客户机，可以将这些API作为动态连接库来使用，并且通过客户端的网络库与SQL Server服务器通信。

2.1.2　SQL Server 2005技术

Microsoft SQL Server 2005是用于大规模联机事务处理（OLTP）、数据仓库和电子商务应用的数据库和数据分析平台。作为客户机/服务器数据库系统，SQL Server 2005主要包含以下技术。

1．SQL Server 数据库引擎

数据库引擎是用于存储、处理和保护数据的核心服务。利用数据库引擎，可控制访问权限并快速处理事务，从而满足企业内要求极高而且需要处理大量数据的应用需要。数据库引擎还在保持高可用性方面提供了有力的支持。

SQL Server关系数据库引擎支持当今苛刻的数据处理环境所需的功能。数据库引擎充分保护数据完整性，同时将管理上千个并发修改数据库的用户的开销减到最小。SQL Server 2005分布式查询使用户可以引用来自不同数据源的数据，就好像这些数据是SQL Server 2005数据库的一部分，同时分布式事务支持充分保护任何分布式数据更新的完整性。复制同样使用户可以维护多个数据副本，同时确保单独的数据副本保持同步。可将一组数据复制到多个移动的脱机用户，使这些用户自主地工作，然后将他们所做的修改合并回发给服务器。

2．SQL Server Analysis Services

Analysis Services为商业智能应用程序提供了联机分析处理（OLAP）和数据挖掘功能。Analysis Services允许用户设计、创建以及管理其中包含从其他数据源（例如关系数据库）聚合而来的数据的多维结构，从而提供OLAP支持。对于数据挖掘应用程序，Analysis Services允许使用多种行业标准的数据挖掘算法来设计、创建和可视化从其他数据源构造的数据挖掘模型。

3．SQL Server Integration Services（SSIS）

Integration Services是一种企业数据转换和数据集成解决方案，可以使用它从不同的源提取、转换以及合并数据，并将其移至单个或多个目标。

4．SQL Server 复制

复制是在数据库之间对数据和数据库对象进行复制和分发，然后在数据库之间进行同步以保持一致性的一组技术。使用复制可以将数据通过局域网、广域网、拨号连接、无线连接和Internet分发到不同位置以及分发给远程用户或移动用户。

5．SQL Server Reporting Services（SQL Server 报表服务）

Reporting Services是一种基于服务器的新型报表平台，可用于创建和管理包含来自关系数据源和多维数据源的数据的表报表、矩阵报表、图形报表和自由格式报表。可以通过基于Web的连接来查看和管理创建的报表。

6．SQL Server Notification Services（SQL Server 通知服务）

Notification Services平台用于开发和部署可生成并发送通知的应用程序。Notification Services可以生成并向大量订阅方及时发送个性化的消息，还可以向各种各样的设备传递消息。

7．SQL Server Service Broker

Service Broker是一种用于生成可靠、可伸缩且安全的数据库应用程序的技术。Service Broker是数据库引擎中的一种技术，它对队列提供了本机支持。Service Broker还提供了一个基于消息的通信平台，可用于将不同的应用程序组件链接成一个操作整体。Service Broker提供了许多生成分布式应用程序所必需的基础结构，可显著减少应用程序的开发时间。Service Broker还可帮助用户轻松自如地缩放应用程序，以适应应用程序所要处理的流量。

8．全文搜索

SQL Server包含对SQL Server表中基于纯字符的数据进行全文查询所需的功能。全文查询可以包括单词和短语，或者一个单词或短语的多种形式。

9．SQL Server 工具和实用工具

SQL Server提供了设计、开发、部署和管理关系数据库、Analysis Services多维数据集、数据转换包、复制拓扑、报表服务器和通知服务器所需的工具。

2.1.3 SQL Server 2005的新增功能

SQL Server 2005与SQL Server 2000相比，在性能、功能、可靠性以及使用性等方面都得到了很大的扩展和增强。由于这些新功能，使得SQL Server 2005已经成为一个优秀的数据平台。

1．Notification Services 增强

Notification Services是一种新平台，用于生成、发送并接收通知的高伸缩性应用程序。Notification Services可以把及时的个性化的消息发送给使用各种各样设备的数以千计乃至以百万计的订阅方。

提 示

> Notification Services 2.0是SQL Server 2000的一个可下载组件，发布于2002年。在SQL Server 2005中，Notification Services是集成在SQL Server里的。

SQL Server 2005 Notification Services包括如下几种新的功能：

- 集成到SQL Server Management Studio中。
- 支持将现有数据库用于实例和应用程序数据。
- 增加了新的管理API。
- 可将Notification Services引擎驻留在自定义应用程序或进程中。

- 新增了标准事件提供程序。
- 添加或修改部分视图，简化了应用程序开发和故障排除。

2．Reporting Services 增强

SQL Server 2005 Reporting Services（SSRS）是基于服务器的报表技术，它支持报表的创作、分发、管理和最终用户访问。Reporting Services最初是作为SQL Server 2000的组件引入的。

SQL Server 2005 Reporting Services增强了报表的功能，包括新的打印功能、最终用户排序、多值参数以及通过Microsoft SharePoint Web部件进行的报表导航和查看。对报表创作进行了扩展，以支持业务报表用户或分析人员即时生成报表。同时，也增强了Reporting Services可编程性和可管理性。

3．新增的 Service Broker

Microsoft SQL Server 2005引入了Service Broker，这是一项全新的技术，可用于生成数据库加强型的安全、可靠以及可扩展的分布式应用程序。

Service Broker是数据库引擎的一部分。Service Broker为单个SQL Server实例中的应用程序和将工作分布在多个SQL Server实例上的应用程序提供独特的功能。

在SQL Server实例中，Service Broker提供了一个功能强大的异步编程模型。异步编程允许数据库应用程序在资源可用时执行占用大量资源的任务，以此来缩短响应时间，提高吞吐量。Service Broker还会在SQL Server实例之间提供可靠的消息传递服务。

4．数据库引擎增强

Microsoft SQL Server 2005在数据库引擎中引入了多项改进和新功能，增强了数据库引擎的可编程性、可管理性和可伸缩性。

5．数据访问接口方面的增强

Microsoft SQL Server 2005在用于访问SQL Server数据库中数据的编程接口方面进行了改进。SQL Server Database Engine的API包括SqlClient托管命名空间、SQL本机客户端和SQLXML。SQL Server 2005在这些API中进行的改进提高了程序员的生产效率，并支持访问SQL Server数据库的应用程序中的新增功能。这些功能包括：

- ODBC和OLE DB程序具有更多功能。
- .NET Framework公共语言运行时集成。
- Web访问。

6．Analysis Services 的增强功能（SSAS）

Microsoft SQL Server 2005 Analysis Services（SSAS）为商业智能提供额外的支持，在使商业智能解决方案更易于创建、部署和管理的同时，为其提供增强的可伸缩性、可用性和安全性。Analysis Services中添加了很多新增功能以及对现有功能的改进。这些功能增强

体现在下面几个方面：

- 用户体验方面的增强。
- 服务器增强。
- 多维数据集的增强。
- 维度方面的增强。
- 数据挖掘方面的增强。
- 开发方面的增强。
- 管理增强。

7. Integration Services 的增强

Microsoft SQL Server 2005 Integration Services（SSIS）是用于构建高性能数据集成解决方案的新的、高度可伸缩的平台，这些解决方案的用途包括提取、转换和加载（ETL）包以建立数据仓库。Integration Services代替了Data Transformation Services（DTS），DTS最初是作为SQL Server 7.0的组件引入的。

在SQL Server 2005中，Microsoft设计并构建了全新的ETL产品——SQL Server 2005 Integration Services（SSIS）。Integration Services解决了很多DTS中遇到的困难和限制。SSIS的增强功能包括新的可扩展的体系结构、新的包设计器以及很多新任务、循环结构和转换，同时还在包部署、管理和性能方面进行了改进。

8. 复制增强

Microsoft SQL Server 2005对于复制引入了大量新功能和并进行了改进。主要包括如下几个方面：

- 对于复制安全性的增强。
- 对于复制可管理性的增强。
- 对于复制可用性的增强。
- 对于异类复制的增强。
- 对于复制可编程性的增强。
- 对于复制移动性的增强。
- 对于复制的可伸缩性和性能的增强。
- 对于可更新事务性订阅的增强。

9. 工具和实用工具增强

SQL Server 2005在用户界面和实用工具方面作了如下增强和改进：

- 新增了Business Intelligence Development Studio，用于开发和管理商业智能对象。
- 新增了SQL Server Management Studio，用于开发和管理SQL Server数据库和复制拓扑。
- 新增了SQL Server配置管理器，管理各种SQL Server组件的操作系统服务。
- 新增了数据库引擎优化顾问，用于优化SQL Server数据库性能。

- 新增了Analysis Services设计器和向导，用于部署和迁移Analysis Services。
- SQL Server Profiler得到了增强。
- SQL Server导入和导出向导的增强。
- 新增了Integration Services设计器和向导，为Business Intelligence Development Studio中的SSIS用户界面进行了重新设计。

另外，SQL Server 2005 对命令提示行实用工具也进行了很大的改进。

2.2　SQL Server 2005 版本及系统需求

在安装SQL Server 2005以前，应该了解SQL Server 2005的各个版本功能及其需要的软硬件配置，并保证它们正常运转。应该在安装之前，检查硬件和软件的安装情况，这可以避免很多安装过程中发生的问题。

2.2.1　SQL Server 2005的版本

根据应用程序的需要，安装要求可能有很大的不同。SQL Server 2005的不同版本能够满足企业和个人独特的性能、运行以及价格要求。需要安装哪些SQL Server 2005组件也要根据企业或个人的需求而定。

SQL Server 2005包括如下5个版本：

- SQL Server 2005 Enterprise Edition（企业版，适用于32位和64位平台）　它是最全面的SQL Server版本，是超大型企业的理想选择，能够满足最复杂的要求。该版本达到了支持超大型企业进行联机事务处理（OLTP）、高度复杂的数据分析、数据仓库系统和网站所需的性能水平。其全面的商业智能和分析能力及其高可用性功能（例如故障转移群集），使它可以处理大多数关键业务的企业工作负荷。该版本还推出了一种适用于32位或64位平台的120天Evaluation Edition（评估版本）。
- SQL Server 2005 Standard Edition（标准版，适用于32位和64位平台）　它是适合中小型企业的数据管理和分析平台。它包括电子商务、数据仓库和业务流解决方案所需的基本功能。其集成商业智能和高可用性功能可以为企业提供支持其运营所需的基本功能。它是需要全面的数据管理和分析平台的中小型企业的理想选择。
- SQL Server 2005 Workgroup Edition（工作组版，仅适用于32位平台）　对于那些需要在大小和用户数量上没有限制的数据库的小型企业用户，这是理想的数据管理解决方案。它可以用作前端 Web服务器，也可以用于部门或分支机构的运营。它包括SQL Server产品系列的核心数据库功能，并且可以轻松地升级至标准版或企业版。它是理想的入门级数据库，具有可靠、功能强大且易于管理的特点。
- SQL Server 2005 Developer Edition（开发版，适用于32位和64位平台）　它使开发人员可以在 SQL Server 上生成任何类型的应用程序。它包括SQL Server 2005企业版的所有功能，但有许可限制，只能用于开发和测试系统，而不能用作生产服务器。它是独立软件供应商（ISV）、咨询人员、系统集成商、解决方案供应商以及创建和测试应用程序的企业开发人员的理想选择。它可以根据生产需要升级至企业版。

- SQL Server 2005 Express Edition（精简版，仅适用于32位平台） 它是一个免费、易用且便于管理的数据库。它与Microsoft Visual Studio 2005集成在一起，其特点为功能丰富、存储安全及可快速部署的数据驱动应用程序。它是免费的，可以再分发（受制于协议），还可以起到客户端数据库以及基本服务器数据库的作用。SQL Server Express是低端ISV、低端服务器用户、创建Web应用程序的非专业开发人员以及创建客户端应用程序的编程爱好者的理想选择。

2.2.2　SQL Server 2005的硬件需求

SQL Server 2005的硬件需求如表2.1所示。

表2.1　SQL Server 2005的硬件需求

项目	最低需求
CPU	需要Pentium III 600 MHz兼容处理器或更高速度的处理器，建议1 GHz或更高
内存（RAM）	企业版、标准版、开发版和工作站版：至少512 MB，建议1 GB或更大
	Express Edition：至少192 MB，建议512 MB或更大
硬盘空间	数据库引擎和数据文件、复制以及全文搜索：150 MB
	Analysis Services和数据文件：35 KB
	Reporting Services和报表管理器：40 MB
	Notification Services引擎组件、客户端组件和规则组件：5 MB
	Integration Services：9 MB
	客户端组件：12 MB
	管理工具：70 MB
	开发工具：20 MB
	SQL Server 联机丛书和 SQL Server Mobile联机丛书：15 MB
	示例和示例数据库：390 MB
监视器	SQL Server图形工具需要VGA或更高的分辨率，分辨率至少为1024像素×768像素
定位设备	Microsoft鼠标或兼容设备
CD-ROM驱动器	通过CD或DVD媒体进行安装时需要相应的CD或DVD驱动器

关于内存的大小，实际上与操作系统也有关系。实际的硬盘空间要求也会因系统配置和选择安装的应用程序和功能的不同而异。

注意

如果不满足处理器类型的要求，系统配置检查器（SCC）将阻止安装程序运行。如果不满足最低或建议的处理器速度要求，SCC将向用户发出警告但不会阻止安装程序运行（多处理器计算机上将不会出现警告）。如果不满足最低或建议的RAM要求，SCC将向用户发出警告但不会阻止安装程序运行。内存要求仅针对此版本，它不反映操作系统的其他内存要求。SCC将在安装开始时确认内存是否可用。

2.2.3 SQL Server 2005的软件需求

SQL Server 2005包括企业版、标准版、开发版和个人版，每个版本对操作系统的要求都有所不同，每个版本及其组件安装所需要的操作系统如表2.2所示。

表2.2 SQL Server 2005各种版本及组件安装所需要的操作系统

SQL Server版本	操作系统要求
Enterprise Edition（企业版）	Windows 2000 Server SP4/Advanced Server SP4/Datacenter Edition SP4 Windows 2003 Server SP1/Enterprise Edition SP1/Datacenter Edition SP1 Windows Small Business Server 2003 Standard Edition SP1/ Premium Edition SP1
Standard Edition（标准版）	Windows 2000 Professional Edition SP4/Server SP4/Advanced Server SP4/Datacenter Edition SP4 Windows XP Professional Edition SP2/Media Edition SP2/Tablet Edition SP2 Windows 2003 Server SP1/Enterprise Edition SP1/Datacenter Edition SP1 Windows Small Business Server 2003 Standard Edition SP1/Premium Edition SP1
Workgroup Edition（工作组版）	Windows 2000 Professional Edition SP4/Server SP4/Advanced Server SP4/Datacenter Edition SP4 Windows XP Professional Edition SP2/Media Edition SP2/Tablet Edition SP2 Windows 2003 Server SP1/Enterprise Edition SP1/Datacenter Edition SP1 Windows Small Business Server 2003 Standard Edition SP1/Premium Edition SP1
Developer Edition（开发版）	Windows 2000 Professional Edition SP4/Server SP4/Advanced Server SP4/Datacenter Edition SP4 Windows XP Home Edition SP2/Professional Edition SP2/Media Edition SP2/Tablet Edition SP2 Windows 2003 Server SP1/Enterprise Edition SP1/Datacenter Edition SP1 Windows Small Business Server 2003 Standard Edition SP1/Premium Edition SP1
Express Edition（精简版）	Windows 2000 Professional Edition SP4/Server SP4/Advanced Server SP4/Datacenter Edition SP4 Windows XP Home Edition SP2/Professional Edition SP2/Media Edition SP2/Tablet Edition SP2 Windows 2003 Server SP1/Enterprise Edition SP1/Datacenter Edition SP1/Web Edition SP1 Windows Small Business Server 2003 Standard Edition SP1 Windows Small Business Server 2003 Premium Edition SP1
Evaluation Edition（评估版）	Windows 2000 Professional Edition SP4/Server SP4/Advanced Server SP4/Datacenter Edition SP4/ Windows XP Professional Edition SP2/Media Edition SP2/Tablet Edition SP2 Windows 2003 Server SP1/Enterprise Edition SP1/Datacenter Edition SP1 Windows Small Business Server 2003 Standard Edition SP1/Premium Edition SP1

除了对操作系统的要求外，SQL Server 2005 安装程序需要 Microsoft Windows Installer 3.1 或更高版本以及 Microsoft 数据访问组件（MDAC）2.8 SP1 或更高版本。可以从 Microsoft 网站下载 MDAC 2.8 SP1。

SQL Server安装程序还需要安装以下的软件组件：

- Microsoft Windows .NET Framework 2.0。
- Microsoft SQL Server本机客户端。
- Microsoft SQL Server安装程序支持文件。

注意

SQL Server 2005的某些功能要求必须在Microsoft Windows 2000/2003 Server（任何版本）下才可以使用。在32位平台上运行SQL Server 2005的要求与在64位平台上的要求不同。在具体使用时可以查阅SQL Server 2005的帮助文档。另外，SQL Server 2005 Express Edition不安装.NET Framework 2.0。因此在安装SQL Server 2005 Express Edition之前，必须安装.NET Framework 2.0。可以从Microsoft网站下载.NET Framework 2.0。

2.2.4　网络软件

客户端要通过网络连接与SQL Server正确进行通信，就必须选用一种共同的进程间通信（Inter-Process Communication，IPC）机制，以便在客户端和SQL Server之间来回传递网络数据包。SQL Server支持几种不同的IPC机制，这些IPC机制是通过动态链接库（DLL）形式的网络库来实现的。如果客户端和SQL Server并没有使用相同的网络链接库，那么它们之间就无法进行通信。服务器可以同时监听多个网络链接库。

注意

服务器可以一次监听或监视多个网络库。在安装过程中，SQL Server 2005安装程序将所有网络库安装到计算机上，并允许配置部分或全部网络库。如果没有配置某个网络库，则服务器将无法监听该网络库。安装完成后，可以使用SQL Server配置管理器更改这些配置。

网络库用于在客户端和运行SQL Server的服务器之间传递网络数据包。在决定添加网络库之前，应该阅读SQL Server在线参考书中有关每一个可用的网络链接库的内容，这样就能知道是否需要这种网络链接库。装载不需要的网络链接库会占用分配给SQL Server的珍贵内存资源。

若要连接到SQL Server Database Engine，必须启用网络协议。Microsoft SQL Server 可一次通过多种协议为请求服务。客户端用单个协议连接到 SQL Server。如果客户端程序不知道 SQL Server 在侦听哪个协议，可以配置客户端按顺序尝试多个协议。

1. Shared Memory 网络库

Shared Memory是可供使用的最简单协议，没有可配置的设置。由于使用Shared Memory协议的客户端仅可以连接到同一台计算机上运行的SQL Server实例，因此它对于大多数数据库活动而言是无用的。如果怀疑其他协议配置有误，可以使用Shared Memory协议进行故障排除。

2. Named Pipes（命名管道）网络库

Named Pipes是为局域网而开发的协议。内存的一部分被某个进程用来向另一个进程传递信息，因此一个进程的输出就是另一个进程的输入。第二个进程可以是本地的（与第一个进程位于同一台计算机上），也可以是远程的（位于联网的计算机上）。

传统上，Windows NT/2000服务器都使用Named Pipes来相互通信，SQL Server也不例外。当使用Named Pipes时，SQL Server为了与客户端通信而侦听"\\sql_server_name\pipe\sql\query"，这是一个隐含的共享目录。在这里"sql_server_name"表示安装SQL Server的计算机名字。

所有微软的客户端操作系统都具有通过Named Pipes与SQL Server进行通信的能力。Named Pipes可以被删除，但是只能在安装之后这样做。因为在安装过程中需要Named Pipes，如果在安装时删除了Named Pipes，安装过程就会失败。

3. TCP/IP Sockets 网络库

TCP/IP是Internet上广泛使用的通用协议。它用于网络中硬件结构和操作系统各异的计算机之间相互进行通信。它包括路由网络流量的标准，并能够提供高级安全功能。它是目前商业中最常用的协议。

如果使用的网络是百分之百基于TCP/IP的，并且其中的一些基于UNIX的客户端要访问SQL Server，那么就应该考虑使用TCP/IP Sockets网络链接库。这种网络链接库使用标准的TCP/IP Sockets应用程序编程接口作为进程间通信机制。

4. 虚拟接口适配器（Virtual Interface Adapter，VIA）

VIA协议和VIA硬件一同使用。限于篇幅这里不作介绍。

注 意

SQL Server 2005不支持Banyan VINES顺序包协议（SPP）、多协议、AppleTalk和NWLink IPX/SPX网络协议。以前使用这些协议连接的客户端必须选择其他协议才能连接到SQL Server 2005。

2.2.5　SQL Server 2005对Internet的要求

SQL Server 2005的安装还对Internet提出了要求，如表2.3所示。

表2.3　SQL Server 2005的Internet要求

组件	要求
Internet软件	所有SQL Server 2005的安装都需要Microsoft Internet Explorer 6.0 SP1或更高版本，因为Microsoft管理控制台（MMC）和HTML帮助需要它。只需Internet Explorer的最小安装即可满足要求，且不要求Internet Explorer是默认浏览器 如果只安装客户端组件且不需要连接到要求加密的服务器，则Internet Explorer 4.01（带Service Pack 2）即可满足要求
Internet信息服务（IIS）	安装Microsoft SQL Server 2005 Reporting Services（SSRS）需要IIS 5.0或更高版本
ASP.NET 2.02	Reporting Services需要ASP.NET 2.0。安装Reporting Services时，如果尚未启用ASP.NET，则SQL Server安装程序将启用ASP.NET

在故障转移群集上不支持Shared Memory。另外，64位版本的SQL Server 2005的网络软件和Internet要求与32位版本的要求相同。如果在64位服务器上安装Reporting Services（64位），则必须安装64位版本的ASP.NET。如果在64位服务器的32位子系统（WOW64）上安装Reporting Services（32位），则必须安装32位版本的ASP.NET。Reporting Services不支持同时在64位平台上和64位服务器的32位子系统（WOW64）上进行并行配置。

2.3 SQL Server 2005 的安装

在使用SQL Server 2005以前，首先要进行安装。本节介绍安装过程中所涉及到的选项的基础知识，以及具体的安装过程。最后对其他几种安装方式进行介绍。

2.3.1 SQL Server的配置选项

在安装SQL Server之前，应该了解SQL Server所涉及到的安装选项。SQL Server安装有很多选项，在安装时应仔细考虑每一选项的含义。因此，在安装SQL Server以前，先讨论一下这些选项。

1．排序规则

排序规则指定表示数据集中每个字符的位模式。排序规则还决定用于数据排序和比较的规则。SQL Server 2005支持在单个数据库中存储具有不同排序规则的对象，即SQL Server数据库中每列都可以有各自的排序规则。对于非Unicode列，排序规则设置指定数据的代码页，从而指定可以表示哪些字符。数据可以在Unicode列之间无缝地移动。在非Unicode列之间移动数据时，数据不能无缝地移动，而必须经过当前代码页转换。

排序规则的特征是区分语言、区分大小写、区分重音、区分假名以及区分全半角。SQL Server 2005排序规则包括下列分组：

- Windows排序规则　Windows排序规则根据关联的Windows区域设置来定义字符数据的存储规则。在Windows排序规则中，使用与Unicode数据相同的算法实现非Unicode数据的比较。Windows基本排序规则指定应用字典排序时所用的字母表或语言，以及用于存储非Unicode字符型数据的代码页。Unicode排序和非Unicode排序都与特定Windows版本中的字符串比较相兼容。这可以保持SQL Server中不同数据类型间的一致性，也使开发人员能够使用与SQL Server所使用的相同的规则（即通过调用Microsoft Win 32 API的CompareStringW函数）在应用程序中对字符串进行排序。

- 二进制排序规则　二进制排序规则基于区域设置和数据类型所定义的编码值的顺序对数据进行排序。SQL Server中的二进制排序规则强制使用二进制排序顺序，定义了要使用的语言区域设置和ANSI代码页。由于二进制排序规则相对简单，因此对改进应用程序的性能非常有用。对于非Unicode数据类型，数据比较将基于ANSI

代码页中定义的码位；对于Unicode数据类型，数据比较将基于Unicode码位；对于Unicode数据类型的二进制排序规则，数据排序将不考虑区域设置。例如，对Unicode数据应用Latin_1_General_BIN和 Japanese_BIN，会得到完全相同的排序结果。

- SQL Server 排序规则 SQL Server排序规则提供与SQL Server早期版本兼容的排序顺序。SQL Server排序规则基于由SQL Server为非Unicode数据（例如char和varchar数据类型）定义的早期SQL Server排序顺序。非Unicode数据的字典排序规则与Windows操作系统提供的任何排序例程都不兼容，但Unicode数据的排序与特定版本的Windows排序规则兼容。由于SQL Server排序规则对非Unicode数据和Unicode数据使用不同的比较规则，因此对于相同数据的比较可能看到不同的结果（取决于基本数据类型）。

2．SQL Server 2005 的命名实例和多实例

使用Microsoft SQL Server 2005，可以选择在一台计算机上安装 SQL Server的多个副本或多个实例。当设置新的SQL Server 2005安装或维护现有安装时，可以将其指定为如下实例：

- SQL Server的默认实例 此实例由运行它的计算机的网络名称标识。一台计算机上每次只能有一个版本作为默认实例运行。使用以前版本SQL Server客户端软件的应用程序可以连接到默认实例，SQL Server 7.0版或SQL Server 2000版服务器可作为默认实例操作。
- SQL Server的命名实例 该实例通过计算机的网络名称加上实例名称以<计算机名称>\<实例名称>格式进行标识。应用程序必须使用SQL Server 2005客户端组件连接到命名实例。计算机可以同时运行任意数目的SQL Server命名实例。当一台计算机安装有多个SQL Server 2005实例时，就会出现多实例。每个实例的操作都与同一台计算机上的其他任何实例分开，而应用程序可以连接任何实例。

提 示

新实例名称必须以字母、"和"符号（&）或下划线（_）开头，可以包含数字、字母或其他字符。SQL Server系统名称和保留名称不能用作实例名称。

在使用SQL Server 2005精简版、标准版或企业版时，单个和多个SQL Server 2005实例（默认或命名）都是可用的。

3．服务账户

根据选择要安装的Microsoft SQL Server组件，SQL Server 2005安装程序可安装以下10种服务：

- SQL Server Database Services。
- SQL Server Agent（SQL Server代理）。
- Analysis Services。
- Reporting Services。
- Notification Services。

- Integration Services。
- Full Text Search（全文搜索）。
- SQL Server Browser（浏览器）。
- SQL Server Active Directory Helper。
- SQL 编写器。

其中，SQL Server 服务是 SQL Server 的引擎，直接通过 Transact-SQL 管理数据库。

和大多数Windows服务一样，SQL Server的10个服务可以在服务器启动时自动启动。作为初始化过程的一部分，每个服务都必须登录到服务器上，这和用户登录到Windows访问网络资源很相似。

一个Windows服务可以通过两种方式登录到服务器上：

- 使用Windows内置的本地系统（Local System）账户来登录。本地系统账户是 Windows系统专用的特殊账户。当服务使用本地系统账户登录时，这个服务就在该物理服务器的安全上下文中运行。也就是说，该服务有权限在本地服务器上进行操作，但是不能和网络中的其他部分交互。
- 使用特殊账户来登录。这里特殊的账户是指专门为服务而创建的账户，通过使用该账户，服务可以在这个账户所属的安全上下文中运行，该账户通常是组织中的账户域。

Windows 的服务账户应该（但不是必须）在安装 SQL Server 之前创建。在安装的过程中，需要输入该服务账户。如果在安装之前忘记了创建服务账户，可以使用本地系统账户来代替，在安装完成后，可以在 Windows 的控制面板的服务应用中修改该服务的启动值。

注 意

> SQL Server和SQL Server Agent服务可以通过本地系统账户来登录，但是这样会限制它们和其他SQL Server进行通信的能力。这种设置对于小型的或单个服务器是可以的，但是当安装了多个SQL Server并且需要进行交互时，SQL Server Agent服务就不应该使用本地系统账户了，而应该使用域账户。

在为SQL Server和SQL Server Agent服务创建登录账户时，应注意下面的问题：

- 该账户应该属于账户域的Windows服务器管理员全局组。
- 不要选择"在下次登录时修改密码"（Change Password at Next Logon）复选框。
- 必须选择"密码永不过期"（Password Never Expires）复选框。
- 应指定一个口令，防止其他用户使用该账户登录Windows，因为该账户不应该用来登录Windows，而只应该被SQL Server Agent服务来使用。
- 必须赋予该账户"作为服务登录"（Log On as a Services）权限，但是对于Windows操作系统，则没有该选项。"作为服务登录"权限是在指定其作为服务账户时自动赋予的。

4. 验证模式

验证模式指的是安全方面的问题，每一个用户要使用SQL Server，都必须经过验证。

在安装过程中，系统会提示选择验证模式。有以下两种验证模式：

- **Windows身份验证模式**　在该验证模式下，SQL Server检测当前使用的Windows用户账户，并在Syslogins表中查找该账户，以确定该账户是否有权限登录。在这种方式下，用户不必提供密码或者登录名让SQL Server验证。这是默认的身份验证模式，比混合模式安全得多。

- **混合验证模式**（Windows身份验证和SQL Server身份验证）　该模式允许以SQL Server验证方式或者Windows验证方式来进行连接。具体使用哪个方式，则取决于在最初的通信中使用的网络库。如果一个用户使用TCP/IP Sockets进行登录验证，它将使用SQL Server验证模式。如果使用命名管道，登录验证将使用Windows验证模式。这种登录模式可以更好地适应用户的各种环境。

2.3.2　安装SQL Server 2005

在了解了前面的选项后，就可以安装了。整个安装过程都是在安装向导提示下完成的。具体安装步骤如下：

Step 01　将SQL Server 2005的安装光盘放入光驱中，运行光驱中的autorun.exe程序，出现安装启动画面，如图2.1所示。

Step 02　在"最终用户许可协议"对话框中，选择"我接收许可条款和条件"复选框，如图2.2所示。然后单击"下一步"按钮。

图 2.1　安装启动画面　　　　　图 2.2　"最终用户许可协议"对话框

Step 03　此时，在弹出的"安装必备组件"对话框中列出了安装SQL Server 2005之前必须安装的软件。单击"安装"按钮，开始安装和配置这些组件，如图2.3所示。根据用户计算机中软件的安装情况不同，安装必备组件的内容也会有所不同。

Step 04　安装完成后，单击"下一步"按钮，打开"欢迎使用Microsoft SQL Server安装向导"对话框，如图2.4所示。

Step 05　单击"下一步"按钮，打开"系统配置检查"对话框。完后系统配置检查后，将显示相关的信息，如图2.5所示。

Step 06　单击"下一步"按钮，弹出"注册信息"对话框，输入姓名、公司名称和注册码后，单击"下一步"按钮。

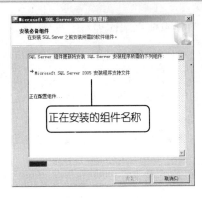

图 2.3 "安装必备组件"对话框　　　图 2.4 "欢迎使用 Microsoft SQL Server 安装向导"
对话框

Step 07 此时，会打开"要安装的组件"对话框，如图2.6所示。在此对话框中，可以选择要安装的组件。如果要安装单个组件，或者设置安装路径等，则可以单击"高级"按钮进行选择。

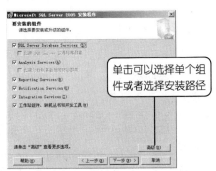

图 2.5 "系统配置检查"对话框　　　　图 2.6 "要安装的组件"对话框

Step 08 单击"下一步"按钮，打开"实例名"对话框，如图2.7所示。在此对话框中，可以添加和维护SQL Server 2005实例。如果选择"默认实例"单选项，则将安装SQL Server 2005的默认实例，默认实例名为MSSQLSERVER。若要安装命名实例，可取消"默认实例"单选按钮的选择，然后在下面的文本框中输入实例名。

Step 09 选择"默认实例"单选项，单击"下一步"按钮，打开"服务账户"对话框，如图2.8所示。在此对话框中，可以为SQL Server、SQL Browser、Analysis Services和"SQL Server Agent（SQL Server代理）"服务选择登录账户。

图 2.7 "实例名"对话框　　　　图 2.8 "服务账户"对话框

SQL Server和SQL Server Agent在所有支持的操作系统上都作为Microsoft Windows服务来运行。由于SQL Server和SQL Server Agent在Windows中作为服务来运行，因此必须给SQL Server和SQL Server Agent指派Windows用户账户。通常，给SQL Server和SQL Server Agent指派相同的用户账户，可以是本地用户账户，或者域用户账户。但是，也可以在安装过程中为每个服务自定义设置，这通过选择"为每个服务账户进行自定义"复选框来完成。

Step ⑩ 配置完成后，单击"下一步"按钮，打开"身份验证模式"对话框，如图2.9所示。若选择"混合模式（Windows身份验证和SQL Server身份验证）"单选项，则还需要输入sa（超级用户）的登录密码。

Step ⑪ 单击"下一步"按钮，打开"排序规则设置"对话框，如图2.10所示。可根据自己的需要进行设置，也可以保持默认设置。

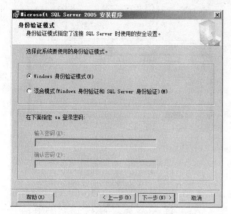

图2.9　"身份验证模式"对话框

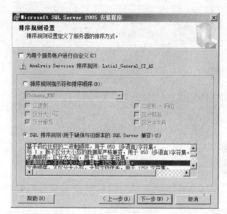

图2.10　"排序规则设置"对话框

该对话框中的各选项含义如下：

- "为每个服务账户进行自定义"复选框　可以为数据库引擎和Analysis Services指定不同的排序规则设置，也可以为所有的服务指定单一的排序规则。选中"为每个服务账户进行自定义"复选框，可以从下拉列表中的服务列表选择服务，然后为该服务选择排序规则和排序顺序。

- "排序规则指示符和排序顺序"选项　指定SQL Server 2005的此实例所使用的排序规则。为英语系统区域设置默认选定SQL排序规则。非英语区域设置的默认排序规则是Windows系统区域设置（"非 Unicode 程序语言"设置）或控制面板的"区域和语言选项"中最接近的等效设置。仅当SQL Server的此安装的排序规则设置必须与SQL Server的另一实例所使用的排序规则设置相匹配，或者必须与另一台计算机的 Windows 系统区域设置相匹配时，才应更改默认设置。

- "SQL排序规则"单选项　匹配与 SQL Server 7.0、8.0或更早版本相兼容的设置。"SQL 排序规则"选项提供与 SQL Server 的早期版本的兼容性。

注 意

SQL排序规则不能用于Analysis Services。如果选择了要在安装数据库引擎时使用的SQL排序规则，则SQL Server安装程序将基于所选的SQL排序规则为Analysis Services选择最匹配的Windows排序规则。如果数据库引擎和Analysis Services的排序规则不匹配，可能得到不一致的结果。为了确保数据库引擎与 Analysis Services之间结果的一致性，最好使用Windows排序规则。

Step 12 单击"下一步"按钮，打开"错误和使用情况报告设置"对话框，如图2.11所示。在此对话框中，可以选择自动将SQL Server 2005的错误报告和功能使用情况发送到Microsoft公司或者指定的服务器。

Step 13 单击"下一步"按钮，打开"准备安装"对话框，如图2.12所示。在该对话框中显示了要安装的SQL Server 2005组件，如果还需要安装其他组件，则可以单击"上一步"按钮，返回到前面几步重新进行选择。

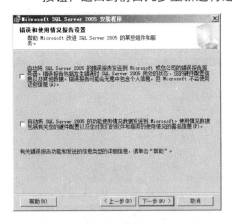

图 2.11　"错误和使用情况报告设置"对话框　　　　图 2.12　"准备安装"对话框

Step 14 单击"安装"按钮，开始安装SQL Server 2005的选定组件，并打开"安装进度"对话框，显示安装内容及进度，如图2.13所示。根据计算机的配置不同，安装所花费的时间也不同。

Step 15 安装完成后，单击"下一步"按钮，打开"完成Microsoft SQL Server 2005安装"对话框，如图2.14所示。在此对话框中，显示了摘要日志等信息。单击"完成"按钮，此时会提示重新启动计算机，选择"是"，重新启动计算机后完成安装。

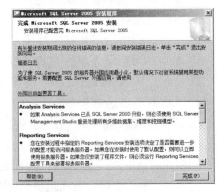

图 2.13　"安装进度"对话框　　　图 2.14　"完成 Microsoft SQL Server 2005 安装"对话框

2.3.3　从其他版本升级到SQL Server 2005

可以将SQL Server 2000 Service Pack 3（SP3）或更高版本的实例以及SQL Server 7.0 SP4

或更高版本的实例直接升级到SQL Server 2005。通过安装程序可以完成大多数升级操作；但是，某些组件支持或要求在运行安装程序后迁移应用程序或解决方案。

将以前版本的SQL Server升级到SQL Server 2005的操作步骤如下：

Step 01 将SQL Server 2005的安装光盘插入光盘驱动器。如果该光盘不自动运行，请双击该光盘根目录中的Splash.hta文件。

Step 02 开始SQL Server 2005的安装过程，依照提示进行操作。

Step 03 在"实例名"页面上，选择要升级的默认实例或命名实例。如果已经安装了默认实例或命名实例，并且为安装的软件选择了现有实例，则安装程序将升级所选的实例并提供安装其他组件的选项。

- 若要升级计算机上已安装的SQL Server默认实例，选择"默认实例"单选项，然后单击"下一步"按钮继续。
- 若要升级计算机上已安装的SQL Server命名实例，选择"命名实例"选项，然后在提供的空白处输入实例名，也可以在"实例名"页面上单击"已安装的实例"选项，从"已安装的实例"列表中选择一个实例，然后单击"确定"按钮以填充实例名字段。选择要升级的实例之后，单击"下一步"按钮继续。

Step 04 依照提示进行后续操作，直到完成升级安装即可。

2.4 SQL Server 2005 的工具概述

Microsoft SQL Server 2005提供了设计、开发、部署和管理关系数据库、Analysis Services多维数据集、数据转换包、复制拓扑、报表服务器和通知服务器所需的工具。使用这些工具和程序，可以设置和管理SQL Server进行数据库管理和备份，并保证数据库的安全和一致。

在安装完成后，在"开始"菜单上，将鼠标移到Microsoft SQL Server 2005，即可看到Microsoft SQL Server 2005的相关组件，如图2.15所示。

图 2.15　Microsoft SQL Server 2005 的组件

下面对这些组件做一些简单介绍，以便读者对Microsoft SQL Server 2005的组件及其功能有一个大体的了解。

2.4.1　SQL Server Management Studio

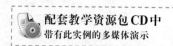
配套教学资源包CD中
带有此实例的多媒体演示

SQL Server Management Studio（SQL Server管理平台）是一个集成的环境，用于访问、配置和管理所有SQL Server组件，它将以前版本的SQL Server中包括的企业管理器和查询分析器的各种功能，组合到一个单一环境中。它还提供了一种环境，用于管理Analysis Services、

Integration Services、Reporting Services和XQuery。SQL Server Management Studio为开发者提供了一个熟悉的体验，为数据库管理人员提供了一个单一的实用工具，使其能够通过易用的图形工具和丰富的脚本完成任务。

启动和使用SQL Server Management Studio的操作步骤如下：

Step 01 在"开始"菜单中依次选择"程序"| Microsoft SQL Server 2005|SQL Server Management Studio，打开"连接到服务器"对话框，如图2.16所示。如果本地机器已经安装了SQL Server服务器，则可以在"身份验证"下拉列表框中选择"Windows 身份验证"；如果在安装时设置了SQL Server身份验证，则需进行相应的选择。

Step 02 单击"连接"按钮，打开Microsoft SQL Server Management Studio窗口，如图2.17所示。该窗口为一个标准的Visual Studio界面。默认情况下，左侧窗口为对象资源管理器，以树状结构显示数据库服务器及其中的数据库对象。对象资源管理器是SQL Server Management Studio 的一个组件，可连接到数据库引擎实例、Analysis Services、Integration Services、Reporting Services和SQL Server Mobile。它提供了服务器中所有对象的视图，并具有可用于管理这些对象的用户界面。对象资源管理器的功能根据服务器的类型稍有不同，但一般都包括用于数据库的开发功能和用于所有服务器类型的管理功能。

图 2.16   "连接到服务器"对话框

图 2.17   Microsoft SQL Server Management Studio 窗口

Step 03 在对象资源管理器中，单击"数据库"结点前面的加号，打开"数据库"项，即可看到当前数据库服务器中包含的所有数据库，如图2.18所示。

提 示

目前，在图2.18所示的对象资源管理器窗口中只能看到master、model、msdb和tempdb数据库。它们是系统数据库（关于系统数据库的详细信息，可以参考第3章）。

Step 04 在Microsoft SQL Server Management Studio窗口中，还可以管理和执行Transact-SQL脚本，这实际上集成了SQL Server 2000中的查询分析器的功能。单击工具栏中的"新建查询"按钮，打开脚本编辑器窗口。此时，系统将自动生成一个脚本名称，如图2.19所示。

Step 05 在脚本编辑器窗口中单击，在顶部的可用数据库下拉列表框中选择当前脚本应用的数据库，然后在编辑窗口中输入下面的SQL语句：

```
SELECT * FROM spt_values
```

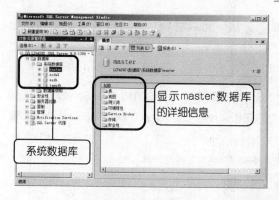

图 2.18　查看数据库信息　　　　　　　图 2.19　脚本编辑器窗口

Step 06　单击工具栏中的"执行"按钮，在右侧窗口下面即可显示出执行结果，如图2.20所示。

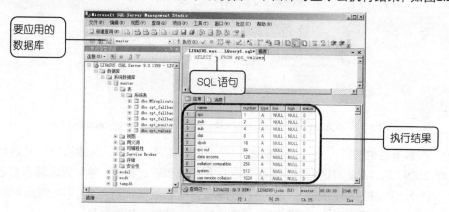

图 2.20　执行 SQL 语句

提　示

SELECT语句是最常用的SQL语句，spt_values是master数据库中的一个表。SELECT *
FROM spt_values执行的操作是从spt_values表中查询数据。关于SQL语句，读者可以参
考第5章。

　　除了上面介绍的查看数据库、执行SQL语句功能外，SQL Server Management Studio还
具有管理SQL Server Database Engine、Analysis Services、Reporting Services、Notification
Services以及SQL Server Mobile中的对象，导入导出SQL Server Management Studio服务器注
册，保存或打印由SQL Server Profiler生成的XML显示计划或死锁文件等功能。这将在后面
章节中详细介绍。

2.4.2　Business Intelligence Development Studio

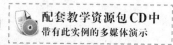
配套教学资源包CD中
带有此实例的多媒体演示

　　Business Intelligence Development Studio（商业智能开发平台）是一个集成的环境，用
于开发商业智能构造。它包含一些项目模板，这些模板可以提供开发特定构造的上下文。

　　在Business Intelligence Development Studio中开发项目时，可以将其作为某个解决方案
的一部分进行开发，而该解决方案独立于具体的服务器。例如，可以在同一个解决方案中
包括Analysis Services项目、Integration Services项目和Reporting Services项目。在开发过程

中，可以将对象部署到测试服务器中进行测试，然后，可以将项目的输出结果部署到一个或多个临时服务器或生产服务器。

使用Business Intelligence Development Studio创建一个项目的操作步骤如下：

Step 01 在"开始"菜单上，依次选择"程序" | Microsoft SQL Server 2005 | SQL Server Business Intelligence Development Studio选项，打开Business Intelligence Development Studio窗口，如图2.21所示。

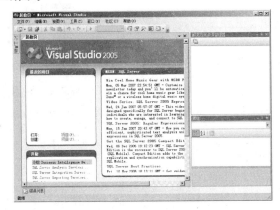

图 2.21　SQL Server Business Intelligence Development Studio 窗口

Step 02 在菜单栏中选择"文件" | "新建" | "项目"选项，打开"新建项目"对话框，如图2.22所示。在此对话框中，可以选择项目类型和项目模板，并可以设置项目名称、解决方案的名称等。另外，除了可以创建"商业智能项目"外，还可以创建Visual C++、Visual C#等类型的项目，当然前提是需要安装这些开发工具。

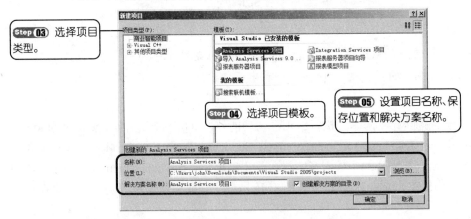

图 2.22　"新建项目"对话框

2.4.3　Analysis Services

Microsoft SQL Server 2005 Analysis Services（SSAS）通过服务器和客户端技术的组合提供联机分析处理（OLAP）和数据挖掘功能，并通过使用专用的开发和管理环境以及为设计、创建、部署和维护商业智能应用程序而完善定义的对象模型进一步增强这些功能。

Analysis Services部署向导使用从SSAS项目生成的XML输出文件作为输入文件。可以轻松地修改这些输入文件，以自定义Analysis Services项目的部署。

2.4.4　SQL Server Configuration Manager配置工具

SQL Server Configuration Manager（配置管理器）是一种工具，用于管理与SQL Server相关联的服务，配置SQL Server使用的网络协议以及从SQL Server客户端计算机管理网络连接配置。

SQL Server Configuration Manager集成了以下SQL Server 2000工具的功能：

- 服务器网络实用工具。
- 客户端网络实用工具。
- 服务管理器。

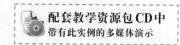
配套教学资源包CD中
带有此实例的多媒体演示

1．服务配置

可以使用SQL Server Configuration Manager配置工具来管理和配置SQL Server 2005的服务。操作步骤如下：

Step 01　打开"开始"菜单，依次选择"程序"|Microsoft SQL Server 2005|"配置工具"|SQL Server Configuration Manager选项，打开SQL Server Configuration Manager窗口，如图2.23所示。

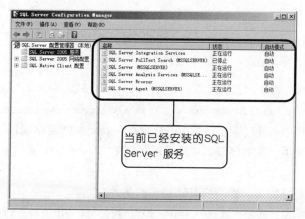

图 2.23　SQL Server Configuration Manager 窗口

Step 02　在左侧窗口中，选择"SQL Server 2005服务"选项，在右侧窗口中即可看到当前已经安装的SQL Server服务。在服务名称上右击，即可弹出一个快捷菜单，如图2.24所示。通过选择其中的"启动"、"停止"、"暂停"和"重新启动"等命令即可启动和停止相应的服务。

图 2.24　启动和停止服务

Step 03　双击某个服务，即可打开该服务的"SQL Server (MSSQLSERVER) 属性"对话框，如图2.25所示。默认打开的是"登录"选项卡，在该选项卡中，可以设置服务账户。也可以通过单击"服务状态"下的按钮来启动或停止服务。

Step 04 如果要设置服务的启动模式，则可以单击"服务"标签，打开"服务"选项卡。选择"启动模式"选项，然后单击右侧的下拉列表框，从出现的下拉列表中可以选择服务的启动模式，如图2.26所示。

Step 05 设置完成后，单击"确定"按钮，系统提示重新启动服务，单击"是"按钮即可。

图 2.25　"SQL Server（MSSQLSERVER）属性"对话框　　　图 2.26　"服务"选项卡

提　示

在"高级"选项卡中，可以进一步设置服务的启动参数、转存目录，并可以设置是否发送错误报告和客户反馈报告等。

2. 网络配置

通过SQL Server Configuration Manager配置工具，可以设置SQL Server 2005的网络配置。操作步骤如下：

> 配套教学资源包CD中
> 带有此实例的多媒体演示

Step 01 打开"开始"菜单，依次选择"程序"|Microsoft SQL Server 2005|"配置工具"|SQL Server Configuration Manager选项，打开SQL Server Configuration Manager窗口。

Step 02 在左侧窗口中，通过双击依次打开"SQL Server 2005网络配置"|"MSSQLSERVER的协议"选项，在右侧窗口中即可看到SQL Server 2005支持的网络协议，如图2.27所示。

Step 03 双击某个网络协议，即可打开该协议的属性对话框，用户可以通过该对话框对网络协议进行配置。例如，双击TCP/IP，即可打开"TCP/IP属性"对话框，如图2.28所示。

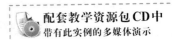

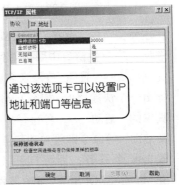

通过该选项卡可以设置IP地址和端口等信息

图 2.27　SQL Server 2005 支持的网络协议　　　图 2.28　"TCP/IP 属性"对话框

3. 客户端配置

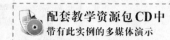

如果要在客户端连接远程的SQL Server 2005服务器，则需要在客户端计算机上安装并配置网络协议。操作步骤如下：

Step 01 打开"开始"菜单，依次选择"程序" | Microsoft SQL Server 2005 | "配置工具" | SQL Configuration Manager选项，打开SQL Server Configuration Manager窗口。

Step 02 在左侧窗口中，双击打开"SQL Native Client配置"，然后双击"客户端协议"。在右侧窗口中即可看到客户端已经配置的网络协议，如图2.29所示。

Step 03 双击某个网络协议，即可打开该协议的属性对话框，用户可以通过该对话框对网络协议进行配置。

图 2.29　客户端已经配置的网络协议

2.4.5　性能工具

SQL Server 2005提供了SQL Server Profiler和数据引擎优化顾问两个性能工具。下面分别进行介绍。

1. SQL Server Profiler

Microsoft SQL Server Profiler是SQL跟踪的图形用户界面，用于监视SQL Server Database Engine或SQL Server Analysis Services的实例。可以捕获有关每个事件的数据并将其保存到文件或表中供以后分析。

启动和使用SQL Server Profiler的操作步骤如下：

Step 01 打开"开始"菜单，依次选择"程序" | Microsoft SQL Server 2005 | "性能工具" | SQL Server Profiler选项，打开SQL Server Profiler窗口。

> **提 示**
>
> 通过下面两种方式也可以打开SQL Server Profiler窗口：在SQL Server Management Studio的"工具"菜单上，单击SQL Server Profiler；在数据库引擎优化顾问的"工具"菜单上，单击SQL Server Profiler。

Step 02 在"文件"菜单中选择"新建跟踪"选项，打开"连接到服务器"对话框，选择要连接的服务器，并设置相应的登录模式。

Step 03 单击"连接"按钮，打开"跟踪属性"对话框，如图2.30所示。在"常规"选项卡中可以设置"跟踪名称"、"使用模板"和"启用跟踪起止时间"等选项。

Step 04 单击"事件选择"标签，打开"事件选择"选项卡，如图2.31所示。在该选项卡中可以设置要跟踪的事件和事件列。

Step 05 设置完成后，单击"运行"按钮即可开始跟踪。

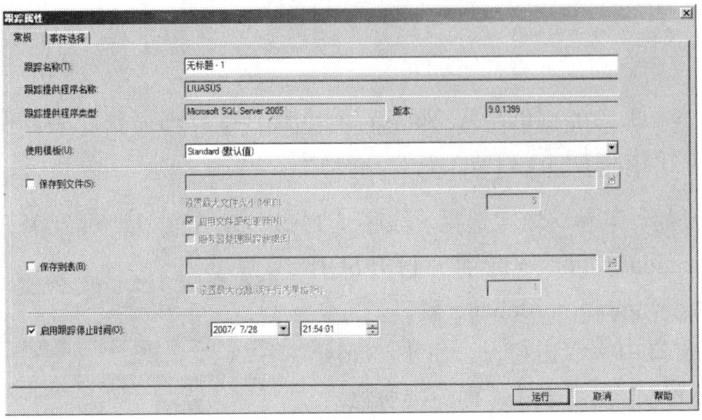

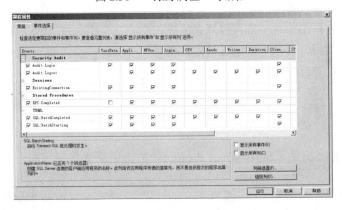

图 2.30 "跟踪属性"对话框

图 2.31 "事件选择"选项卡

2. 数据库引擎优化顾问

借助Microsoft SQL Server 2005数据库引擎优化顾问，用户不必精通数据库结构或Microsoft SQL Server的精髓，即可选择和创建索引、索引视图和分区的最佳集合。

启动和使用数据库引擎优化顾问的操作步骤如下：

Step 01 打开"开始"菜单，依次选择"程序"| Microsoft SQL Server 2005 | "性能工具"| "数据库引擎优化顾问"选项，打开"连接服务器"对话框。

Step 02 选择要连接的服务器，并设置相应的登录模式。然后单击"连接"按钮，连接成功后，弹出Database Engine Tuning Adviser窗口，如图2.32所示。

Step 03 在"常规"选项卡中，选择"工

图 2.32 Database Engine Tuning Adviser 窗口

作负荷"中的"文件"或"表"选项，并设置"用于工作负荷分析的数据库"。其中工作负荷由保存在文件或表中的Transact-SQL脚本或SQL Server Profiler跟踪组成。

Step 04 在"优化选项"选项卡中，可以设置用于优化的一些选项。设置完成后，单击工具栏中的"开始分析"按钮，即可开始优化分析。

除了上面的启动数据库引擎优化顾问操作步骤外，还可以在 SQL Server Management Studio 窗口或者 SQL Server Profiler 窗口的"工具"菜单中单击"数据库引擎优化顾问"选项来启动数据库引擎优化顾问。

另外，也可以在SQL Server Management Studio查询编辑器中使用数据库引擎优化顾问。

2.4.6 文档和教程

Microsoft SQL Server联机丛书是Microsoft SQL Server 2005的文档集。该联机丛书涵盖了有效使用SQL Server所需的概念和过程，还包括了使用SQL Server存储、检索、报告和修改数据时所使用的语言和编程接口的参考资料。

打开和使用联机丛书的操作过程如下：

Step 01 打开"开始"菜单，依次选择"所有程序" | Microsoft SQL Server 2005 | "文档和教程" | "SQL Server 联机丛书"选项，即可打开"联机丛书 - Microsoft SQL Server 2005"窗口，如图2.33所示。

Step 02 可以按照目录来查找需要的内容，也可以通过"搜索"选项卡来寻找需要的内容。

图 2.33 "联机丛书- Microsoft SQL Server 2005"窗口

2.5 管理 SQL Server 服务器

服务器是SQL Server数据库管理系统的核心，管理服务器可以通过SQL Server Management Studio管理平台来完成。

2.5.1 管理服务器组

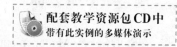

配套教学资源包CD中带有此实例的多媒体演示

在一个客户端上可以同时管理多个SQL Server服务器。可以将多个SQL Server服务器分类汇总到不同的服务器组中，以方便管理。

创建和使用服务器组的操作步骤如下：

Step 01 打开"开始"菜单，依次选择"程序" | Microsoft SQL Server 2005 | SQL Server Management Studio选项，打开SQL Server Management Studio窗口。

Step 02 连接到服务器，然后在打开的"已注册的服务器"窗口中右击，在快捷菜单中选择

"新建" | "服务器组" 命令，打开 "新建服务器组" 对话框，如图2.34所示。

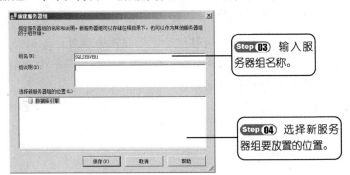

图 2.34　"新建服务器组" 对话框

Step 05 设置完成后，单击 "保存" 按钮，即可创建一个服务器组，如图 2.35 所示。这里创建的服务器组是 SQLSERVER1。

Step 06 如果要将已注册的服务器移动到该服务器组中，则可右击服务器名称，在弹出的快捷菜单中选择 "移到" 命令，打开 "移动服务器注册" 对话框，选择服务器组名称，如图2.36所示。

图 2.35　新创建的服务器组

Step 07 单击 "确定" 按钮，即可将服务器liuasus移到服务器组 SQLSERVER1中，如图2.37所示。

图 2.36　"移动服务器注册" 对话框　　　　图 2.37　将服务器移到服务器组中

2.5.2　注册服务器

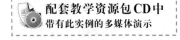
配套教学资源包CD中
带有此实例的多媒体演示

在SQL Server Management Studio中注册服务器可以存储服务器连接信息，以供将来连接时使用。在注册服务器时必须指定：

- 服务器的类型。在Microsoft SQL Server 2005中，可以注册下列类型的服务器：数据库引擎、Analysis Services、Reporting Services、Integration Services和SQL Server Mobile。
- 服务器的名称。
- 登录到服务器时使用的身份验证的类型。

注册服务器的操作步骤如下：

Step 01 打开"开始"菜单，依次选择"程序" | Microsoft SQL Server 2005 | SQL Server Management Studio选项，打开SQL Server Management Studio窗口。

Step 02 在"已注册的服务器"窗口中右击，在快捷菜单的"新建"选项中选择"服务器注册"命令，打开"新建服务器注册"对话框，如图2.38所示。

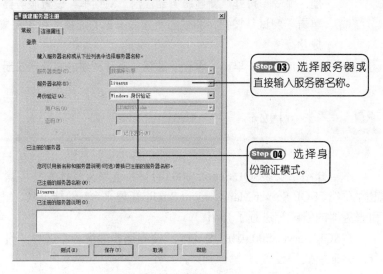

图2.38　"新建服务器注册"对话框

Step 05 在"连接属性"选项卡中，可以设置网络协议以及连接到的数据库等选项。

Step 06 设置完成后，单击"测试"按钮，测试到新建服务器的连接。如果配置成功，则会打开如图2.39所示的对话框，提示连接测试成功。

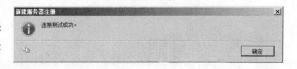

Step 07 测试成功后，单击"保存"按钮，保存新建的服务器注册。

图2.39　提示连接测试成功

Step 08 如果要修改服务器注册，则可以右击要修改的服务器实例，然后选择快捷菜单中的"属性"命令，在打开的"编辑服务器注册属性"对话框中，用户可以修改服务器的身份验证模式和服务器名称等信息。

Step 09 如果要删除服务器实例，则可以右击要删除的服务器实例，然后选择快捷菜单中的"删除"命令，在弹出的确认删除对话框中单击"是"按钮，即可删除服务器实例。

2.6 上机实训——注册SQL Server服务器

实例说明：

本实例是在服务器上注册一个SQL Server服务器。

📚学习目标:

通过对本例的学习，掌握在服务器上注册SQL Server服务器的操作步骤。

Step 01 打开SQL Server Management Studio窗口。

Step 02 在"已注册的服务器"窗口中右击，在快捷菜单的"新建"选项中选择"服务器注册"命令，打开"新建服务器注册"对话框，设置服务器名称和身份验证模式。

Step 03 单击"测试"按钮，测试与新建服务器的连接。如果配置成功，则会提示连接测试成功。

Step 04 测试成功后，单击"保存"按钮，保存新建的服务器注册。

2.7 小结

本章介绍了安装SQL Server 2005的安装选项及具体安装步骤，并对SQL Server 2005的组件功能、SQL Server Management Studio管理平台、性能工具、配置工具、Analysis Services和服务器的管理等进行了介绍。

在SQL Server 2005中的安装中，关键是要理解各个选项的设置，主要包括服务账户和身份验证模式等设置。

SQL Server 2005是一个功能很强的数据库管理系统，它包含了几个用于数据库以及安全性配置的工具。本章对这些管理工具和服务器的管理进行了简要介绍，使读者对SQL Server 2005有一个全面的认识。

2.8 习题

1. 简答题

（1）简述SQL Server 2005的组件及其功能。

（2）SQL Server Management Studio的功能有哪些？

2. 操作题

（1）安装SQL Server 2005，了解安装步骤和注意事项。

（2）试着使用SQL Server 2005的工具和教程。

第 **3** 章

管理数据库和表

本章介绍查看、建立和删除数据库和表的方法。

- ◉ 数据库文件
- ◉ 页和区的概念
- ◉ 事务日志
- ◉ 查看数据库属性
- ◉ 数据库的建立
- ◉ 数据库的删除
- ◉ 表的建立

3.1 数据库存储结构

数据库的存储结构分为逻辑存储结构和物理存储结构。数据库的逻辑存储结构指的是数据库的性质信息等。SQL Server数据库是由表、视图和索引等各种不同的数据库对象所组成，它们分别存储数据库的特定信息，构成了数据库的逻辑存储结构。数据库的物理存储结构则指的是磁盘上存储的数据库文件。

数据库文件由数据文件和事务日志文件组成，保存在物理介质的NTFS分区或者FAT分区上，它预先分配了将要被数据库和事务日志所使用的物理存储空间。

3.1.1 数据库文件和文件组

SQL Server 2005将数据库映射为一组操作系统文件。数据和日志信息从不混合在相同的文件中，而且各文件仅在一个数据库中使用。文件组是命名的文件集合，用于帮助数据布局和管理任务，例如备份和还原操作。

SQL Server 2005数据库具有3种类型的文件：

- 主数据文件　主数据文件是数据库的起点，指向数据库中的其他文件。每个数据库都有一个主数据文件。主数据文件的推荐文件扩展名是.mdf。
- 次要数据文件　除主数据文件以外的所有其他数据文件都是次要数据文件。某些数据库可能不含有任何次要数据文件，而有些数据库则含有多个次要数据文件。次要数据文件的推荐文件扩展名是.ndf。
- 日志文件　日志文件包含用于恢复数据库的所有日志信息。每个数据库必须至少有一个日志文件，当然也可以有多个。日志文件的推荐文件扩展名是.ldf。

注意

SQL Server 2005不强制使用.mdf、.ndf和.ldf 文件扩展名，但使用它们有助于标识文件的各种类型和用途。

在SQL Server 2005中，数据库中所有文件的位置都记录在数据库的主文件和master数据库中。大多数情况下，数据库引擎使用master数据库中的文件位置信息。但是，在以下情况中，数据库引擎使用主文件中的文件位置信息来初始化master数据库中的文件位置项：

- 使用带有FOR ATTACH或FOR ATTACH_REBUILD_LOG选项的CREATE DATA-BASE语句来附加数据库时。
- 从SQL Server 2000版或7.0版升级到SQL Server 2005版时。
- 还原master数据库时。

为便于数据库文件的分配和管理，可以将数据库对象和文件一起分成文件组。有两种类型的文件组：

- 主文件组　主文件组包含主数据文件和任何没有明确分配给其他文件组的其他文件。系统表的所有页均分配在主文件组中。

- 用户定义文件组 用户定义文件组是通过在CREATE DATABASE或ALTER DATABASE语句中使用FILEGROUP关键字指定的任何文件组。

每个数据库中均有一个文件组被指定为默认文件组。如果创建表或索引时未指定文件组，则将假定所有页都从默认文件组分配。一次只能有一个文件组作为默认文件组。

注意

日志文件不包括在文件组内。日志空间与数据空间分开管理。

SQL Server 2005文件可以从它们最初指定的大小开始，随数据的增加而自动增长。在定义文件时，可以指定一个特定的增量。每次填充文件时，其大小均按此增量来增长。如果文件组中有多个文件，则它们在所有文件被填满之前不会自动增长。填满后，这些文件会循环增长。

每个文件还可以指定一个最大大小。如果没有指定最大大小，文件可以一直增长到用完磁盘上的所有可用空间。

3.1.2 页和区

在创建数据库对象时，SQL Server会使用一些特定的数据结构给数据对象分配空间，即页和区。它们和数据库及其文件间的关系如图3.1所示。

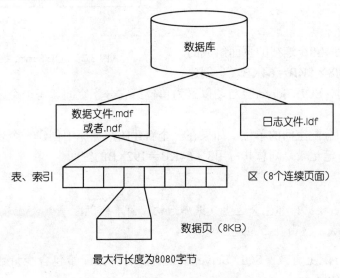

图 3.1 数据库的存储结构

1. 页

SQL Server中数据存储的基本单位是页（page）。为数据库中的数据文件（.mdf或.ndf）分配的磁盘空间可以从逻辑上划分成页（从0到n连续编号）。磁盘I/O操作在页级执行。也就是说，SQL Server读取或写入所有数据页。

SQL Server中的所有信息都存储在页上，页是数据库中使用的最小数据单元。每一个页存储8KB（8 192字节）的信息，所有的页都包含一个132字节的页面头，这样就留下8 060

字节存储数据。页头被SQL Server用来唯一地标识存储在页中的数据。

SQL Server使用如下几种类型的页：

- 分配页面　用于控制数据库中给表和索引分配的页面。
- 数据和日志页面　用于存储数据库数据和事务日志数据。数据存储在每个页面的数据行中，每一行的最大值为8 060个字节。SQL Server不允许跨页面存储。
- 索引页面　用于存储数据库中的索引数据。
- 分发页面　用于存储数据库中有关索引的信息。
- 文本/图像页面　用于存储大量的文本或者二进制的对象，例如图像。

在 SQL Server 数据页上，数据行紧接着标头按顺序放置。页的末尾是行偏移表，对于页中的每一行，每个行偏移表都包含一个条目。每个条目记录对应行的第一个字节与页首的距离。行偏移表中的条目的顺序与页中行的顺序相反，如图 3.2 所示。

在SQL Server 2005中，行不能跨页，但是行的部分可以移出行所在的页，因此行实际可能非常大。

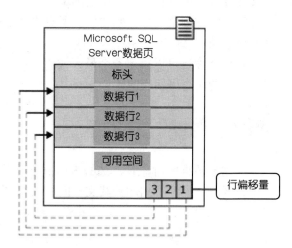

图 3.2　SQL Server 数据页

2．区

区（extent）是由8个连续的页面组成的数据结构，大小为8×8KB＝64KB。当创建一个数据库对象时，SQL Server会自动以区为单位给它分配空间。每一个区只能包含一个数据库对象。

区是表和索引分配空间的单位，如果在一个新建的数据库中创建一个表和两个索引，并且表中只包含一笔记录，则总共占用3×64KB＝192KB的空间。

提 示

所有的SQL Server数据库都包含这些数据库结构，简单地说，一个数据库是由文件组成的，文件由区组成，区由页面组成。

为了使空间分配更有效，SQL Server不会将所有区分配给包含少量数据的表。SQL Server有两种类型的区：

- 统一区　由单个对象所有。区中的所有8页只能由所属对象使用。
- 混合区　最多可由8个对象共享。区中8页的每页可由不同的对象所有。

混合区和统一区如图 3.3 所示。

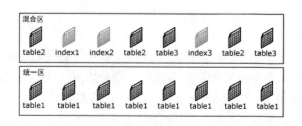

图 3.3　混合区和统一区（table 表示表，index 表示索引）

通常从混合区向新表或索引分配页。当表或索引增长到 8 页时，将变成使用统一区进行后续分配。如果对现有表创建索引，并且该表包含的行足以在索引中生成 8 页，则对该索引的所有分配都使用统一区进行。

3.1.3 事务日志

每个SQL Server 2005数据库都具有事务日志，用于记录所有事务以及每个事务对数据库所做的修改。事务日志是数据库的关键组件，如果系统出现故障，它就是近期数据的唯一源。

在创建数据库的时候，事务日志也会随着被创建。事务日志存储在一个单独的文件上。在修改写入数据库之前，事务日志会自动记录对数据库对象所做的修改。这是SQL Server的一个重要的容错特性，它可以有效地防止数据库的损坏，维护数据库的完整性。

1. 事务日志支持的操作

事务日志支持以下操作：

- 恢复个别的事务　如果应用程序发出ROLLBACK语句，或者数据库引擎检测到错误（例如失去与客户端的通信），就使用日志记录回滚未完成的事务所做的修改。
- SQL Server启动时恢复所有未完成的事务　当运行SQL Server的服务器发生故障时，数据库可能处于这样的状态：还没有将某些修改从缓存写入数据文件，在数据文件内有未完成的事务所做的修改。当启动SQL Server实例时，它对每个数据库执行恢复操作，前滚日志中记录的可能尚未写入数据文件的每个修改，在事务日志中找到的每个未完成的事务都将回滚，以确保数据库的完整性。
- 将还原的数据库、文件、文件组或页前滚到故障点　在硬件丢失或磁盘故障影响到数据库文件后，可以将数据库还原到故障点。首先还原上一次的完整备份和差异备份，然后将事务日志备份后续序列还原到故障点。当还原每个日志备份时，数据库引擎重新应用日志中记录的所有修改，以回滚所有事务。当最后的日志备份还原后，数据库引擎将使用日志信息回滚到该点未完成的所有事务。
- 支持事务复制　日志读取器代理程序监视已为事务复制配置的每个数据库的事务日志，并将已设复制标记的事务从事务日志复制到分发数据库中。
- 支持备用服务器解决方案　备用服务器解决方案、数据库镜像和日志传送高度依赖于事务日志。在日志传送方案中，主服务器将主数据库的活动事务日志发送到一个或多个目标服务器。每个辅助服务器将该日志还原为其本地的辅助数据库。在数据库镜像方案中，数据库（主体数据库）的每次更新都在独立的、完整的数据库（镜像数据库）副本中立即重新生成。主体服务器实例立即将每个日志记录发送到镜像服务器实例，镜像服务器实例将传入的日志记录应用于镜像数据库，从而将其继续前滚。有关详细信息，请参阅数据库镜像概述。

SQL Server Database Engine的事务日志具有如下特征：

- 事务日志是作为数据库中的单独的文件或一组文件实现的。日志缓存与数据页缓存分开管理，从而使数据库引擎内的编码更简单、更快速和更可靠。

- 日志记录和页的格式不必遵守数据页的格式。
- 事务日志可以在几个文件上实现。通过设置日志的**FILEGROWTH**值可以将这些文件定义为自动扩展。这样可减少事务日志内空间不足的可能性，同时减少管理开销。
- 重用日志文件中空间的机制速度快且对事务吞吐量影响最小。

2. 事务日志提供容错的机制

在SQL Server中，事务是指一次完成的操作的集合，虽然一个事务中可能包含了很多的SQL语句，但是在处理上，它们就像是一个操作一样。为了维护数据库的完整性，它们必须彻底完成或者根本不执行。如果一个事务只是部分执行，则数据库将受到损坏。

SQL Server使用数据库的事务日志来防止没有完成的事务破坏数据。具体步骤如下：

Step 01 用户执行修改数据库对象的任务。

Step 02 当这个事务开始时，在事务日志中会记录一个事务开始标志，并将与此操作相关的数据读入缓冲区。

Step 03 在日志中记录每一个操作，然后在日志中记录一个提交事务的标志。每一个事务都会以这种方式记录在事务日志中，这些记录立即写到硬盘上。

Step 04 在缓冲区中修改响应的数据。这些数据一直放在缓冲区中，直到检查点进程发生（定期发生）才会写到硬盘上。同时，也会在事务日志中写入"所有已经完成的事务已经作用于数据库"，即在事务日志中写入一个检查点标志。这个标志用于在数据库恢复过程中确定哪个事务已经作用于数据库。

Step 05 如果服务器在已经完成了这个事务（这些事务的操作信息已经写入事务日志中）但还没有将缓冲区中的数据写入物理硬盘的情况下（检查点进程尚未触发）失效了，或者在服务器恰好处理了部分事务的情况下数据库服务器失效了，那么数据库都不会被破坏。在服务器恢复正常后，SQL Server会开始一个恢复过程，检查数据库和事务日志，如果事务日志中的事务还没有在数据库中生效，则会在此时作用于数据库（前滚）；如果发现部分事务还没有完成，则将这个事务在数据库中的作用去掉（回滚）。这个过程是自动进行的。数据库完整性信息都由事务日志来完成，从而从本质上增强了SQL Server的容错性能。

3.2 查看数据库属性

在建立一个实际的数据库之前，需要了解在SQL Server中怎样查看数据库的属性，包括表的结构和内容、关联图、视图、存储过程和角色等。

3.2.1 查看系统数据库

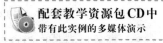
配套教学资源包CD中
带有此实例的多媒体演示

新安装SQL Server 2005后，默认包含4个系统数据库：master数据库、model数据库、

msdb数据库和tempdb数据库。

查看系统数据库的操作步骤如下：

图 3.4　系统数据库

Step 01 打开"开始"菜单，依次选择"程序"| Microsoft SQL Server 2005 | SQL Server Management Studio选项，打开"连接到服务器"对话框，进行相应设置后，单击"连接"按钮，连接到相应的服务器。

Step 02 在连接成功后弹出的"对象资源管理器"窗口中，依次打开"数据库"|"系统数据库"选项，即可看到4个系统数据库，如图3.4所示。

下面对这些系统数据库进行介绍。

1. master 数据库

master数据库记录了SQL Server系统的所有系统级别信息，包括所有的登录账户和系统配置设置，所有其他的数据库，数据库文件的位置。master数据库记录SQL Server的初始化信息，它始终有一个可用的最新master数据库备份。因此，如果 master 数据库不可用，则SQL Server无法启动。

> **注 意**
>
> 在SQL Server 2005 中，系统对象不再存储在master数据库中，而是存储在Resource 数据库中。Resource 数据库是只读数据库，它包含了SQL Server 2005中的所有系统对象。SQL Server系统对象（例如sys.objects）在物理上持续存在于Resource数据库中，但在逻辑上，它们出现在每个数据库的sys架构中。

2. tempdb 数据库

tempdb数据库是连接到SQL Server实例的所有用户都可用的全局资源，用于保存所有的临时表和临时存储过程。它还满足任何其他的临时存储要求，例如，存储SQL Server生成的工作表。所有连接到系统的用户的临时表和存储过程都存储在该数据库中。该数据库在 SQL Server 每次启动时都重新创建，因此该数据库在系统启动时总是"干净"的。临时表和存储过程在连接断开时自动除去，而且当系统关闭后将没有任何连接处于活动状态，因此tempdb数据库中没有任何内容会从SQL Server的一个会话保存到另一个会话。

> **注 意**
>
> 默认情况下，在SQL Server运行时，tempdb数据库会根据需要自动增长。不过，与其他数据库不同，每次启动数据库引擎时，它会重置为其初始大小。如果为tempdb 数据库定义的大小较小，则每次重新启动 SQL Server时，将tempdb数据库的大小自动增加到支持工作负荷所需的大小，这一工作可能会成为系统处理负荷的一部分。为避免这种开销，可以使用ALTER DATABASE命令增加tempdb数据库的大小。ALTER DATABASE命令将在后面介绍。

3．model 数据库

model数据库用作在系统上创建的所有数据库的模板。当创建数据库时，新数据库的第一部分通过复制model数据库中的内容创建，剩余部分由空页填充。由于SQL Server每次启动时都要创建tempdb数据库，因此model数据库必须一直存在于SQL Server系统中。

如果修改 model 数据库，之后创建的所有数据库都将继承这些修改。

4．msdb 数据库

msdb数据库供SQL Server代理程序调度警报和作业以及记录操作员时使用。

3.2.2　查看用户数据库

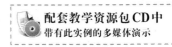

利用SQL Server Management Studio可以查看数据库的内容，包括数据库的所有者、建立时间、大小、可用空间、表和索引等。

下面以AdventureWorks数据库为例，来介绍数据库内容的查看。AdventureWorks数据库是SQL Server 2005自带的示例数据库。

在使用默认安装选项的情况下，SQL Server 2005安装程序并不安装该示例数据库。要安装该示例数据库，在安装过程中，在"要安装的组件"页上选择"工作站组件、联机丛书和开发工具"，单击"高级"按钮，然后选择"联机丛书和示例"|"示例"选项，打开"数据库"，选择要安装的示例数据库即可。

查看数据库的操作步骤如下：

Step 01　打开"开始"菜单，依次选择"程序"| Microsoft SQL Server 2005 | SQL Server Management Studio选项，打开"连接到服务器"对话框，进行相应设置后，单击"连接"按钮，连接到相应的服务器。

Step 02　在"对象资源管理器"窗口中，打开"数据库"选项，然后打开AdventureWorks数据库，即可看到AdventureWorks数据库及其包含的内容，如图3.5所示。

Step 03　在AdventureWorks数据库上右击，选择快捷菜单中的"属性"命令，弹出"数据库属性-AdventureWorks"对话框，如图3.6所示。

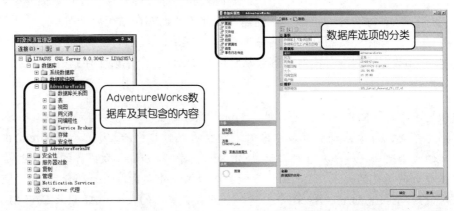

图 3.5　AdventureWorks 数据库　　　图 3.6　"数据库属性-AdventureWorks"对话框

在该对话框中，默认显示的是"常规"选项卡，各选项的含义如下：

- 数据库上次备份日期　显示数据库上次备份的日期。
- 数据库日志上次备份日期　显示数据库事务日志上次备份的日期。
- 名称　显示数据库的名称。
- 所有者　显示数据库所有者的名称。可以在"文件"选项卡上更改所有者。
- 创建日期　显示数据库的创建日期和时间。
- 大小　显示数据库的大小（MB）。
- 可用空间　显示数据库中的可用空间（MB）。
- 用户数　显示连接到该数据库的用户数。

Step 04 在"选择页"窗口中，单击"文件"选项，即可看到AdventureWorks数据库的数据库文件和日志文件的设置，如图3.7所示。其中各选项的含义如下：

- 数据库名称　添加或显示数据库的名称。
- 所有者　通过从列表中进行选择来指定数据库的所有者。
- 使用全文索引　选中此选项将对数据库启用全文索引。取消此选项将对数据库禁用全文索引。
- 数据库文件　添加、查看、修改或删除相关联数据库的数据库文件。

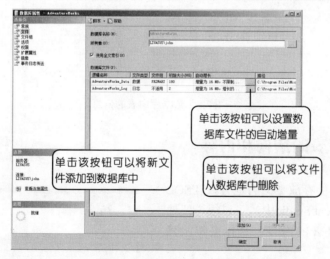

图 3.7　AdventureWorks 数据库的数据库文件和日志文件

数据库文件具有以下属性：

- 逻辑名称　输入或修改文件的名称。
- 文件类型　从列表中选择文件类型。文件类型可以是"数据"或"日志"。
- 文件组　从列表中为文件选择文件组。默认情况下，文件组为PRIMARY。通过选择"<新文件组>"，然后在"新建文件组"对话框中输入有关文件组的信息，可以创建新的文件组。也可以在"文件组"选项卡上创建新的文件组。
- 初始大小　输入或修改文件的初始大小（MB）。此设置的默认值为"模型"数据库的初始大小值。
- 自动增长　选择或显示文件的自动增长属性，这些属性控制文件在达到其最大文件大小时的扩展方式。若要编辑自动增长值，可单击所需文件的自动增长属性旁的编辑按钮，再更改"更改自动增长"对话框中的相应值。此设置的默认值为"模型"数据库的自动增长值。

- 路径 显示所选文件的路径。若要指定新文件的路径，可单击文件路径旁的编辑按钮，再导航到目标文件夹。

提示

在从数据库中删除文件时，要求文件为空，否则无法删除文件。另外，主数据文件和日志文件是无法删除的。

Step 05 要查看数据库中表的信息，可以单击AdventureWorks数据库中的"表"选项，在右侧窗口中即可看到数据库中表的信息，如图3.8所示。

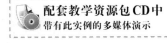
系统表，在数据库被创建时产生的

图 3.8 数据库中表的信息

3.2.3 查看表的结构和内容

配套教学资源包CD中
带有此实例的多媒体演示

表是数据库中存放数据的地方，在SQL Server Management Studio中，可以很方便地查看表的结构和表的内容。具体操作步骤如下：

Step 01 打开AdventureWorks数据库，选择"表"，进而在要查看的表上右击（这里查看表Employee的结构），选择"修改"命令，如图3.9所示。

Step 02 此时，会打开Employees表的结构窗口，如图3.10所示。

图 3.9 选择"修改"命令

提示

新建一个表也是通过这个窗口来完成的，也可以在建立一个表后，通过此窗口来修改表的结构。

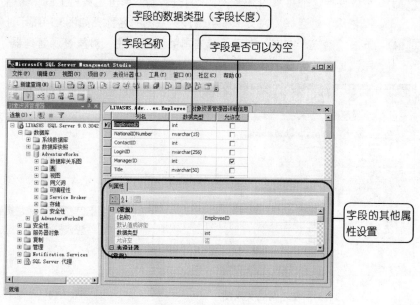

图 3.10　Employee 表的结构

Step 03 要查看表的内容，在图3.9所示的快捷菜单上，选择"打开表"命令，即可查看选项表的内容。Employee表的内容如图3.11所示。

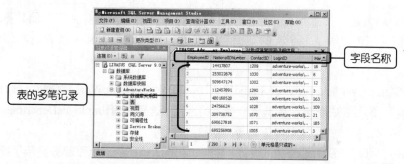

图 3.11　Employee 表的内容

3.2.4　查看表之间的关系图

关系图是用来记录数据库中表之间的相互关联情况的。在SQL Server中，一个数据库可以有多个关系图。要查看表之间的关系，首先要创建关系图，其操作步骤如下：

Step 01 在AdventureWorks数据库下面，右击"数据库关系图"选项，在弹出的快捷菜单中选择"新建数据库关系图"命令，打开"添加表"对话框。选择Employee、EmployeeAddress和EmployeeDepartmentHistory 3个表，如图3.12所示。

Step 02 单击"添加"按钮，然后单击"关闭"按钮，即可看到3个表之间的关系图，如图3.13所示。

图 3.12　选择要查看关系图的表

Step 03 可以保存这个关系图，便于下次打开查看。单击工具栏上的"保存"按钮，打开"选择名称"对话框，在文本框中输入关系图的名称，如图3.14所示。

Step 04 单击"确定"按钮，即可保存当前关系图。在"对象资源管理器"的"数据库关系图"下面，会显示该关系图。

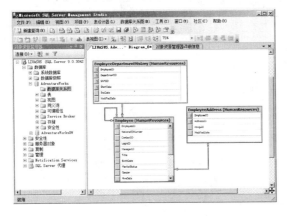

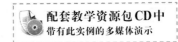

图 3.13　3 个表之间的关系图　　　　　图 3.14　"选择名称"对话框

3.2.5　查看视图

配套教学资源包CD中
带有此实例的多媒体演示

视图（Views）是一种虚拟表，它的所有数据均来自表，其本身并不存储数据。视图的记录数据由某些表（一般是多个）的某些字段组成。视图的查看和表的查看类似，其具体步骤如下：

Step 01 在SQL Server Management Studio窗口中，打开AdventureWorks数据库。选择"视图"选项，然后在右侧窗口中选择要查看的视图（这里查看EmployeeDepartment视图）并右击，在弹出的快捷菜单中选择"修改"命令。

Step 02 此时，可打开视图的结构（设计）窗口，如图3.15所示。上面部分显示了视图所包含的表，表中每一个字段的前面有一个复选框，处于选中状态的表示视图包含该字段。

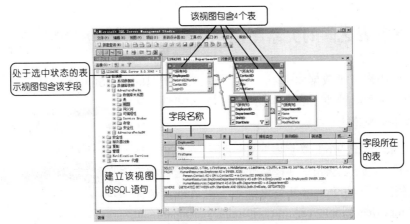

图 3.15　视图的结构

Step 03 如果要查看视图内容，可在视图上右击，在打开的快捷菜单中选择"打开视图"命令，即可看到视图的内容，如图3.16所示。

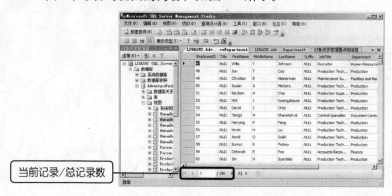

当前记录/总记录数

图 3.16　视图的内容

3.2.6　查看存储过程

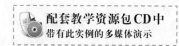

配套教学资源包CD中
带有此实例的多媒体演示

存储过程是预先使用SQL语言编写的，经过SQL Server编译后存储在SQL Server中的程序，因此执行效率比较高，而且可以重复调用。

下面仍以AdventureWorks数据库为例，介绍存储过程的查看。具体操作步骤如下：

Step 01 在SQL Server Management Studio窗口中，打开AdventureWorks数据库。选择"可编程性"|"存储过程"选项，即可看到Adventure-Works数据库所包含的存储过程，如图3.17所示。

Step 02 在左侧窗口中右击要查看的存储过程，例如uspGetEmployeeManagers存储过程，在打开的快捷菜单中，选择"修改"命令，即可打开该存储过程的SQL语句窗口，如图3.18所示。

图 3.17　AdventureWorks 数据库包含的
存储过程

图 3.18　uspGetEmployeeManagers 存储
过程的 SQL 语句窗口

Step 03 关闭SQL语句窗口，在存储过程上双击，即可看到存储过程的输入参数和返回值，如图3.19所示。

Step 04 在存储过程上右击，在打开的快捷菜单中选择"属性"命令，即可打开存储过程的属性窗口，如图3.20所示。在此窗口中显示了存储过程的创建日期和名称等信息。

图 3.19　存储过程的输入参数和返回值　　　图 3.20　存储过程的属性窗口

提 示

系统内置了很多的存储过程以及扩充存储过程，可以使用这些存储过程来协助维护数据库，也可以使用自己创建的存储过程。存储过程的创建和使用将在第9章中详细介绍。

3.2.7　查看用户和角色

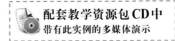
配套教学资源包CD中
带有此实例的多媒体演示

　　用户（User）是对数据库有存取权限的使用者。角色（Roles）是指一组数据库用户的集合（和Windows中的用户组类似）。数据库中的角色可以根据需要添加。用户如果被加入到某一角色，则将具有该角色所拥有的权限。

　　查看数据库的用户和角色的具体操作步骤如下：

Step 01　在SQL Server Management Studio窗口中，打开AdventureWorks数据库。选择"安全性"|"用户"选项，即可看到数据库包含的用户，如图3.21所示。可看到，AdventureWorks数据库目前有4个用户：guest、sys、dbo和INFOR-MATION_ SCHEMA。其中dbo的登录名为sa。

图 3.21　AdventureWorks 数据库的用户

Step 02　双击dbo用户，即可打开"数据库用户-dbo"对话框，如图3.22所示。上部显示了用户使用的用户名以及登录名，在下面的"此用户拥有的架构"列表框中，可以设置用户所拥有的架构；在下面的"数据库角色成员身份"列表框中，可以设置用户所属的角色。

提 示

在"数据库角色成员身份"列表框中，显示的是数据库中所包含的角色，每一角色前面都有一个复选框，如果被选中，表示用户具有该角色所拥有的权限。另外，关于架构，可以参考3.2.8节的内容。

Step 03　单击"确定"按钮，关闭"数据库用户-dbo"对话框。要查看数据库的角色，可在左侧窗口中选择"角色"|"数据库角色"选项，右侧窗口中即可显示出AdventureWorks数据库所包含的数据库角色，如图3.23所示。

 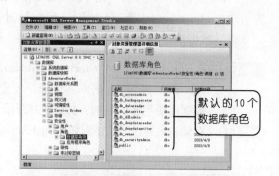

图 3.22　用户 dbo 的属性　　　　　图 3.23　数据库的角色

Step 04　双击要查看的数据库角色，例如db_owner，可显示角色的属性，如图3.24所示。

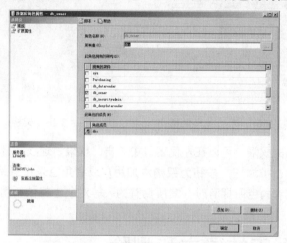

图 3.24　数据库角色的属性

提 示

应用程序角色是一个数据库主体，它使应用程序能够使用其自身及类似用户的特权来运行。使用应用程序角色，可以只允许通过特定应用程序连接的用户访问特定数据。与数据库角色不同的是，应用程序角色默认情况下不包含任何成员，而且是非活动的。因为应用程序角色是数据库级别的主体，所以它们只能通过其他数据库中授予guest用户账户的权限来访问这些数据库。因此，任何已禁用的guest用户账户的数据库对其他数据库中的应用程序角色都是不可访问的。

3.2.8　查看数据库架构

　　架构是单个用户所拥有的数据库对象的集合，这些对象形成单个命名空间。命名空间是一组名称不重复的对象。例如，只有当两个表位于不同的架构中时才可以具有相同的名称。数据库对象（例如，表）由架构所拥有，而架构由数据库用户或角色所拥有。当架构所有者离开单位时，会在删除离开的用户之前将该架构的所有权移交给新的用户或角色。

　　例如，假设用户userA拥有架构schemaA，而表Table1、Table2为架构schemeA所拥有。

当用户userA离开单位时，则可以将schemaA的所有权移交给用于管理Table1和Table2表的新用户userB。当userB拥有schemaA后，同时也拥有了对Table1和Table2的所有权。

查看数据库架构的具体操作步骤如下：

Step 01 在 SQL Server Management Studio 窗口中，打开 AdventureWorks数据库。选择"安全性"|"架构"选项，即可看到AdventrueWorks数据库所包含的架构，如图3.25所示。

Step 02 在架构名称上双击，例如HumanResources，即可打开架构的属性窗口，如图3.26所示。

图 3.25　AdventureWorks 数据库所包含的架构　　图 3.26　架构的属性窗口

Step 03 要设置架构的权限，可以在左侧窗口中单击"权限"选项，打开"权限设置"界面。可以通过单击"添加"按钮为架构添加用户或者角色来设置架构的所有者。当架构被新用户或者角色所拥有时，其所拥有的表等对象也将被新用户或角色所拥有。

3.3　数据库的建立和删除

在SQL Server中，建立数据库的方法不止一种，可以使用SQL Server Management Studio直接建立，也可以使用SQL语言来创建数据库。关于SQL语言的使用则将在第5章介绍。

3.3.1　建立数据库

直接建立数据库是在SQL Server Management Studio窗口中进行的，大多数情况下，应该使用这种方式来创建一个数据库，因为图形化界面比Transact-SQL更容易使用。若要创建数据库，必须确定数据库的名称、所有者、大小以及存储该数据库的文件和文件组。

在创建数据库之前，应注意下列事项：

- 必须至少拥有CREATE DATABASE、CREATE ANY DATA- BASE或ALTER ANY DATABASE权限。
- 在SQL Server 2005中，对各个数据库的数据和日志文件设置了某些权限。如果这些文件位于具有打开权限的目录中，那么以上权限可以防止文件被意外篡改。
- 创建数据库的用户将成为该数据库的所有者。

- 对于一个SQL Server实例，最多可以创建32 767个数据库。
- 数据库名称必须遵循为标识符指定的规则。标识符不能是Transact-SQL保留字。SQL Server保留其保留字的大写和小写形式，并且不允许嵌入空格或其他特殊字符。
- model数据库中的所有用户定义对象都将复制到所有新创建的数据库中。可以向model数据库中添加任何对象（例如，表、视图、存储过程和数据类型），以便将这些对象包含到所有新创建的数据库中。

创建数据库的具体操作步骤如下：

> **配套教学资源包CD中**
> 带有此实例的多媒体演示

Step 01 在SQL Server Management Studio窗口中，选择"数据库"文件夹并右击，在弹出的快捷菜单中选择"新建数据库"命令。

Step 02 此时，会打开"新建数据库"对话框。在"数据库名称"文本框中输入新建数据库的名字，例如bookdb，如图3.27所示。

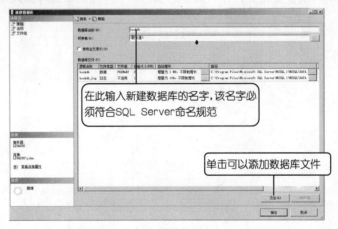

图 3.27 "新建数据库"对话框

Step 03 在"数据库文件"栏中，可以设置文件的名称、位置及大小。数据库文件的逻辑名称默认与数据库名称相同，用户可以修改这个名字，而且可以指定多个文件。在"路径"列中可以通过单击 按钮来指定文件所在的位置。

Step 04 在"初始大小"列中，以MB为单位输入数据库文件的大小。

Step 05 在"自动增长"列中，可以选择文件是否自动增长和是否有最大限制。单击bookdb对应的 按钮，打开"更改bookdb的自动增长设置"对话框，如图3.28所示。如果选择了"启用自动增长"复选框，表示数据库的数据容量超过了初始大小时数据文件可以自动增加。设置完成后，单击"确定"按钮。

提 示

由于新建数据库是以model数据库为模板创建的，因此，其大小不可能低于2MB（这里假定model数据库的大小为2MB，如果model数据库数据文件的大小为其他数值，则不能低于该数值），并且必须以1M的整数倍来创建。另外，数据库大小虽然可以自动增长，但是增长后会造成数据库在磁盘中存放不连续，容易降低数据库的效率，因此建议先估算数据库所需容量，再一次给定适当的大小。

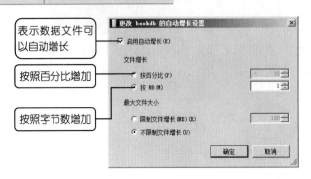

图 3.28　"更改 bookdb 的自动增长设置"对话框

Step 06 在"选项页"栏中,选择"选项"选项,打开"选项"选项卡,如图3.29所示。在"排序规则"下拉列表框中,可以选择要使用的排序规则。不过,大多数情况下,选择"(服务器默认值)"即可满足要求。在"恢复模式"列表框中,可以选择数据库发生损坏时的恢复模式。在"其他选项"栏中,可以设置其他数据库选项。

图 3.29　"新建数据库"的选项设置界面

Step 07 同样,在"选项页"栏中,选择"文件组"选项,打开"文件组"选项卡,可以对文件组进行设置。关于文件和文件组的设置,可以参考3.4节的内容。

Step 08 设置完成后,单击"确定"按钮,即可创建bookdb数据库,SQL Server不会返回任何提示信息。可以在"对象资源管理器"窗口的"数据库"文件夹下看到新创建的数据库。

3.3.2 删除数据库

当不再需要该数据库或者它被移到另一数据库或服务器时,即可删除该数据库。数据库删除之后,文件及其数据都从服务器上的磁盘中删除。一旦删除数据库,它即被永久删除,并且不能进行检索,除非使用以前的备份。

删除数据库的操作步骤如下:

Step 01 打开SQL Server Management Studio窗口,打开"数据库"文件夹。

Step 02 右击要删除的数据库,然后在弹出的快捷菜单中选择"删除"命令。将会弹出"删除对象"窗口。

Step 03 单击"确定"按钮，确认删除。

注意
　●　●　●

在数据库删除之后应该备份master数据库，因为删除数据库将更新master数据库中的系统表。如果master需要还原，则从上次备份master之后删除的所有数据库都将仍然在系统表中有引用，因而可能导致出现错误信息。

3.4 数据库文件和文件组的设置

文件组允许对文件进行分组，以便于管理和数据的分配及放置。例如，可以分别在3个磁盘驱动器上创建3个文件（Data1.ndf、Data2.ndf 和 Data3.ndf），并将这3个文件指派到文件组fgroup1中。然后，可以明确地在文件组fgroup1上创建一个表。对表中数据的查询将分散到3个磁盘上，因而性能得以提高。在RAID（独立磁盘冗余阵列）条带集上创建单个文件也可以获得相同的性能改善。然而，文件和文件组使用户得以在新磁盘上轻易地添加新文件。另外，如果数据库超过单个Microsoft Windows文件的最大大小，则可以使用次要数据文件允许数据库继续增长。

"文件组"选项卡可以用来创建、删除文件组，并可以设置文件组是否为只读。创建文件组后，可以将文件放入到文件组中，这可以通过数据库的"文件"选项来完成。

　　配套教学资源包**CD**中
　　带有此实例的多媒体演示

设置文件和文件组的操作步骤如下：

Step 01 打开SQL Server Management Studio窗口，在"对象资源管理器"窗口中，打开"数据库"文件夹。

Step 02 右击要更改的数据库，这里以bookdb数据库为例，然后单击"属性"命令，打开"数据库属性"对话框。

Step 03 在"选项页"栏中，选择"文件组"选项，打开"文件组"选项设置界面。单击"添加"按钮，在"名称"列中输入新的文件组名称，这里输入FG02，如图3.30所示。

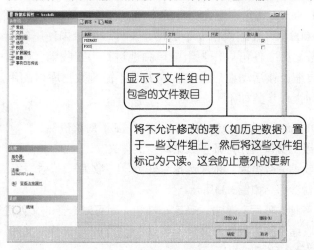

图 3.30　创建文件组

Step 04 在"选择页"栏中，选择"文件"选项，打开"文件"选项设置界面。单击底部的"添加"按钮，在"逻辑名称"列中输入新的文件名称，这里输入bookdb01。然后在"文件组"列中选择下拉列表图标▾命令，即可选择刚创建的文件组，如图3.31所示。

Step 05 也可以在创建文件的时候，直接创建并设置文件组。单击"文件组"列旁边的下拉箭头，在下拉菜单中选择"<新文件组>"命令，即可打开"bookdb的新建文件组"对话框，如图3.32所示。

图 3.31　创建文件并选择文件组　　　　　图 3.32　新建文件组

Step 06 单击"确定"按钮，即可创建新的文件组，并将要创建的文件添加到该文件组中。

3.5 数据库大小估算和收缩数据库

在设置数据库的大小时，应尽量精确估计数据库的大小。如果设置得过小，则设置数据库自动选项后，会造成数据存放得不连续，导致数据库性能下降；如果设置得过大，则会造成磁盘空间的浪费。

下面是一个用来估算每个表所需页面数的估算公式：

页数＝表的行数/（8 080/行的长度）

式中，行的长度就是指表的每一笔记录所占的字节数。例如，某一个表包含两个字段：tt1（整型，16位）、tt2（字符型，长度为5个字节），则该表的行长度为：2+5＝7。

为了避免数据库中数据的丢失，在更改数据库属性时，如果要更改数据文件或者日志文件的大小，SQL Server只允许增大文件的大小，而不允许减小文件的大小。

SQL Server 2000允许收缩数据库中的每个文件以删除未使用的页。数据和事务日志文件都可以收缩。数据库文件可以作为组或单独地进行手工收缩。数据库也可设置为按给定的时间间隔自动收缩。该活动在后台进行，并且不影响数据库内的用户活动。

收缩数据库的操作步骤如下：

> 配套教学资源包CD中
> 带有此实例的多媒体演示

Step 01 打开SQL Server Management Studio窗口，在"对象资源管理器"窗口中，打开"数据库"文件夹。

Step 02 右击要收缩的数据库，依次选择"任务"｜"收缩"｜"数据库"命令，打开"收缩数据库"对话框，如图3.33所示。

Step 03 设置好各种选项后，单击"确定"按钮，即可对选择的文件进行收缩。

Step 04 如果要收缩个别的数据库文件，可以在**Step 02**中选择"文件"命令，打开"收缩文件"对话框，如图3.34所示。

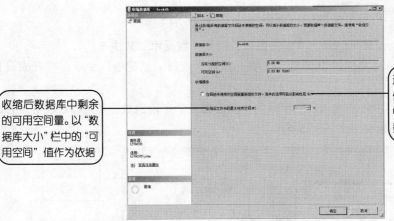

收缩后数据库中剩余的可用空间量。以"数据库大小"栏中的"可用空间"值作为依据

选择该选项可使释放的文件空间保留在数据库文件中，并使包含数据的页移到数据库文件的起始位置

图 3.33 "收缩数据库"对话框

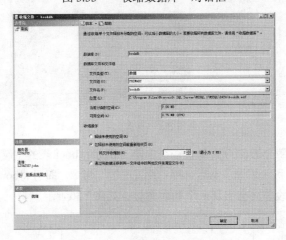

图 3.34 "收缩文件"对话框

Step 05 设置好各种选项后，单击"确定"按钮，即可对选择的文件进行收缩。

注意

不能将整个数据库收缩到比其原始大小还要小，也不能将数据库的大小收缩到小于model数据库的大小。因此，如果数据库创建时的大小为10MB，后来增长到100MB，则该数据库最小能够收缩到10MB（假定已经删除该数据库中所有数据）。

3.6 表的建立、修改与删除

数据库建立后，接下来就该建立存储数据的表。本节主要介绍使用SQL Server Management Studio来建立表，并对表进行修改和删除。

3.6.1 新建表

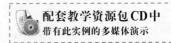

配套教学资源包CD中带有此实例的多媒体演示

使用企业管理器建立一个表的过程是非常简单的，下面的操作是在bookdb数据库中建

立一个book表。具体操作步骤如下：

Step 01 打开SQL Server Management Studio窗口，打开"数据库"文件夹。

Step 02 在打开的bookdb文件夹中"表"选项上右击，选择"新建表"命令，打开表设计窗口。

Step 03 在"列名"列中依次输入表的字段名，并设置每个字段的数据类型和长度等属性。输入完成后的book表如图3.35所示。

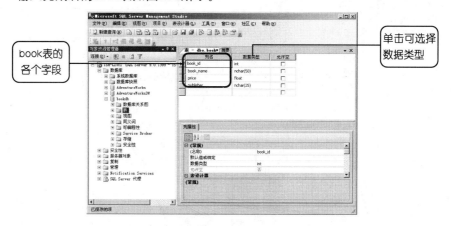

图 3.35 创建表

Step 04 一般说来，每个表都应该包含一个主键。例如，book表的主键应该为book_id字段。在book_id字段上右击，然后选择"设置主键"命令，即可将book_id字段设置为主键。此时，该字段前面会出现一个钥匙图标，如图3.36所示。

列名	数据类型	允许空
book_id	int	☐
book_name	char(50)	☐
price	float	☐
publisher	char(25)	☐

钥匙图标表示该字段为主键

图 3.36 设置主键

提 示

如果要将多个字段设置为主键，可按住Ctrl键，单击每个字段前面的按钮来选择多个字段，然后再依照上述方法设置主键。

Step 05 表字段设置完成后，单击工具栏上的"保存"按钮，打开"选择名称"对话框，输入book，如图3.37所示。

Step 06 单击"确定"按钮，即可创建book表。

Step 07 依照上述步骤，再创建3个表：orderform表、authors表和clients表。表的结构分别如图3.38、图3.39和图3.40所示。

图 3.37 保存 book 表

列名	数据类型	允许空
order_id	int	☐
book_id	int	☐
book_number	int	☐
order_date	datetime	☐
client_id	int	☐

图 3.38 orderform 表的结构

列名	数据类型	允许空
author_id	int	☐
author_name	char(8)	☐
address	char(50)	☑
telephone	char(15)	☑

图 3.39　authors 表的结构

列名	数据类型	允许空
client_id	int	☐
client_name	char(8)	☐
address	char(50)	☐

图 3.40　clients 表的结构

提 示　● ● ●

这些表将在后面的讲解中作为例子使用。

3.6.2　修改表的结构

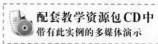
配套教学资源包CD中
带有此实例的多媒体演示

表结构的修改和查看的操作步骤是相同的，下面给book表中加入author字段。操作步骤如下：

Step 01　在SQL Server Management Studio窗口右侧的 dbo.book表上右击，然后选择"修改"命令。

Step 02　在打开的表设计窗口中右击book_name字段，然后选择"插入列"命令。

Step 03　在新插入的列中输入author_id，设置数据类型为 int，如图3.41所示。

列名	数据类型	允许空
book_id	int	
author_id	int	
book_name	char(50)	☐
price	float	☐
publisher	char(25)	☐

新插入的字段

图 3.41　插入字段 author

提 示　● ● ●

用户也可以修改已有的字段，包括名称和数据类型等。

3.6.3　建立表间的关联

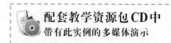
配套教学资源包CD中
带有此实例的多媒体演示

下面建立上述4个表的关联，操作步骤如下：

Step 01　在SQL Server Management Studio窗口中，打开bookdb数据库，选择"数据库关系图"选项，右击，在弹出的快捷菜单上选择"新建数据库关系图"命令，打开"添加表"对话框。

Step 02　按住Ctrl键，依次单击要添加的表，如图3.42所示。

Step 03　单击"添加"按钮，然后单击"关闭"按钮。在book表的author_id字段对应的按钮上按住鼠标左键，并拖曳到authors表上。此时两表之间会产生一条虚线，如图3.43所示。

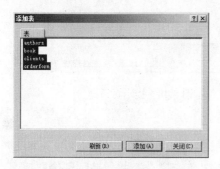

图 3.42　"添加表"对话框

图 3.43　拖动 book 表的 author_id 字段到 authors 表上

67

Step 04 松开鼠标,此时打开"表和列"对话框。在此对话框中,输入关系的名称,选择关联的主键的表名称和字段名称,以及关联的外键的表名称和字段名称,如图3.44所示。

Step 05 设置完成后,单击"确定"按钮。在"外键关系"对话框中,设置新建关系的属性,如图3.45所示。

Step 06 单击"确定"按钮,即可建立两个表间的关系,用一个链子式的连接表示。

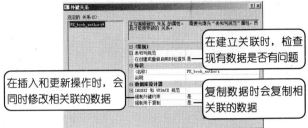

图 3.44 "表和列"对话框　　　　　　图 3.45 "外键关系"对话框

Step 07 依照上面的步骤,建立其他表间的关系,最终的关系图如图3.46所示。

图 3.46 建立表间的关系

Step 08 单击工具栏上的"保存"按钮,打开"选择名称"对话框,输入关系图的名称,如图3.47所示。

Step 09 单击"确定"按钮,弹出一个提示对话框,如图3.48所示。单击"是"按钮,即可保存建立的关系图。

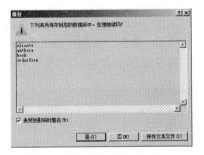

图 3.47 保存关系图　　　　　　图 3.48 提示对话框

提　示

如果要删除表之间的关系,可以在表之间的链子式的连接上右击,在弹出的快捷菜单上选择"从数据库中删除关系"命令,在打开的对话框中单击"是"按钮确认删除即可。

3.6.4　删除表

有时需要删除表，例如，要实现新的设计或释放数据库的空间时。删除表时，表的结构定义、数据、全文索引、约束和索引都永久地从数据库中删除，原来存放表及其索引的存储空间可用来存放其他表。

如果是单个的表，与其他表没有关联，则可以直接删除。操作步骤如下：

Step 01　在SQL Server Management Studio窗口中，在"数据库"文件夹下打开相应的数据库，然后选择"表"选项。

Step 02　右击要删除的表，然后在弹出的快捷菜单中选择"删除"命令。

Step 03　此时，会打开"删除对象"窗口，单击"确定"按钮即可删除选择的表。

但是如果要删除的表与其他表存在关联，则在删除表时会出现错误。下面以bookdb数据库中的authors表为例，来介绍这种情况下删除表时的出错信息。操作步骤如下：

Step 01　在SQL Server Management Studio中，在"数据库"文件夹下打开bookdb数据库，选择"表"选项。

Step 02　在authors表上右击，然后在弹出的快捷菜单中选择"删除"命令。

Step 03　此时，打开"删除对象"对话框，单击"确定"按钮，系统提示删除表失败，如图3.49所示。出现这种错误的原因就是authors表与其他表间存在关联。如果该表被删除了，则原先关联到此表的表字段可能会找不到数据，所以SQL Server为了保持数据库中数据的完整性，不允许删除和其他表有关联的表。

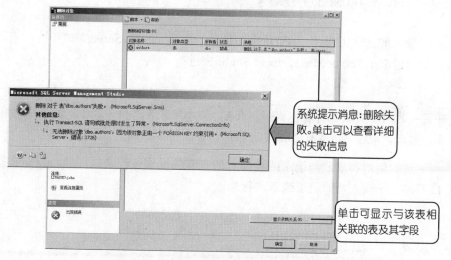

图 3.49　"删除对象"对话框

Step 04　此时，可以通过查看表之间的依赖关系来确定出错的详细原因。单击"显示依赖关系"按钮，打开"authors依赖关系"对话框，如图3.50所示。在此对话框中，选择"依赖于'authors'的对象"单选项，则"依赖关系"列表框中会显示依赖于表authors的对象；如果选择"[authors]依赖的对象"单选项，则"依赖关系"列表框中会显示表authors依赖的对象。

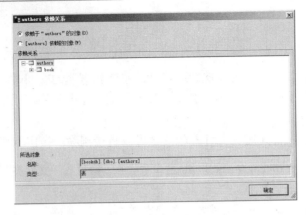

图 3.50　"authors 依赖关系"对话框

Step 05　如果一定要删除选择的表，而该表又与其他表相关联，则必须先将关联删除，然后才可以删除表。在bookdb文件夹下选择"数据库关系图"，然后双击建立的关系图。

Step 06　此时，会打开关系图窗口，在要删除的关系上右击，然后选择"从数据库中删除关系"命令。

Step 07　这样，authors表和book表间的关系就被删除了。关闭关系图窗口，在出现的提示对话框中，单击"是"按钮，保存关系图，并在出现的对话框中，单击"确定"按钮即可。

Step 08　返回到SQL Server Management Studio，依照删除单个表的方法删除表（这里并不删除表，只是介绍删除过程）。

3.6.5　记录的新增和修改

记录一般是通过Transact-SQL来添加的，但是从SQL Server 7.0开始，记录的添加和修改可以通过SQL Server Management Studio来进行。

注意

如果表之间有关联性存在，例如，表A的某个字段参考到表B时，则必须先输入表B的记录，然后才能输入表A与之相关的记录，否则将会出错。

记录的新增和修改与记录的表内容的查看的操作过程是相同的，就是在打开表的内容窗口后，直接输入新的记录或者进行修改。

3.7　上机实训

3.7.1　创建boarddb数据库

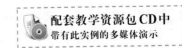
配套教学资源包CD中
带有此实例的多媒体演示

实例说明：

本例创建一个用于公告信息系统的boarddb数据库。

70

📖 **学习目标：**

通过对本例的学习，熟练掌握新建数据库的操作方法。具体步骤如下：

Step 01 在SQL Server Management Studio窗口中，打开"对象资源管理器"，选择"数据库"文件夹，在上面右击，在弹出的快捷菜单上选择"新建数据库"命令。

Step 02 此时，会打开"新建数据库"窗口。在"数据库名称"文本框中输入新建数据库的名字"boarddb"。

Step 03 在"数据库文件"栏中，设置文件的名称、位置及大小。在"初始大小"列中，输入5。

Step 04 其他保持默认设置，然后单击"确定"按钮，创建数据库。

3.7.2 创建boarddb数据库中的表

✊ **实例说明：**

本例在boarddb数据库中，创建users表和board表。

📖 **学习目标：**

通过对本例的学习，熟练掌握在数据库中创建数据表的方法。具体操作步骤如下：

Step 01 打开SQL Server Management Studio窗口，打开"数据库"文件夹。

Step 02 打开boarddb文件夹，右击"表"选项，选择"新建表"命令，打开表设计窗口。

Step 03 在"列名"列中依次输入users表的字段名，数据类型以及是否为空，如表3.1所示。

表3.1　users表的结构

字段名称	数据类型	允许空	说明
userID	varchar(50)	否	用户名
password	varchar(50)	否	用户密码
username	varchar(50)	是	用户姓名
sex	bit	是	性别
address	varchar(50)	是	地址
email	varchar(100)	是	Email
telephone	varchar(50)	是	电话

Step 04 输入完成后，单击"保存"按钮。在弹出的对话框中输入users。

Step 05 重复上面的步骤，创建board表，设置字段名称、数据类型以及是否为空，如表3.2所示。

表3.2　board表的结构

字段名称	数据类型	允许空	说明
board_id	uniqueidentifier	否	公告编号
board_title	varchar(100)	否	公告题目
board_content	varchar(50)	是	公告内容
board_time	datetime	是	提交时间
board_poster	varchar(50)	是	提交用户名

3.7.3 图书馆管理系统的数据表设计

实例说明:

本例创建图书馆管理系统的数据库,并在数据库中创建数据表。

学习目标:

通过本例的学习,进一步掌握建立数据库的步骤,并创建较为复杂的数据表。要注意表间关系,以及不同表中相关的字段的一致性。具体步骤如下:

Step 01 在SQL Server Management Studio窗口中,新建数据库,数据库名为LIB_DATA,初始大小为5MB,设置其路径为D:\aspnetbook\web\App_Data,其他保持默认设置。

Step 02 打开LIB_DATA文件夹,右击"表"选项,选择"新建表"命令,打开表设计窗口。

Step 03 按表3.3所示的book表的结构输入各列的属性,保存表,设置表名为book。

表3.3 book表的结构

字段名称	数据类型	允许空	说明
Book_id	int	否	图书编号,unique约束
Book_code	varchar(50)	否	条码号(主键)
Book_name	varchar(50)	否	图书题名(not null)
Book_pub	varchar(50)	是	出版社
Book_isbn	varchar(50)	否	ISBN号
Book_pubdate	smalldatetime	是	出版日期
Book_author	varchar(50)	是	图书作者
Book_page	int	是	图书页数
Book_price	money	是	图书价格
Book_adddate	smalldatetime	是	入馆日期
Book_place	varchar(50)	是	存放位置
Book_sort	varchar(50)	是	图书分类
Book_remarks	varchar(2000)	是	备注

Step 04 重复上面的步骤,创建LIB_DATA数据库的其他表,各表的结构详见11.2.4节。

3.8 小结

本章介绍了如何使用SQL Server Management Studio来管理数据库和表,一般来说,数据库和表结构的建立和修改都是通过SQL Server Management Studio来完成的。

数据库的物理存储对象是页和区,这两个概念可以用来估算数据库所占用的空间,因此作为一个数据库管理员,了解这方面的知识还是很有必要的。

创建一个数据库,仅仅是创建了一个空壳,它是以model数据库为模板创建的,因此其初始大小不会小于model数据库的大小。

在创建数据库时,同时会创建事务日志。事务日志是在一个文件上预留的存储空间,在修改写入数据库之前，事务日志会自动记录对数据库对象所做的所有修改。

表结构的设计和修改都比较简单，和其查看操作过程是类似的。表的删除操作也很简单，但是要注意的是，如果与其他表存在关系时，则不能直接删除表，要先删除关系，然后再删除表。

3.9 习题

1. 选择题

（1）作为一个数据库管理员，要创建一个新的数据库，该数据库中只包含一个表，不包含其他任何数据库对象。该表中每一笔记录的长度为1024B，如果表中包含100 000条记录，则应创建多大的数据库才能满足要求？＿＿＿＿＿＿

      A．120MB   B．200MB   C．50MB   D．75MB

（2）如果在创建新的数据库时，发现可以设置的最小容量为5MB，而不是通常情况下的1MB，最可能的原因是＿＿＿＿＿＿＿

      A．master数据库的大小为5MB

      B．默认数据文件的大小为5MB

      C．应该使用Transact-SQL而不是企业管理器来创建数据库

      D．model数据库的大小为5MB

（3）假定要创建一个大于25GB的数据库，不幸的是，服务器只有3个20GB的硬盘。这种情况下，应该怎么办？＿＿＿＿＿＿

      A．购买一个大于25GB的硬盘

      B．在空硬盘上创建多个数据文件，再创建一个存储在多个数据文件上的数据库

      C．在空硬盘上创建多个数据文件，再在每个数据文件上创建多个数据库，然后将这些较小的数据库连接为一个较大的数据库

      D．使用NTFS分区，然后进行压缩

（4）在检查SQL Server的设置情况时，突然发现某一数据库的大小为250MB，但是却只使用了20%的空间。假定该数据库容量不会再增大，则应该采取什么操作？＿＿＿＿＿＿

      A．为了节省空间，应该减小数据文件的大小

      B．为了节省空间，应该进行磁盘碎片整理

      C．为了节省空间，应该收缩数据库

      D．为了节省空间，应该使用NTFS分区，然后使用压缩功能进行压缩

2. 简答题

（1）数据库的存储结构分为哪两种？其含义分别是什么？

（2）事务日志文件的作用是什么？

（3）简单介绍删除与其他表存在关联的表的操作步骤。

3. 操作题

（1）在SQL Server Management Studio创建一个名称为Resource的数据库。

（2）创建一个名为Staff的表，包含staff_id、name、sex、age、degree等字段。

（3）在Staff表中输入几条记录。

第 **4** 章

用户安全管理

在数据库管理系统中，通常使用检查口令等手段来检查用户身份，合法的用户才能进入数据库系统。当用户对数据库执行操作时，系统自动检查用户是否有权限执行这些操作。

本章主要讲解SQL Server的验证模式、登录账户的创建和设置、用户和角色的创建和设置。

本章的重点在于理解SQL Server的登录模式以及用户和角色的关系。

（知）（识）（点）

- ◎ SQL Server的验证模式
- ◎ 验证模式的设置
- ◎ 登录账户的设置
- ◎ 用户的创建
- ◎ 用户的权限设置
- ◎ 角色的创建
- ◎ 角色的权限设置

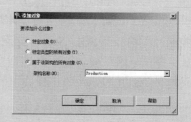

4.1 SQL Server的验证模式

本节将对验证模式进行详细的介绍。为了实现安全性，SQL Server对用户的访问进行两个阶段的检验：

- 验证阶段（Authentication） 用户在SQL Server上获得对任何数据库的访问权限之前，必须登录到SQL Server上，并且被认为是合法的。SQL Server或者Windows对用户进行验证。如果验证通过，用户就可以连接到SQL Server上；否则，服务器将拒绝用户登录。从而保证了系统安全。
- 许可确认阶段（Permission Validation） 用户验证通过后，登录到SQL Server上，系统检查用户是否有访问服务器上数据的权限。

在验证阶段，系统对用户登录进行验证。由于SQL Server 和 Windows 是结合在一起的，因此就产生了两种验证模式：Windows 身份验证模式和混合模式（Windows 身份验证和SQL Server 身份验证）。

4.1.1 Windows 验证模式

在Windows验证模式下，SQL Server检测当前使用Windows的用户账户，并在系统注册表中查找该用户，以确定该用户账户是否有权限登录。在这种方式下，用户不必提交登录名和密码让SQL Server验证。

Windows验证模式有以下主要优点：

- 数据库管理员的工作可以集中在管理数据库上面，而不是管理用户账户。对用户账户的管理可以交给Windows去完成。
- Windows有着更强的用户账户管理工具。可以设置账户锁定、密码期限等。如果不是通过定制来扩展SQL Server，SQL Server是不具备这些功能的。
- Windows的组策略支持多个用户同时被授权访问SQL Server。

注 意

在本书中，如果不作特殊说明，Windows指的是Windows NT/2000/2003。另外，关于域和信任域、组策略，以及Windows的用户账户管理等概念，可参考Windows的帮助和使用手册。

4.1.2 混合验证模式

混合验证模式允许以SQL Server验证模式或者Windows验证模式来进行验证。使用哪个模式取决于在最初的通信时使用的网络库。如果一个用户使用的是TCP/IP Sockets进行登录验证，则将使用SQL Server验证模式；如果用户使用命名管道，则登录时将使用Windows验证模式。这种模式能更好地适应用户的各种环境。但是对于Windows 9x系列的操作系统，只能使用SQL Server验证模式。

SQL Server验证模式处理登录的过程为：用户在输入登录名和密码后，SQL Server在系统注册表中检测输入的登录名和密码，如果输入的登录名存在，而且密码也正确，就可以登录到SQL Server。

提 示 ● ● ●

验证模式的选用通常与网络验证的模型和客户与服务器间的通信协议有关。如果网络主要是Windows网，则用户登录Windows时已经得到了确认，因此，使用Windows验证模式将减轻系统的工作负担。但是，如果网络主要是Novell网络或者对等网，则使用SPX协议和SQL Server验证模式将是很方便的。因为，这种情况下，只需创建SQL Server登录账户，而不用创建Windows账户。

混合验证模式具有如下优点：

- 创建了Windows之上的另外一个安全层次。
- 支持更大范围的用户，例如非Windows客户、Novell网络等。
- 一个应用程序可以使用单个的SQL Server登录和口令。

4.1.3 设置验证模式

在第一次安装SQL Server或者使用SQL Server连接其他服务器的时候，需要指定验证模式。对于已经指定验证模式的SQL Server服务器，在SQL Server中还可以进行修改。操作步骤如下：

Step 01 打开SQL Server Management Studio窗口，在"对象资源管理器"窗口中选择服务器，右击，在弹出的快捷菜单上选择"属性"命令，然后在打开的"服务器属性"对话框中，选择"安全性"选项，打开"安全性"选项卡，如图4.1所示。

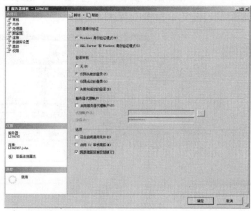

Step 02 在"服务器身份验证"栏中设置验证模式后，单击"确定"按钮，打开提示对话框，提示重新启动SQL Server，才能使新的设置生效，如图4.2所示。

图4.1 "安全性"选项卡

Step 03 单击"确定"按钮，然后重新启动SQL Server，以新的验证模式登录服务器。

图4.2 设置生效

4.2 账户和角色

在SQL Server中，账户有两种，一种是登录服务器的登录账户（login name），另外一种是使用数据库的用户账户（user name）。登录账户只是让用户登录到SQL Server中，登录名本身并不能让用户访问服务器中的数据库。要访问特定的数据库，还必须具有用户名。

用户名在特定的数据库内创建，并关联一个登录名（当一个用户创建时，必须关联一个登录名）。用户定义的信息存放在服务器上的每个数据库的sysusers表中，用户没有密码同它相关联。通过授权给用户来指定用户可以访问的数据库对象的权限。

提　示

可以这样想象，假设SQL Server是一个包含许多房间的大楼，每一个房间代表一个数据库，房间里的资料可以表示数据库对象。则登录名就相当于进入大楼的钥匙，而每个房间的钥匙就是用户名。房间中的资料是根据用户名的不同而有不同的权限的。

4.2.1　登录账户

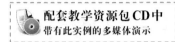
配套教学资源包CD中
带有此实例的多媒体演示

要登录到SQL Server，必须具有一个登录账户。创建一个登录账户的操作步骤如下：

Step 01 打开SQL Server Management Studio窗口，在"对象资源管理器"窗口中打开服务器，然后在"安全性"下面的"登录名"上右击，在打开的快捷菜单中选择"新建登录名"命令，如图4.3所示。

图 4.3　"新建登录名"命令

其中两个默认登录账户的含义如下：

- BUILTIN\Administrators　凡是属于Windows中Administrators组的账户都允许登录SQL Server。
- sa　超级管理员账户，允许SQL Server的系统管理员登录，此SQL Server的管理员不一定是Windows的管理员。

Step 02 打开"登录名-新建"对话框，在"登录名"文本框中输入登录名，如图4.4所示。

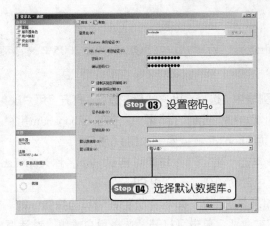

图 4.4 "登录名-新建"对话框

Step 05 在"选择页"栏中，选择"服务器角色"选项，打开"服务器角色"选项卡，选择登录账户所属的服务器角色，如图4.5所示。

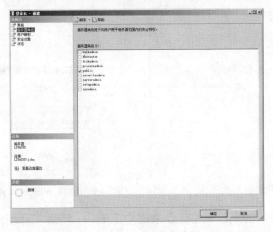

图 4.5 "服务器角色"选项卡

角色是一组用户所构成的组，可分为服务器角色和数据库角色。下面介绍服务器角色，关于数据库角色，将在后面的章节中进行介绍。

- sysadmin 全称为System Administrators，可以在 SQL Server中执行任何活动。
- serveradmin 全称为Server Administrators，可以设置服务器范围的配置选项，关闭服务器。
- setupadmin 全称为Setup Administrators，可以管理链接服务器和启动过程。
- securityadmin 全称为Security Administrators，可以管理登录和创建数据库的权限，还可以读取错误日志和更改密码。
- processadmin 全称为Process Administrators，可以管理SQL Server中运行的进程。
- dbcreator 全称为Database Creators，可以创建、更改和删除数据库。
- diskadmin 全称为Disk Adminstrators，可以管理磁盘文件。
- bulkadmin 全称为Bulk Insert Adminstrators，可以执行BULK INSERT（大容量插入）语句。
- public public角色具有查看任何数据库的权限。

属于Windows Adminstrators组的账户，在SQL Server 2005中被自动设置为sysadmin服务器角色。

Step 06 在"选项页"列表中，选择"用户映射"选项，打开"用户映射"选项卡。选择bookdb数据库前面的复选框。此时，"用户"列出现bookadm用户，表示该登录账户允许bookadm用户访问bookdb数据库，如图4.6所示。

Step 07 设置完成后，单击"确定"按钮即可创建一个名称为bookadm的登录账户，同时在bookdb数据库中自动创建了一个用户bookadm。

Step 08 在图4.4中，如果单击"Windows身份验证"单选按钮，则"登录名"文本框后面的"搜索"按钮被激活，单击可打开"选择用户或组"对话框，如图4.7所示。可以从该对话框中输入Windows系统的用户作为登录账户。

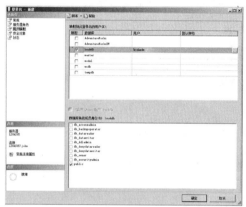
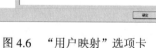

图 4.6　"用户映射"选项卡

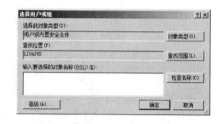

图 4.7　选择 Windows 系统的用户作为登录账户

　　如果要修改登录账户的属性，可在登录账户上右击，然后在弹出的快捷菜单中选择"属性"命令，即可打开登录账户的属性对话框，它也包含上面创建过程中的3个选项卡，各项含义与上面相同。

　　如果要删除一个登录账户，可在右击登录账户弹出的快捷菜单中选择"删除"命令，此时会打开一个提示对话框，单击"是"按钮确定删除。

使用SQL Server提供的存储过程也可以添加、修改和删除登录账户。对于下面介绍的用户和角色，同样可以使用存储过程来对其进行添加、修改和删除操作。关于存储过程，可以参考9.5节。

4.2.2　数据库用户

　　每个登录账户在一个数据库中只能有一个用户账户，但是每个登录账户可以在不同的数据库中各有一个用户账户。如果在新建登录账户的过程中，指定对某个数据库具有存取权限，则在图4.6所示的"用户映射"选项卡中可以通过映射用户来创建一个与该登录账户同名的用户账户。例如，上面新建的bookadm登录账户，通过映射用户自动创建了一个用户bookadm，具有对bookdb数据库访问的权限（见图4.6）。

　　如果在创建登录账户时没有指定对某个数据库的存取权限，则在该数据库中，创建一个新的用户账户，并关联到该登录账户，则该登录账户会自动具有对该数据库的访问权限。下面在AdventureWorks数据库中创建一个用户账户bookA，并将其关联到bookadm登录账户中。操作步骤如下：

Step 01 打开SQL Server Management Studio窗口，在"对象资源管理器"窗口中，打开服务器，打开AdventureWorks数据库，然后打开"安全性"窗口。在"用户"上右击，在弹出的快捷菜单中选择"新建用户"命令，打开"数据库用户-新建"对话框。

Step 02 在"用户名"文本框中，输入用户名，如图4.8所示。

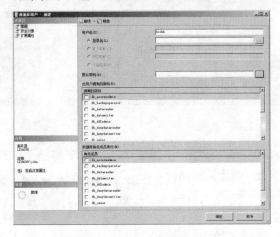

图4.8　"数据库用户-新建"对话框

注　意

登录账户具有对某个数据库的访问权限，并不表示该登录账户对该数据库具有存取的权限。如果要对数据库中的对象进行插入及更新等操作，还需要设置用户账户的权限。

Step 03 单击"登录名"文本框右端的 按钮，打开"选择登录名"对话框，单击"浏览"按钮，打开"查找对象"对话框，选择bookadm登录账户，如图4.9所示。

Step 04 单击"确定"按钮，返回"选择登录名"对话框，如图4.10所示。

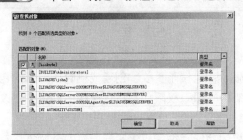

图4.9　"查找对象"对话框

图4.10　"选择登录名"对话框

Step 05 单击"确定"按钮，返回到"数据库用户-新建"对话框。如果此时单击"确定"按钮，即可创建一个没有指定任何权限的新用户。要为该用户指定权限，可在"选项页"栏中选择"安全对象"选项，打开"安全对象"选项卡，如图4.11所示。

Step 06 单击"添加"按钮,打开"添加对象"对话框,如图4.12所示。在此对话框中,可以选择特定的对象,例如表、视图或存储过程等;也可以选择特定类型的所有对象,例如所有表;还可以选择属于某一架构的所有对象,例如Production架构。

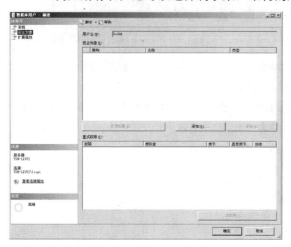

图 4.11 "安全对象"选项卡 图 4.12 "添加对象"对话框

Step 07 这里选择Production架构的所有对象。在"架构名称"下拉列表框中选择Production架构,然后单击"确定"按钮,返回"数据库用户-新建"对话框。

Step 08 在"安全对象"栏中选择要设置用户权限的对象,例如Product表。然后在下面的权限设置栏中设置用户对Product表的权限,如图4.13所示。可以将各类权限设置为"授予"、"具有授予权限"、"允许"或"拒绝",或者不进行任何设置。如果选中"拒绝"选项将覆盖其他所有设置。

图 4.13 设置用户权限

权限则包括以下几种:

- Alter 授予更改特定安全对象的属性(所有权除外)的权限。当授予对某个范围的Alter权限时,也授予更改、创建或删除该范围内包含的任何安全对象的权限。例如,对架构的Alter权限包括在该架构中创建、更改和删除对象的权限。

- Control 为被授权者授予类似所有权的功能。被授权者实际上对安全对象具有所定义的所有权限。

- Delete 删除表或视图中的数据。

- Insert 在表或视图中插入记录。

- References 对表或视图进行引用。

- Select 对表或视图的查询。

- Take ownership　允许被授权者获取所授予的安全对象的所有权。
- Update　对表或视图中的数据进行修改。
- View definition　允许被授权者访问元数据。

Step 09 如果要设置对表或视图的某一字段进行操作的权限，可在列表中选择表或视图，然后单击"列权限"按钮，可打开"列权限"对话框。使用该对话框即可进行相应权限的设置。

Step 10 设置完成后，单击"确定"按钮，即可创建数据库用户并设置相应的权限。

提示 ● ● ●

前面介绍的是用户账户的创建和权限设置，如果要删除一个用户账户，则只要从"用户"文件夹中选择要删除的用户，然后按Delete键，或者右击并执行"删除"命令即可。

4.2.3　角色

　　和登录账户类似，用户账户也可以分成组，称为数据库角色（Database Roles）。数据库角色应用于单个数据库，它包括一列Windows用户账户和组。当最终用户通过客户应用程序连接到分析服务器时，数据库角色中的规范即应用于他们对分析服务器上对象的访问。数据库角色不是用来授权或拒绝对于对象的管理访问。

　　角色是一个强大的工具，可以将用户集中到一个单元中，然后对该单元应用权限。对一个角色授予、拒绝或废除的权限也适用于该角色的任何成员。可以建立一个角色来代表单位中一类工作人员所执行的工作，然后给这个角色授予适当的权限。当工作人员开始工作时，只需将他们添加为该角色成员，当他们离开工作时，将他们从该角色中删除。

　　在SQL Server中，数据库角色可分为两种：

- 服务器角色　由服务器账户组成的组，负责管理和维护SQL Server组。详细内容可以参考4.2.1节。
- 数据库角色　由数据库成员所组成的组，此成员可以是用户或者其他的数据库角色。
- 应用程序角色　用来控制应用程序存取数据库，本身并不包含任何成员。

以下将介绍数据库角色、应用程序角色以及 public 数据库角色的权限。

1．数据库角色

　　在数据库创建时，系统默认创建了10个固定的数据库角色。打开bookdb数据库，然后依次选择"安全性"|"角色"|"数据库角色"选项，即可看到默认的数据库角色，如图4.14所示。

　　public角色是最基本的数据库角色。其余9个默认数据库角色的含义如下：

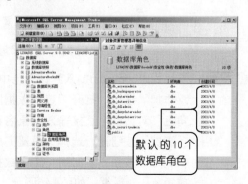

图 4.14　默认的 10 个数据库角色

- db_owner　在数据库中有全部权限。
- db_accessadmin　可以添加或删除用户ID。
- db_securityadmin　可以管理全部权限、对象所有权、角色和角色成员资格。
- db_ddladmin　可以发出ALL DDL命令，但不能发出GRANT（授权）、REVOKE 或DENY命令。
- db_backupoperator　可以发出DBCC、CHECKPOINT和BACKUP命令。
- db_datareader　可以选择数据库内任何用户表中的所有数据。
- db_datawriter　可以更改数据库内任何用户表中的所有数据。
- db_denydatareader　不能选择数据库内任何用户表中的任何数据。
- db_denydatawriter　不能更改数据库内任何用户表中的任何数据。

可以查看角色的属性，也可以将一个用户添加到角色中。下面以db_owner数据库角色为例，来查看它的属性，并将用户bookadm加入该角色中。操作步骤如下：

配套教学资源包 CD中 带有此实例的多媒体演示

Step 01　打开SQL Server Management Studio窗口，在"对象资源管理器"窗口的数据库bookdb 文件夹下，依次选择"安全性"|"用户"|"角色"|"数据库角色"选项。

Step 02　在db_owner角色上右击，然后选择"属性"命令，打开"数据库角色属性－db_owner" 对话框，如图4.15所示。

图4.15　"数据库角色属性-db_owner"对话框

Step 03　要将用户bookadm加入到该角色中，可单击 "添加"按钮，打开"选择数据库用户或 角色"对话框，直接输入对象名称或单击 "浏览"按钮进行选择，设置完成后单击 "确定"按钮，返回到"选择数据库用户 或角色"对话框，如图4.16所示。

Step 04　单击"确定"按钮，即可将用户bookadm加

图4.16　"选择数据库用户或角色"对话框

入到db_owner数据库角色中。

也可以创建一个新的角色。建立一个数据库角色的操作步骤如下：

Step 01 在"对象资源管理器"窗口中，在数据库bookdb文件夹下，依次选择"安全性"|"角色"选项。

Step 02 右击"数据库角色"选项，在弹出的快捷菜单中选择"新建数据库角色"命令，打开"数据库角色-新建"对话框。

Step 03 在"角色名称"文本框中，输入角色名称；在"所有者"文本框中，输入所有者的名称，如图4.17所示。单击"添加"按钮可为该角色添加用户成员。

Step 04 在"选项页"栏中，选择"安全对象"选项，打开"安全对象"选项卡。在该选项卡中可以设置角色的权限。操作步骤和设置用户权限的操作步骤相同，详细步骤可以参考4.2.2节。

Step 05 设置完成后，单击"确定"按钮即可创建新的数据库角色。

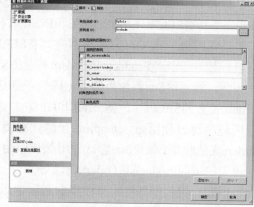

图 4.17　"数据库角色-新建"对话框

2. 应用程序角色

SQL Server中的安全系统在最低级别（即数据库本身）上实现。无论使用什么应用程序与SQL Server通信，这都是控制用户活动的最佳方法。但是，有时必须自定义安全控制以适应个别应用程序的特殊需要，尤其是当处理复杂数据库和含有大表的数据库时。

此外，有时可能希望限制用户只能通过特定应用程序（例如使用SQL查询分析器或Microsoft Excel）来访问数据或防止用户直接访问数据。限制用户的这种访问方式将禁止用户使用应用程序（如SQL查询分析器）连接到SQL Server实例并执行编写质量差的查询，以免对整个服务器的性能造成负面影响。

SQL Server使用应用程序角色来满足这些要求，应用程序角色和数据库角色的区别有以下3点：

* 应用程序角色不包含成员。不能将Windows组、用户和角色添加到应用程序角色；当通过特定的应用程序为用户连接激活应用程序角色时，将获得该应用程序角色的权限。用户之所以与应用程序角色关联，是由于用户能够运行激活该角色的应用程序，而不是因为它是角色成员。

* 默认情况下，应用程序角色是非活动的，需要用密码激活。

* 应用程序角色不使用标准权限。当一个应用程序角色被该应用程序激活以用于连接时，连接会在连接期间永久地失去数据库中所有用来登录的权限、用户账户、其他组或数据库角色。连接获得与数据库的应用程序角色相关联的权限，应用程序角色存在于该数据库中。因为应用程序角色只能应用于它们所存在的数据库中，所以连接只能通过授予其他数据库中guest用户账户的权限，获得对另一个数据库的访问。

若要确保可以执行应用程序的所有函数，连接必须在连接期间失去应用于登录和用户账户或所有数据库中的其他组或数据库角色的默认权限，并获得与应用程序角色相关联的权限。例如，如果应用程序必须访问通常拒绝用户访问的表，则应废除对该用户拒绝的访问权限，以使用户能够成功使用该应用程序。应用程序角色通过临时挂起用户的默认权限并只对它们指派应用程序角色的权限而克服任何与用户的默认权限发生的冲突。

下面是一个使用应用程序角色的例子。

假设用户Sue运行销售应用程序。该应用程序要求在数据库Sales中的表Products和Orders上具有SELECT、UPDATE和INSERT权限，但Sue在使用SQL查询分析器或任何其他工具访问Products或Orders表时不应具有SELECT、INSERT或UPDATE权限。若要确保如此，可以创建一个拒绝Products和Orders表上的SELECT、INSERT或UPDATE权限的用户-数据库角色，然后将Sue添加为该数据库角色的成员。接着在Sales数据库中创建带有Products和Orders表上的SELECT、INSERT和UPDATE权限的应用程序角色。当应用程序运行时，指应用程序通过使用sp_setapprole存储过程提供密码激活应用程序，并获得访问Products和Orders表的权限。如果Sue尝试使用除该应用程序外的任何其他工具登录到SQL Server实例，则将无法访问Products或Orders表。

创建应用程序角色的操作步骤和创建标准角色的步骤类似，只是在创建过程中要设置应用程序角色的密码。如果要删除角色，则可以直接选取角色，然后按Delete键或者右击选择"删除"命令。

3．public 数据库角色的权限

public数据库角色是每个数据库最基本的数据库角色，每个用户可以不属于其他9个固定数据库角色，但是至少会属于public数据库角色。当在数据库中添加新用户账户时，SQL Server会自动将新用户账户加入public数据库角色中。

双击public角色可以打开其属性对话框，可查看它的属性和权限。但是对于用户建立的数据库对象，例如用户建立的表，public角色默认是不设置权限。

4.2.4 用户和角色的权限问题

用户是否具有对数据库存取的权利，要看其权限设置而定，但是，它还要受其所属角色的权限的限制。

1．用户权限继承角色的权限

数据库角色中可以包含许多用户，用户对数据库对象的存取权限也继承自该角色。假设用户User1属于角色Role1，角色Role1已经取得对表table1的SELECT权限，则用户User1也自动取得对表table1的SELECT权限。如果Role1对table1没有INSERT权限，而User1取得了对表table1的INSERT权限，则Role1最终也取得对表table1的INSERT权限。允许的权限继承关系如表4.1所示。

表4.1 允许的权限继承

table1	SELECT	INSERT
public的权限	没有设置	没有设置
Role1的权限	√	没有设置
User1的权限	没有设置	√
User1的最终权限	√	√

提 示

表中"√"符号表示取得该权限,"×"符号表示拒绝该权限。

而拒绝的权限是优先的,只要Role1和User1中的一个拒绝,则该权限就是拒绝的。拒绝的权限继承如表4.2所示。

表4.2 拒绝的权限继承

table1	SELECT	INSERT
public的权限	没有设置	没有设置
Role1的权限	√	×
User1的权限	×	√
User1的最终权限	×	×

2. 用户分属不同角色

如果一个用户分属于不同的数据库角色,例如,用户User1既属于角色Role1,又属于角色Role2,则用户User1的权限基本上是以Role1和Role2的并集为准。但是只要有一个拒绝,则用户User1的权限就是拒绝。

4.3 上机实训

4.3.1 创建登录账户Lib_Man

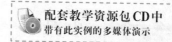

配套教学资源包CD中带有此实例的多媒体演示

 实例说明:

本例在LIB_DATA数据库中创建一个登录账户Lib_Man,默认登录数据库为LIB_DATA,并关联一个数据库用户Lib_Man。

学习目标:

通过对本例的学习,理解账户的概念并掌握操纵账户的方法。具体操作步骤如下:

Step 01 打开SQL Server Management Studio窗口,在"对象资源管理器"窗口中,打开服务器,然后在"安全性"下面的"登录名"上右击,在打开的快捷菜单中选择"新建登录名"命令。

Step 02 此时，打开"登录名-新建"窗口，进行如下设置：

- 在"登录名"文本框中输入Lib_Man。
- 单击"SQL Server身份验证"单选按钮，并输入密码。
- 取消"强制密码过期"和"用户在下次登录时必须更改密码"两个复选框的选择。
- 在"默认数据库"下拉列表框中选择LIB_DATA数据库。

Step 03 在"选择页"栏中，选择"服务器角色"选项，打开"服务器角色"选项卡。在"服务器"列表框中选择sysadmin角色。

Step 04 在"选项页"栏中，选择"用户映射"选项，打开"用户映射"选项卡。选择LIB_DATA数据库前面的复选框。此时，"用户"列出现Lib_Man用户，表示该登录账户允许Lib_Man用户访问LIB_DATA数据库。

Step 05 设置完成后，单击"确定"按钮即可创建一个名称为Lib_Man的登录账户，同时在LIB_DATA数据库中自动创建了一个用户Lib_Man。

4.3.2 设置Lib_Man用户的权限

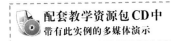
配套教学资源包CD中
带有此实例的多媒体演示

实例说明：

本例对Lib_Man用户设置SECLECT、INSERT和UPDATE权限。

学习目标：

通过对本例的学习，掌握设置用户权限的方法。操作步骤如下：

Step 01 打开SQL Server Management Studio窗口，在"对象资源管理器"窗口中，打开服务器，打开LIB_DATA数据库，选择"安全性"|"用户"选项，在Lib_Man用户上右击，在弹出的快捷菜单中选择"属性"命令。

Step 02 在Lib_Man用户的属性窗口中的"选择页"栏中选择"安全对象"选项，可依照4.2.2节的操作对Lib_Man用户设置SECLECT、INSERT和UPDATE权限。

4.4 小结

本章介绍了SQL Server的验证模式、登录账户、用户和角色。对用户和角色的权限设置也做了详细的介绍。

SQL Server支持两种验证模式：Windows验证模式和混合验证模式。Windows验证模式是使用Windows的验证机制；混合验证模式则是使用Windows和SQL Server验证两种方法的结合。

登录名被放置在master数据库中，用来对用户进行验证。用户名被关联在数据库中，用来将登录名连接到特定的数据库中。一个登录名在一个数据库中只能关联到一个用户上。

用户名的信息被存储在每个数据库中的系统表中。用户名的信息包括所有组的信息。登录名的信息被存放在master数据库的syslogins表中。

可以对表和视图授予查询、插入、修改和删除的权限，但是对存储过程只能授予执行的权限。

角色是用户组成的集合，角色和用户的权限决定了用户的最终权限。而拒绝的权限是优先的。这有助于数据库的安全。

4.5 习题

1. 选择题

（1）如果所有需要访问SQL Server的用户都有Windows的账户，而且SQL Server安装在和用户账户域处于相同域的一个服务器上，并且所有的用户都使用TCP/IP和服务器连接，那么这种情况下应该使用哪种安全模式？＿＿＿＿

    A. 混合安全模式   B. Windows验证模式

    C. 同时使用NT验证模式和混合验证模式

（2）如果将服务器配置为Windows验证模式，但是不能使用Windows登录名访问服务器，导致这种情况最可能的原因是什么？＿＿＿

    A. 没有重新启动SQL Server服务

    B. 没有重新启动管理所有安全请求的SQLServerAgen服务

    C. 没有为任何用户授予对服务器进行管理的访问权

    D. 没有使用企业管理器对Windows账户的登录名进行映射

（3）如果要让Windows和UNIX的用户能够同时访问SQL Server，并且在管理用户上要尽可能省事，则应选择哪种验证模式？＿＿＿

    A. 混合安全模式   B. Windows验证模式

    C. 同时使用NT验证模式和混合验证模式

（4）验证模式的信息保存在哪里？＿＿＿

    A. 注册表中   B. master数据库的sysconfigures表中

    C. 事务日志中   D. master数据库的syslogins表中

（5）如果要为所有的登录名提供有限的数据访问，则哪种方法最好？＿＿＿

    A. 在数据库中增加guest用户，并为它授予适当的权限

    B. 为每个登录名增加一个用户，并为用户设置权限

    C. 为每个登录名增加一个用户，然后将用户增加到一个组中，为这个组授予权限

    D. 为每个登录名增加权限

（6）哪个数据库拥有sysusers表？＿＿＿

    A. 所有数据库   B. 所有用户创建的数据库

    C. master数据库   D. 该表保存在注册表中

2. 简答题

简单叙述应用程序角色的主要作用。

3. 操作题

（1）创建一个登录账户manager，将其设置为Windows验证模式，并将其关联到第3章习题中所创建的Resource数据库中。

操作步骤提示：

Step 01 因为是Windows验证模式，因此需要首先创建一个Windows账户。通过"控制面板"中的"用户账户"创建一个tbook用户。

Step 02 依照4.2.1节中的操作创建一个登录账户，并将其关联到bookdb数据库中，其关联用户名采取默认值tbook。

（2）设置 Resource 数据库中 manager 用户的权限。

第 **5** 章

Transact-SQL语言

本章讲解SQL Server中的Transact-SQL语言，包括SQL查询分析器的使用、Transact-SQL查询及使用Transact-SQL进行编程的基础知识。

本章重点在于SELECT语句的使用，它是SQL语言的核心和重点，使用也最广泛。

- SQL语言简介
- 简单数据查询
- 查询指定的列
- 查询结果排序
- 多表查询
- 数据插入和删除
- 数据库操作
- Transact—SQL程序设计基础

5.1 SQL语言

SQL的全称为Structured Query Language（结构化查询语言），它利用一些简单的句子构成基本的语法，来存取数据库的内容。由于SQL简单易学，目前它已经成为关系数据库系统中使用最广泛的语言。

SQL是在20世纪70年代末由IBM公司开发出来的一套程序语言，并被用在DB2关系数据库系统中。但是，直到1981年，IBM推出商用的SQL/DS关系型数据库系统，Oracle及其他大型关系型数据库系统相继出现，SQL才得以广泛应用。

5.1.1 SQL语言概述

由于在业界有多种关系型数据库系统，因此各家公司都可能有自己的SQL语法或者可以定义不同的数据类型。例如，Sybase与Microsoft公司使用Transact-SQL，而Oracle公司使用PL/SQL（Procedural Language extension to SQL），将原来非过程性的SQL语法改变为过程性语法。

基于上面的原因，使得SQL有ANSI（American National Standards Institute，美国国家标准局）SQL-92标准与业界的标准之分。ANSI SQL-92标准定义了SQL关键字与语法的标准，而各公司在其基础上又增加了各自的扩充。因此，虽然各公司的数据库系统使用的SQL不尽相同，但是基本语法以及关键字等还是相互兼容的。

> **提 示** ● ● ●
>
> Transact-SQL是SQL Server使用的SQL语言，它也在ANSI SQL-92标准的基础上进行了扩充，使得其功能更为强大，使用更为方便。

SQL语言是应用于数据库的语言，本身是不能独立存在的。它是一种非过程性（non-procedural）语言，与一般的高级语言，例如C/C++、Pascal，是大不相同的。一般的高级语言在存取数据库时，需要依照每一行程序的顺序处理许多的动作。但是使用SQL时，只需告诉数据库需要什么数据以及怎么显示即可。具体的内部操作则由数据库系统来完成。

例如，要从bookdb数据库中的book表中查找书名为《Windows 2003 Server网络管理》的书，使用简单的几行命令即可（实际上，该语句经常写为一行，这里只是为了说明，将其分成了3行），如图5.1所示。

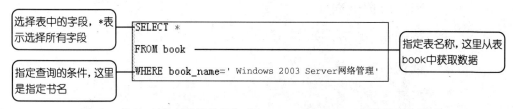

图5.1 从book表中查找书名为《Windows 2003 Server 网络管理》的书

5.1.2 分类

SQL语言按照用途可以分为如下3类：

- DDL（Data Definition Language） 数据定义语言。
- DML（Data Manipulation Language） 数据处理语言。
- DCL（Data Control Language） 数据控制语言。

下面分别介绍这 3 类。

1．数据定义语言

在数据库系统中，每一个数据库、数据库中的表、视图和索引等都是对象。要建立一个对象，可以通过SQL语言来完成。类似于这一类定义数据库对象的SQL叙述即为DDL语言。例如，数据库和表的创建。

2．数据处理语言

SQL语法中处理数据的叙述称为DML。例如，使用SELECT查询表中的内容，或者使用INSERT（插入）、DELETE（删除）和UPDATE（更新）一笔记录等。

3．数据控制语言

对单个的SQL语句来说，不管执行成功或者失败，都不会影响到其他的SQL语句。但是在某些情况下，可能需要一次处理好几个SQL语句，而且希望它们必须全部执行成功，如果其中一个执行失败，则这一批SQL语句都不要执行。已经执行的应该恢复到开始的状态。

举个简单的银行转账的例子。假设要从A账户中转10 000元到B账户中，首先从A账户中扣除10 000元，然后在B账户中加入10 000元。但是，如果从A账户中扣除10 000元后，出现错误，导致下一步在B账户中加入10 000元的操作不能完成，则A账户白白被扣除了10 000元。因此，应保证这些操作要么一起完成，要么都不要执行。这种方式在SQL中称作事务（Transaction）。

在SQL中，可以使用DCL将数个SQL语句组合起来，然后交给数据库系统一并处理。详细内容见8.4节。

5.2 Transact-SQL基础

SQL Server提供了多种图形和命令行工具，用户可以使用不同的方法来访问数据库。但是这些工具的核心却是Transact-SQL语言。SQL Server Management Studio是一个图形用户界面，用以交互地设计和测试Transact-SQL语句、批处理和脚本。

在SQL Server Management Studio中，用户可输入Transact-SQL语句，执行语句并在结果窗口中查看结果。用户也可以打开包含Transact-SQL语句的文本文件，执行语句并在结果窗口中查看结果。

SQL Server Management Studio提供以下功能：

- 用于输入Transact-SQL语句的自由格式文本编辑器。
- 在Transact-SQL语句中使用不同的颜色，以提高复杂语句的易读性。
- 对象浏览器和对象搜索工具。可以轻松查找数据库中的对象和对象结构。
- 模板。可用于加快创建SQL Server对象的Transact-SQL语句的开发速度。模板是包含创建数据库对象所需的Transact-SQL语句基本结构的文件。
- 用于分析存储过程的交互式调试工具。
- 以网格或自由格式文本窗口的形式显示结果。
- 显示计划信息的图形关系图，用以说明内置在Transact-SQL语句执行计划中的逻辑步骤。这使程序员得以确定在性能差的查询中是哪一部分使用了大量资源，之后，程序员可以试着采用不同的方法更改查询，使查询使用的资源减到最小的同时仍返回正确的数据。
- 使用索引优化向导分析Transact-SQL语句以及它所引用的表，以了解通过添加其他索引是否可以提高查询的性能。

关于如何在 SQL Server Management Studio 中执行 SQL 语句，可以参考 2.4.1 节的内容。

5.2.1 数据查询

数据库存在的意义在于将数据组织在一起，以方便查询。"查询"的含义就是用来描述从数据库中获取数据和操纵数据的过程。

SQL语言中最主要、最核心的部分是它的查询功能。查询语言用来对已经存在于数据库中的数据按照特定的组合、条件表达式或者一定次序进行检索。其基本格式是由SELECT子句、FROM子句和WHERE子句组成的SQL查询语句：

```
SELECT  [列名表]
FROM    [表或视图名]
WHERE   [查询限定条件]
```

也就是说，SELECT 指定了要查看的列（字段），FROM 指定这些数据来自哪里（表或者视图），WHERE 则指定了要查询哪些行（记录）。

完整的SELECT语句的用法如下：

```
SELECT select_list
[INTO new_talbe]
FROM table_source
[WHERE search_condition]
[GROUP BY group_by_expression]
[HAVING search_condition]
[ORDER BY order_expression [ASC | DESC]]
```

其中，带有方括号的子句均是可选子句，大写的单词表示 SQL 的关键字，而小写的单词或者单词组合表示表（视图）名称或者给定条件。

提示

在SQL语言中，除了进行查询时用到SELECT子句外，其他的很多功能也都离不开

SELECT子句，例如，创建视图是利用查询语句来完成的；插入数据时，在很多情况下是从另外一个表或者多个表中选择符合条件的数据。所以查询语句是掌握SQL语言的关键。

　　下面以bookdb数据库为例，来介绍各个子句的使用。首先在book表和authors表中加入几条记录。这里只是为了作为例子来介绍，因此可以自行加入几条记录。

注　意

　　由于book中参考了authors表中的记录，因此，应先在authors表中加入记录，而后再在book表中加入记录。

1．查询表中所有的列

　　使用格式：`SELECT * FROM table_name`
　　例如，要查询book表中的所有书籍的信息，可在SQL Server Management Studio中单击"新建查询"按钮，选择数据库，输入如下命令：

```
SELECT * FROM book
```

　　然后在工具栏上单击"执行"按钮或者按F5键，即可看到所有书籍的信息，如图5.2所示。

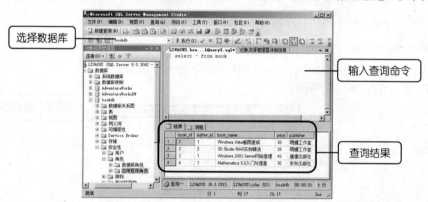

图 5.2　查询 book 表中的所有列的信息

2．查询表中指定的列

　　使用格式：`SELECT column_name[,...n] FROM table_name`
　　说明：多个字段用逗号（,）隔开。
　　例如，要查询所有书籍的名称和价格，可输入下面的SQL语句：

```
SELECT book_name,price FROM book
```

　　按F5键，结果如图5.3所示。
　　可以重新排列列的次序，SELECT后的列名的顺序决定了显示结果中的列序。如果想把价格放在前面，则上面的SQL语句应该写成：

	book_name	price
1	Windows Vista看图速成	30
2	3D Studio MAX实例精选	35
3	Windows 2003 Server网络管理	45
4	Mathematica 5.0入门与提高	30

```
SELECT price,book_name FROM book
```

图 5.3　查询所有书籍的名称和价格

执行此语句，可看到结果中价格放在了前面。

3. 使用单引号加入字符串

例如，要查询所有书籍的名称和价格，并在价格前面显示字符串"价格为："，可输入下面的SQL语句：

```
SELECT book_name,'价格为：',price FROM book
```

按F5键，结果如图5.4所示。

	book_name	(无列名)	price
1	Windows Vista看图速成	价格为：	30
2	3D Studio MAX实例精选	价格为：	35
3	Windows 2003 Server网络管理	价格为：	45
4	Mathematica 5.0入门与提高	价格为：	30

图 5.4　在价格前面显示字符串

4. 使用别名

在显示结果时，可以指定以别名来代替原来的字段名称，总共有3种方法：

- 采用"别名 AS 字段名称"的格式。
- 采用"字段名称 别名"的格式。
- 采用"别名＝字段名称"的格式，其中，别名用单引号括起来。

例如，查询所有书籍的名称和价格，并在标题栏中显示"书名"和"价格"字样，而不是显示book_name和price，可输入下面的SQL语句：

```
SELECT book_name AS 书名,price AS 价格 FROM book
```

或者　`SELECT book_name 书名,price 价格 FROM book`

或者　`SELECT '书名'=book_name,'价格'=price FROM book`

按F5键，结果如图5.5所示。

	书名	价格
1	Windows Vista看图速成	30
2	3D Studio MAX实例精选	35
3	Windows 2003 Server网络管理	45
4	Mathematica 5.0入门与提高	30

标题栏中显示别名

图 5.5　使用别名

5. 查询特定的记录

使用WHERE关键词来限定查询的条件。例如，要查询《Windows 2003 Server网络管理》一书的信息，则可以输入以下SQL语句：

```
SELECT * FROM book WHERE book_name='Windows 2003 Server网络管理'
```

按F5键，结果如图5.6所示。

	book_id	author_id	book_name	price	publisher
1	3	1	Windows 2003 Server网络管理	45	唐唐出版社

图 5.6　查询《Windows 2003 Server 网络管理》一书的信息

6. 对查询结果进行排序

在SELECT语句中，可以使用ORDER BY子句对查询结果进行排序。其语法格式为：

```
[ORDER BY order_expression [ASC | DESC]]
```

其中各项含义如下：

- order_expression为排序的表达式，可以是一个列、列的别名、表达式或者非零的整数值，而非零的整数值则表示列、别名或者表达式在选择列表中的位置。
- 后续关键字ASC表示升序排列，DESC表示降序排列，默认值为ASC，排序时，空值（NULL）被认为是最小值。

注意

ntext、text和image数据类型的字段不能用作ORDER BY排序的字段。

例如，要依照价格高低来显示所有书籍的信息，可输入以下SQL语句：

```
SELECT * FROM book ORDER BY price DESC
```

按F5键，结果如图5.7所示。

	book_id	author_id	book_name	price	publisher
1	3	1	Windows 2003 Server网络管理	45	唐唐出版社
2	2	2	3D Studio MAX实例精选	35	明耀工作室
3	1	1	Windows Vista看图速成	30	明耀工作室
4	4	1	Mathematica 5.0入门与提高	30	东东出版社

图5.7　依照价格高低排列结果

7．多表查询

使用SELECT可以对多个表进行查询。例如，要显示书籍的书名和作者，此时就涉及到多个表的查询。因为书名在book表中，而作者姓名则在authors表中，因此限定条件为book表中的author_id字段和authors表的author_id字段的值相同。

输入下面的SQL语句：

```
SELECT book.book_name,authors.author_name
FROM book,authors
WHERE book.author_id=authors.author_id
```

按F5键，结果如图5.8所示。

	book_name	author_name
1	Windows Vista看图速成	刘耀儒
2	3D Studio MAX实例精选	王小明
3	Windows 2003 Server网络管理	刘耀儒
4	Mathematica 5.0入门与提高	刘耀儒

图5.8　多表查询结果

8．消除重复的行

使用DISTINCT关键字可消除重复行。例如，查询所有书籍所属的出版社，输入如下SQL语句：

```
SELECT DISTINCT publisher FROM book
```

按F5键，执行结果如图5.9所示。

图5.9　消除重复的行

5.2.2　数据插入和删除

新增数据使用INSERT语句，其语法如下：

```
INSERT [INTO] table_name [column_list]
VALUES (data_values)
```

其中各项参数的含义如下：

- table_name　新增数据的表或者视图名称。
- column_list　新增数据的字段名称，若没有指定字段列表，则指全部字段。
- data_values　新增记录的字段值，必须和column_list相对应，也就是说，每一个字段必须对应到一个字段值。

要在表 authors 中插入一笔记录，即新增一个作者，输入如下 SQL 语句：

```
INSERT authors(author_id,author_name) VALUES(3,'张英魁')
```

按F5键，自动打开"消息"窗口，显示如下信息：

```
(1 行受影响)
```

表示加入了一笔记录。

使用SELECT语句查询authors表，可看到新增加的记录。输入如下SQL语句：

```
SELECT * FROM authors
```

执行结果如图5.10所示，可看到新增加的第3个作者。

	author_id	author_name	address	telephone
1	1	刘耀儒	北京市海淀区	010-66886688
2	2	王小明	北京市东城区	010-66888888
3	3	张英魁	NULL	NULL

图 5.10　查看新增加的记录

要删除数据，可以使用DELETE语句，其语法如下：

```
DELETE table_name WHERE search_condition
```

其中，table_name是要删除数据的表的名称；search_condition是用来查找要删除数据的条件。

例如，删除book表中《Windows Vista看图速成》一书的记录，可以输入以下SQL语句：

```
DELETE book
WHERE book_name='Windows Vista看图速成'
```

按 F5 键执行后，即可将该记录删除。

可以使用查询语句来查询执行删除的结果。

如果要删除表中所有的行，则可以使用TRUNCATE语句，其语法格式如下：

```
TRUNCATE TABLE table_name
```

下面的例子即为删除authors表中的所有数据：

```
TRUNCATE TABLE authors
```

提示 ● ● ●

TRUNCATE TABLE在功能上与不带WHERE子句的DELETE语句相同：二者均删除表中的全部行。DELETE语句每次删除一行，并在事务日志中为所删除的每行记录一项。TRUNCATE TABLE通过释放存储表数据所用的数据页来删除数据，并且只在事务日志中记录页的释放。因此TRUUNCATE TABLE比DELETE速度快，且使用的系统和事务日志资源少。另外，TRUNCATE TABLE删除表中的所有行，但表结构及其列、约束、索引等保持不变。新行标识所用的计数值重置为该列的种子。如果想保留标识计数值，可以使用DELETE。如果要删除表定义及其数据，可以使用DROP TABLE语句。

5.2.3　数据修改

在数据输入过程中，可能会出现输入错误，或者是因时间变化而需要更新数据。这都需要修改数据。可以在企业管理器中一笔一笔地修改记录，但是使用SQL语言可能会更快捷。

修改数据需要使用UPDATE语句，其语法如下：

```
UPDATE table_name SET column[WHERE condition]
```

例如，将authors表中名为"王小明"的作者全部改为"王明"，SQL语句如下：

```
UPDATE authors SET author_name='王明'
WHERE author_name='王小明'
```

可以使用 SELECT 语句来查看执行结果。

5.2.4　使用函数

SQL Server提供了内置函数，使用这些函数，可以插入当前日期，对文本和图像进行操作等。

例如，在orderform表中，提交一笔订单，在插入数据时，即可使用GETDATE()函数来获取当前的日期。为了保持数据完整性，首先在clients表中插入一个客户，然后再在orderform表中提交一笔订单。输入下面的SQL语句：

```
INSERT clients VALUES(1,'刘明耀','北京市海淀区')
INSERT orderform VALUES(1,2,50,GETDATE(),1)
```

按 F5 键，然后使用 SELECT 语句可查看执行结果：

```
SELECT * FROM orderform
```

	order_id	book_id	book_number	order_date	client_id
1	1	2	50	2007-08-09 13:05:34.440	1

图 5.11　插入的订单记录

结果如图5.11所示。

5.2.5　使用公式

在列出现的位置上，可以使用公式对查询结果进行计算。例如，要查询所有订单中的书名、数量和总额，此时，就可以使用公式来计算总额。输入的SQL语句如下：

```
SELECT book.book_name,orderform.book_number,
       '总额为: ',(book.price*orderform.book_number)
FROM orderform,book
WHERE orderform.book_id=book.book_id
```

	book_name	book_number	(无列名)	(无列名)
1	3D Studio MAX实例精选	50	总额为:	1750

图 5.12　查询订单总额

按F5键，执行结果如图5.12所示。

5.2.6　数据库的操作语句

第3章介绍了使用SQL Server Management Studio创建数据库的方法，使用SQL语句同样也可创建数据库，并对数据库进行修改和删除。下面做简单介绍。

1. 创建数据库

创建数据库可以使用CREATE DATABASE语句。

例如，建立一个名为test的数据库，可以输入如下的SQL语句：

```
CREATE DATABASE test
```

按F5键，系统提示消息如下：

命令已成功完成。

打开SQL Server Management Studio，可看到新建立的数据库test。如果SQL Server Management Studio处于打开状态，可执行"操作"菜单中的"刷新"命令，来查看新建立的数据库。

使用一条CREATE DATABASE语句即可创建数据库以及存储该数据库的文件。SQL Server分两步实现CREATE DATABASE语句。

Step 01 SQL Server使用model数据库的副本初始化数据库及其元数据。

Step 02 SQL Server使用空页填充数据库的剩余部分，除了包含记录数据库空间使用情况以外的内部数据页。

如果要指定数据文件和事务日志文件，则可以使用 ON 和 LOG ON 关键字，并可以指定数据文件和事务日志文件的大小。

例如，要创建一个销售数据库，并设定数据文件为"d:\销售数据.MDF"，大小为5MB，最大为20MB，每次增长5MB；事务日志文件为"d:\销售数据日志.LDF"，大小为5MB，最大为10MB，每次增长为1MB。创建的SQL语句和执行结果如图5.13所示。

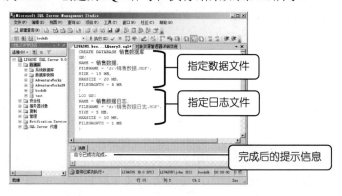

图 5.13　创建销售数据库

2. 修改数据库

在建立数据库后，可根据需要修改数据库的设置。修改数据库可以使用ALTER DATABASE语句。

例如，为销售数据库新增一个逻辑名为"销售数据2"的数据文件，其大小及其最大值分别为10MB和50MB。输入的SQL语句和执行结果如图5.14所示。

图 5.14　修改销售数据库

3．使用和删除数据库

要使用和删除数据库，可以使用USE和DROP语句。

其语法如下：

```
USE DATABASE database_name
DROP DATABASE database_name
```

其中，database_name表示要使用或者删除的数据库。

例如，可以使用如下SQL语句来删除销售数据库：

```
DROP DATABASE 销售数据库
```

执行结果如图5.15所示。

图 5.15　删除销售数据库

提 示

如果不知道目前的SQL Server服务器中包含哪些数据库，可以执行sp_helpdb存储过程，使用方式为：EXEC sp_helpdb。如果后面再加上数据库名，则表示查询特定的数据库。

5.2.7　表的操作语句

同样，可以使用SQL语言创建表或者修改和删除表。下面进行简单的介绍。

1．表的创建

CREATE TABLE语句用来建立表，其语法如下：

```
CREATE TABLE table_name
(
  column_name1 data_type [NULL | NOT NULL] [PRIMARY | UNIQUE]
                  [FOREIGN KEY [(column_name)]]
                  REFERENCES ref_table [(ref_column)]
[column_name2 data_type ...]
...
)
```

其中各参数含义如下：

- table_name　要创建的表的名称。
- column_name1　第一个字段名称。
- data_type　指定字段的数据类型。

其余为字段属性设置参数，将在下面介绍。

（1）基本用法

在test数据库中创建一个clients表，SQL语句如下：

```
USE test
CREATE TABLE clients (
    client_id int,
    client_name char(8),
    address char(50)
)
```

其中，第 1 行表示使用 test 数据库，创建的表 clients 中包含 3 个字段：client_id、client_name 和 address。数据类型分别为整型、字符型（长度为 8）和字符型（长度为 50）。

提 示 ● ● ●

USE语句只要在第一次使用即可，后续的SQL语句都是作用在该数据库中。若要使用其他的数据库，才需要再次执行USE语句。

（2）属性参数

除了可以设置字段的数据类型外，还可以利用一些属性参数来对字段做出限定。例如，将字段设置为主键，限制字段不能为空等。

常用的属性参数如下：

- NULL和NOT NULL 限制字段可以为NULL（空）或者NOT NULL（不能为空）。
- PRIMARY KEY 设置字段为主键。
- UNIQUE 指定字段具有唯一性。

下面的SQL语句是在test数据库中建立一个book表，并指定book_id为主键，而book_name为非空。

```
CREATE TABLE book (
    book_id int NOT NULL PRIMARY KEY,
    book_name char(8) NOT NULL,
    author_id char(50)
)
CREATE TABLE book (
    book_id int NOT NULL PRIMARY KEY,
    book_name char(8) NOT NULL,
    author_id char(50)
```

（3）与其他表建立关联

表的字段可能参考到其他表的字段，这就需要将两个表建立关联。此时，就可以使用如下的语法：

```
FOREIGN KEY REFERENCE ref_table (ref_column)
```

例如，可以将book表中的author_id字段关联到authors表的author_id字段。在企业管理器中将上面创建的book表删除，然后执行下面的语句：

```
    author_id int NOT NULL PRIMARY KEY,
    author_name char(8) NOT NULL,
    address char(50) NULL
)
CREATE TABLE book (
    book_id int NOT NULL PRIMARY KEY,
    book_name char(8) NOT NULL,
    author_id int FOREIGN KEY REFERENCES authors (author_id)
)
```

上面的语句首先创建一个 authors 表，然后创建 book 表，并将 author_id 字段关联到 authors 表的 author 字段。

提 示 ● ● ●

在创建book表时，由于将author_id字段关联到了authors表，因此authors表必须存在。这也是上面首先创建authors表的原因。

2．修改表

SQL语言提供了ALTER TABLE语句来修改表的结构。基本语法如下：

```
ALTER TABLE table_name
   ADD [column_name data_type]
       [PRIMARY KEY | CONSTRAIN]
       [FOREIGN KEY (column_name)
REFERENCES ref_table_name (ref_column_name)]
   DROP [CONSTRAINT] constraint_name | COLUMN column_name
```

其中各参数含义如下：

- ADD 增加字段，后面为属性参数设置。
- DROP 删除限制或者字段。CONSTRAINT表示删除限制；COLUMN表示删除字段。

例如，在 test 数据库中给 book 表增加一个"简介"字段：

```
ALTER TABLE book ADD 简介 text
```

3．删除关联和表

使用SQL语言要比使用企业管理器删除表容易得多。

删除表的语法如下：

```
DROP TABLE table_name
```

例如，要删除book表，可执行下述SQL语句：

```
DROP TABLE book
```

5.3 SELECT高级查询

本节主要介绍数据汇总、连接查询、子查询和UNION关键词的使用。

5.3.1 数据汇总查询

为决策支持系统生成聚合事务的汇总报表是一项复杂并且相当消耗资源的工作。SQL Server 2005提供以下两个灵活且强大的组件，用于生成SQL Server 2005 Analysis Services。这些组件是程序员在执行SQL Server数据的多维分析时应当使用的主要工具。

- 数据转换服务（DTS） DTS支持提取事务数据并将这些数据转换到数据仓库或数据集合中的汇总聚合中。
- Microsoft SQL Server Analysis Services Analysis Services将数据仓库中的数据组织到含有预先计算好的汇总信息的多维数据集中，以对复杂的分析查询提供快速响应。Analysis Services还提供一套向导，用于定义分析处理过程中所用的多维结构，并提供用于管理分析结构的Microsoft管理控制台管理单元。

但是对于生成简单汇总报表的应用程序，可使用下列Transact-SQL元素：

- CUBE或ROLLUP运算符　这两者是SELECT语句的GROUP BY子句的一部分。
- COMPUTE或COMPUTE BY运算符　这两者也与GROUP BY相关联。

1. 聚合函数

数据库的一个最大的特点就是将各种分散的数据按照一定规律、条件进行分类组合，最后得出统计结果。SQL Server提供了聚合函数，用来完成一定的统计功能。常用的几个聚合函数如表5.1所示。

表5.1　常用的几个聚合函数

函数	说明
AVG	求平均值
COUNT	返回组中项目的数量，返回值为int类型
COUNT_BIG	返回组中项目的数量，返回值为bigint类型
MAX	求最大值
MIN	求最小值
SUM	求和
STDEV	计算统计标准偏差
VAR	统计方差

聚合函数对一组值执行计算并返回单一的值。除 COUNT 函数之外，聚合函数忽略空值（NULL）。聚合函数经常与 SELECT 语句的 GROUP BY 子句一同使用。所有聚合函数都具有确定性。任何时候用一组给定的输入值调用它们时，都返回相同的值。

聚合函数仅在下列项中允许作为表达式使用：

- SELECT语句的选择列表（子查询或外部查询）
- COMPUTE或COMPUTE BY子句
- HAVING子句

例如，下面的SQL语句用来查询authors表中有几个作者的地址存在：

```
USE bookdb
GO
SELECT COUNT(address) FROM authors
GO
```

执行结果为：

2

而下面的SQL语句则是查询book表中书的最高价：

```
USE bookdb
GO
SELECT MAX(price) FROM book
GO
```

执行结果为：

45

2. GROUP BY 子句

GROUP BY子句用来为结果集中的每一行产生聚合值。如果聚合函数没有使用GROUP BY子句，则只为SELECT语句报告一个聚合值。指定GROUP BY时，选择列表中任一非聚合表达式内的所有列都应包含在GROUP BY列表中，或者GROUP BY表达式必须与选择列表表达式完全匹配。

GROUP BY子句的语法格式为：

```
[ GROUP BY [ ALL ] group_by_expression [ , …n ]
[ WITH { CUBE | ROLLUP } ]
]
```

各参数含义如下：

- ALL　包含所有组和结果集，甚至包含那些任何行都不满足WHERE子句指定的搜索条件的组和结果集。
- group_by_expression　是对其执行分组的表达式。group_by_expression也称为分组列。group_by_expression可以是列或引用列的非聚合表达式。
- CUBE　指定在结果集内不仅包含由GROUP BY提供的正常行，还包含汇总行。在结果集内返回每个可能的组和子组组合的GROUP BY汇总行。GROUP BY汇总行在结果中显示为NULL，但可用来表示所有值。使用GROUPING函数确定结果集内的空值是否是GROUP BY汇总值。

提 示

结果集内的汇总行数取决于GROUP BY子句内包含的列数。GROUP BY子句中的每个操作数（列）绑定在分组NULL下，并且分组适用于所有其他操作数（列）。由于CUBE返回每个可能的组和子组组合，因此不论指定分组列时所使用的是什么顺序，行数都相同。

- ROLLUP　指定在结果集内不仅包含由GROUP BY提供的正常行，还包含汇总行。按层次结构顺序，从组内的最低级别到最高级别汇总组。组的层次结构取决于指定分组列时所使用的顺序。更改分组列的顺序会影响在结果集内生成的行数。

注 意

使用CUBE或ROLLUP时，不支持区分聚合，如AVG(DISTINCT column_name)、COUNT(DISTINCT column_name)和SUM(DISTINCT column_name)。如果使用这类聚合，SQL Server将返回错误信息并取消查询。

例如，下面的SQL语句首先在clients表、book表、orderform表中插入几笔记录，然后使用GROUP BY子句汇总各个客户所订购的书籍总数：

```
USE bookdb
GO
--在clients表中插入两个客户
INSERT clients VALUES(2,'科技书店','北京市朝阳区')
INSERT clients VALUES(3,'明天书屋','北京市西城区')
--GO
--在book表中插入4本书的记录
INSERT book VALUES(5,2,'AutoCAD 2008 中文版使用指南',25.0,'21世纪出版社','')
INSERT book VALUES(6,2,'Office 2007 中文版使用指南',28.0,'明天出版社','')
```

```
INSERT book VALUES(7,1,'Windows Vista 中文版使用指南',30.0,'东东出版社','')
INSERT book VALUES(8,3,'Linux 使用指南',32.0,'唐唐出版社','')
GO
--在orderform表中插入6笔记录
INSERT orderform VALUES(2,6,10,GETDATE(),2)
INSERT orderform VALUES(3,5,10,GETDATE(),3)
INSERT orderform VALUES(4,3,25,GETDATE(),1)
INSERT orderform VALUES(5,8,15,GETDATE(),1)
INSERT orderform VALUES(6,4,30,GETDATE(),3)
INSERT orderform VALUES(7,7,40,GETDATE(),2)
GO
SELECT clients.client_name,SUM(orderform.book_number) AS 书籍总数
FROM clients,orderform
WHERE clients.client_id=orderform.client_id
GROUP BY clients.client_name
GO
```

执行结果如下：

```
client_name      书籍总数
-----------      -----------
科技书店             50
刘明耀             90
明天书屋             40
```

CUBE参数会对检索的字段中各类型的数据做汇总运算。例如，下面的SQL语句就是使用CUBE进行汇总的例子：

```
SELECT clients.client_name,book.book_name,
SUM(orderform.book_number) AS 书籍总数
FROM clients,orderform,book
WHERE clients.client_id=orderform.client_id AND book.book_id=
orderform.book_id
GROUP BY clients.client_name,book.book_name WITH CUBE
```

执行结果如图 5.16 所示。

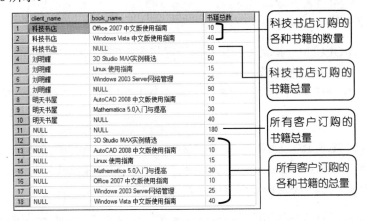

图 5.16　使用 CUBE 的汇总结果

使用CUBE，可以计算client_name字段中"科技书店"、"刘明耀"和"明天书屋"及其所有客户（以NULL表示）分别订购书的总量，还会统计book_name字段中各种书籍的订购总量。

ROLLUP参数会依据GROUP BY后面所列第一个字段做汇总运算。如果要检索不同客户订购的各种书的总量和所有书的总量，可执行下述SQL语句：

```
SELECT clients.client_name,book.book_name,
```

```
SUM(orderform.book_number) AS 书籍总数
FROM clients,orderform,book
WHERE clients.client_id=orderform.client_id AND book.book_id=
orderform.book_id
GROUP BY clients.client_name,book.book_name WITH ROLLUP
```

执行结果如图 5.17 所示。

3. HAVING 子句

HAVING子句指定组或聚合的搜索条件。HAVING子句通常与GROUP BY子句一起使用。如果不使用GROUP BY子句，HAVING子句的行为与WHERE子句一样。但是聚合函数可以在HAVING子句中使用，而不能在WHERE子句中使用。

	client_name	book_name	书籍总数
1	科技书店	Office 2007 中文版使用指南	10
2	科技书店	Windows Vista 中文版使用指南	40
3	科技书店	NULL	50
4	刘明耀	3D Studio MAX实例精选	50
5	刘明耀	Linux 使用指南	15
6	刘明耀	Windows 2003 Server网络管理	25
7	刘明耀	NULL	90
8	明天书屋	AutoCAD 2008 中文版使用指南	10
9	明天书屋	Mathematica 5.0入门与提高	30
10	明天书屋	NULL	40
11	NULL	NULL	180

图 5.17　使用 ROLLUP 的汇总结果

HAVING子句的语法格式为：

```
[HAVING <search_condition>]
```

其中，<search_condition>指定组或聚合应满足的搜索条件。当HAVING子句与GROUP BY ALL子句一起使用时，HAVING子句优先于ALL。

注 意

在HAVING子句中不能使用text、image和ntext数据类型。另外，在SELECT语句中使用HAVING子句不影响CUBE运算符分组结果集和返回汇总聚合行的方式。

例如，下面的SQL语句用于查询订购书量大于等于40本的客户名称和书名：

```
SELECT clients.client_name,book.book_name,
SUM(orderform.book_number) AS 书籍总数
FROM clients,orderform,book
WHERE clients.client_id=orderform.client_id AND
        book.book_id=orderform.book_id
GROUP BY clients.client_name,book.book_name
HAVING SUM(orderform.book_number)>=40
```

执行结果如下：

```
client_name          book_name                                      书籍总数
----------------     ---------------------------------------------  ---------
刘明耀               3D Studio MAX实例精选                          50
科技书店             Windows Vista 中文版使用指南                   40
```

4. COMPUTE 和 COMPUTE BY 子句

SQL Server 2005提供COMPUTE和COMPUTE BY是为了保持向后兼容。如果不考虑兼容的问题，则应使用SQL Server 2005 Analysis Services和用于Analysis Services的OLE DB或多维的Microsoft ActiveX数据对象（ADO MD）或者ROLLUP运算符。

其语法格式为：

```
[ COMPUTE
{ { AVG | COUNT | MAX | MIN | STDEV | STDEVP| VAR | VARP | SUM }
( expression ) } [ , …n ]
[ BY expression [ , …n ] ]
```

各参数含义如下：

- AVG | COUNT | MAX | MIN | STDEV | STDEVP| VAR | VARP| SUM 指定要使用的聚合函数，如果没有，则等同于COUNT(*)函数。
- expression 表达式，如对其执行计算的列名。expression必须出现在选择列表中，并且必须将其指定为与选择列表中的某个表达式完全一样。在expression内不能使用在选择列表中指定的列的别名。
- BY expression 在结果集内生成控制中断和分类汇总。expression是order_by_expression在相关ORDER BY子句中的精确副本。一般情况下，这是列名或列的别名。可指定多个表达式。在BY后列出多个表达式可将一个组分成子组并在每个分组级别上应用聚合函数。

如果使用 COMPUTE BY 子句，则必须同时使用 ORDER BY 子句。表达式必须与在QRDER BY 子句后列出的子句相同或是其子集，并且必须按相同的序列。例如，如果ORDER BY 子句是：

```
ORDER BY a, b, c
```

则COMPUTE子句可以是下面的任意一个（或全部）：

```
COMPUTE BY a, b, c
COMPUTE BY a, b
COMPUTE BY a
```

使用 COMPUTE BY 子句可以用同一 SELECT 语句既查看明细行，又查看汇总行，另外，既可以计算子组的汇总值，也可以计算整个结果集的汇总值。

COMPUTE子句需要下列信息：

- 可选的BY关键字，该关键字可按对一列计算指定的行聚合。
- 行聚合函数名称，例如SUM、AVG、MIN、MAX或COUNT。
- 要对其执行行聚合函数的列。

下面就是使用COMPUTE子句的例子：

```
SELECT
clients.client_name,book.book_name,orderform.
book_number
FROM clients,orderform,book
WHERE clients.client_id=orderform.client_id AND
book.book_id=
    orderform.book_id
COMPUTE SUM(orderform.book_number)
```

图 5.18 使用 COMPUTE 子句的执行结果

执行结果如图 5.18 所示。

如果需要各个客户的订购数量，而不是总的订购数量，则可执行下面的SQL语句：

```
FROM clients,orderform,book
WHERE    clients.client_id=orderform.client_id    AND
book.book_id=
    orderform.book_id
ORDER BY clients.client_name
COMPUTE          SUM(orderform.book_number)          BY
clients.client_name
```

执行结果如图 5.19 所示。

图 5.19 查询各个客户的订购数量

由上面的结果可看到，COMPUTE所生成的汇总值在查询结果中显示为分离的结果集。包括COMPUTE子句的查询的结果类似于控制中断报表，即汇总值由指定的组（或称中断）控制的报表。可以为各组生成汇总值，也可以对同一组计算多个聚合函数。

当COMPUTE带有可选的BY子句时，符合SELECT条件的每个组都有两个结果集：

- 每个组的第一个结果集是明细行集，其中包含该组的选择列表信息。
- 每个组的第二个结果集有一行，其中包含该组的COMPUTE子句中所指定的聚合函数的合计。

当COMPUTE不带可选的BY子句时，SELECT语句有两个结果集：

- 每个组的第一个结果集是包含选择列表信息的所有明细行。
- 每个组的第二个结果集有一行，其中包含COMPUTE子句中所指定的聚合函数的合计。

5. COMPUTE 和 GROUP BY 的区别

COMPUTE和GROUP BY之间的区别汇总如下：

- GROUP BY生成单个结果集。每个组都有一个只包含分组依据列和显示该组子聚合的聚合函数的行。选择列表只能包含分组依据列和聚合函数。
- COMPUTE生成多个结果集。一类结果集包含每个组的明细行，其中包含选择列表中的表达式。另一类结果集包含组的子聚合，或SELECT语句的总聚合。选择列表可包含除分组依据列或聚合函数之外的其他表达式。聚合函数在COMPUTE子句中指定，而不是在选择列表中。

5.3.2 连接查询

通过连接，可以根据各个表之间的逻辑关系从两个或多个表中检索数据。连接表示SQL Server 2005应如何使用一个表中的数据来选择另一个表中的行。

连接条件通过以下方法定义两个表在查询中的关联方式：

- 指定每个表中要用于连接的列。典型的连接条件是在一个表中指定外键，在另一个表中指定与其关联的键。
- 指定比较各列的值时要使用的逻辑运算符（=、<>等）。

可在 FROM 或 WHERE 子句中指定连接。连接条件与 WHERE 和 HAVING 搜索条件组合，用于控制 FROM 子句引用的基表中所选定的行。

在FROM子句中指定连接条件有助于将这些连接条件与WHERE子句中可能指定的其他搜索条件分开，指定连接时建议使用这种方法。简单的子句连接语法如下：

```
FROM first_table join_type second_table [ON (join_condition)]
```

其中，join_type 指定所执行的连接类型，包括内连接、外连接或交叉连接。join_condition 定义要为每对连接的行选取的谓词。

例如，下面使用连接查询书的名称及书的作者：

```
USE bookdb
GO
SELECT book_name,author_name FROM book JOIN authors
    ON (book.author_id=authors.author_id)
GO
```

执行结果如下：

book_name	author_name
Windows Vista看图速成	刘耀儒
3D Studio MAX实例精选	王晓明
Windows 2003 Server网络管理	刘耀儒
Mathematica 5.0入门与提高	刘耀儒
AutoCAD 2008 中文版使用指南	王晓明
Office 2007 中文版使用指南	王晓明
Windows Vista 中文版使用指南	刘耀儒
Linux 使用指南	张英魁

提 示

当单个查询引用多个表时，所有列引用都必须明确。在查询所引用的两个或多个表之间，任何重复的列名都必须用表名限定。如果某个列名在查询用到的两个或多个表中不重复，则对这一列的引用不必用表名限定。但是，如果所有的列都用表名限定，则能提高查询的可读性；如果使用表的别名，则会进一步提高可读性，特别是在表名自身必须由数据库和所有者名称限定时。

虽然连接条件通常使用相等比较（=），但也可以像指定其他谓词一样指定其他比较或关系运算符。

SQL Server处理连接时，查询引擎从多种可能的方法中选择最高效的方法处理连接。尽管不同连接的物理执行采用多种不同的优化，但是逻辑序列都应用以下连接条件：

- FROM子句中的连接条件；
- WHERE子句中的连接条件和搜索条件；
- HAVING子句中的搜索条件。

如果在 FROM 和 WHERE 子句间移动条件，则这个序列有时会影响查询结果。

连接条件中用到的列不必具有相同的名称或相同的数据类型。但是如果数据类型不相同，则必须兼容或可由SQL Server进行隐性转换。如果不能隐性转换数据类型，则连接条件必须用CAST函数显式地转换数据类型。

无法在ntext、text或image列上直接连接表。不过，可以用SUBSTRING在ntext、text或image列上间接连接表。例如：

```
SELECT * FROM t1 JOIN t2 ON SUBSTRING(t1.textcolumn, 1, 20)
= SUBSTRING(t2.textcolumn, 1, 20)
```

在表 t1 和 t2 中的每个文本列前 20 个字符上进行两表内连接。此外，另一种比较两个表中的 ntext 或 text 列的方法是用 WHERE 子句比较列的长度。例如：

```
WHERE DATALENGTH(p1.pr_info) = DATALENGTH(p2.pr_info)
```

1. 内连接

内连接是用比较运算符比较要连接列的值的连接。在SQL-92标准中，内连接可在FROM

或WHERE子句中指定。这是WHERE子句中唯一一种SQL-92支持的连接类型。WHERE子句中指定的内连接称为旧式内连接。

内连接使用INNER JOIN关键词，上面查询书的名称及书的作者的例子就是一个内连接的例子，也可以按下面的方式查询：

```
USE bookdb
GO
SELECT book_name,author_name FROM book INNER JOIN authors
    ON (book.author_id=authors.author_id)
GO
```

执行结果同上。

提 示

两个表或者多个表要做连接，一般来说，这些表之间存在着主键和外键的关系。所以将这些键的关系列出，就可以得到表的连接结果。

2. 外连接

仅当至少有一个同属于两表的行符合连接条件时，内连接才返回行。内连接消除与另一个表中的任何行不匹配的行。而外连接会返回FROM子句中提到的至少一个表或视图的所有行，只要这些行符合任何WHERE或HAVING搜索条件，将检索通过左向外连接引用的左表的所有行，以及通过右向外连接引用的右表的所有行。完整外连接中两个表的所有行都将返回。

SQL Server 2005对在FROM子句中指定的外连接使用以下关键字：

- LEFT OUTER JOIN或LEFT JOIN（左向外连接）
- RIGHT OUTER JOIN或RIGHT JOIN（右向外连接）
- FULL OUTER JOIN或FULL JOIN（完整外连接）

（1）左向外连接

它包括第一个命名表（"左"表，出现在 JOIN 子句的最左边）中的所有行，不包括右表中的不匹配行。

例如，下面的SQL语句首先删除order_id为7的订单（订购的书籍为《Windows Vista中文版使用指南》），然后查询哪本书没有被订购：

```
USE bookdb
GO
DELETE orderform WHERE order_id=7
GO
SELECT orderform.order_date,book.book_name, orderform.book_number
 FROM book LEFT OUTER JOIN orderform ON (book.book_id=orderform.book_id)
GO
```

执行结果如图 5.20 所示。

由于前面删除了order_id为7的订单，该订单订购了《Windows Vista中文版使用指南》一书，所以在上面的检索中，由于使用了左向外连接，所以造成检索结果中包含了book表中的所有记录，而且在《Windows Vista中文版使用指南》一书所在的记录中，order_date

	order_date	book_name	book_number
1	NULL	Windows Vista看图速成	NULL
2	2007-08-09 13:05:34.440	3D Studio MAX实例精选	50
3	2007-08-10 00:20:37.207	Windows 2003 Server网络管理	25
4	2007-08-10 00:25:17.307	Mathematica 5.0入门与提高	30
5	2007-08-10 00:27:33.837	AutoCAD 2008 中文版使用指南	10
6	2007-08-10 00:27:33.837	Office 2007 中文版使用指南	10
7	NULL	Windows Vista 中文版使用指南	NULL
8	2007-08-10 00:27:33.837	Linux 使用指南	15

图 5.20　查询没有被订购的书

和book_number两个字段的值为NULL。

（2）右向外连接

它包括第二个命名表（"右"表，出现在JOIN子句的最右边）中的所有行，不包括左表中的不匹配行。

实际上，右向外连接和左向外连接的功能是一样的，例如，在上面的示例中，将FROM子句中book表和orderform表交换一下位置，然后使用RIGHT OUTER JOIN，代码如下：

```
USE bookdb
GO
SELECT orderform.order_date,book.book_name, orderform.book_number
 FROM  orderform RIGHT OUTER JOIN book ON (book.book_id=orderform.book_id)
GO
```

执行结果和上面相同。

（3）完整外连接

若要通过在连接结果中包括不匹配的行保留不匹配信息，可以使用完整外连接。SQL Server 2005提供完整外连接运算符FULL OUTER JOIN，不管另一个表是否有匹配的值，此运算符都包括两个表中的所有行。

3. 交叉连接

在这类连接的结果集内，两个表中每两个可能成对的行占一行。交叉连接不使用WHERE子句。在数学上，它就是表的笛卡儿积。第一个表的行数乘以第二个表的行数等于笛卡尔积结果集的大小。

例如，下面的SQL语句使用交叉连接产生客户和作者可能的组合：

```
USE bookdb
GO
SELECT clients.client_name,authors.author_name
 FROM  clients CROSS JOIN authors
GO
```

执行结果如下：

```
client_name        author_name
----------         ----------------
刘明耀              刘耀儒
科技书店            刘耀儒
明天书屋            刘耀儒
刘明耀              王晓明
科技书店            王晓明
明天书屋            王晓明
刘明耀              张英魁
科技书店            张英魁
明天书屋            张英魁
```

提 示

交叉连接产生的结果集一般是毫无意义的，但在数据库的数学模式上却有着重要的作用。

5.3.3 子查询

子查询是一个SELECT查询，它返回单个值且嵌套在SELECT、INSERT、UPDATE、

DELETE语句或其他子查询中。任何允许使用表达式的地方都可以使用子查询。子查询也称为内部查询或内部选择，而包含子查询的语句也称为外部查询或外部选择。

子查询能够将比较复杂的查询分解为几个简单的查询。子查询还可以嵌套。嵌套查询的过程是：首先执行内部查询，查询出来的数据并不被显示出来，而是传递给外层语句，并作为外层语句的查询条件来使用。

嵌套在外部SELECT语句中的子查询包括以下组件：

- 包含标准选择列表组件的标准SELECT查询；
- 包含一个或多个表或者视图名的标准FROM子句；
- 可选的WHERE子句；
- 可选的GROUP BY子句；
- 可选的HAVING子句。

子查询的 SELECT 查询总是用圆括号括起来，并且不能包括 COMPUTE 或 FOR BROWSE 子句，如果同时指定 TOP 子句，则可能只包括 ORDER BY 子句。

子查询可以嵌套在外部SELECT、INSERT、UPDATE或DELETE语句WHERE或HAVING子句内，或者其他子查询中。尽管根据可用内存和查询中其他表达式的复杂程度不同，嵌套限制也有所不同，但一般均可以嵌套到32层。个别查询可能会不支持32层嵌套。任何可以使用表达式的地方都可以使用子查询，只要它返回的是单个值。

例如，下面的SQL语句使用子查询来查询《Windows 2003 Server网络管理》一书的作者：

```
USE bookdb
GO
SELECT author_name FROM authors
WHERE author_id =
            (SELECT author_id
             FROM book
             WHERE book_name='Windows 2003 Server网络管理')
GO
```

使用下面的连接方式也能完成此功能：

```
USE bookdb
GO
SELECT author_name
FROM authors JOIN book ON(book.author_id=authors.author_id)
WHERE book_name='Windows 2003 Server网络管理'
GO
```

执行结果均为：

```
author_id
--------------
刘耀儒
```

在 Transact-SQL 中，包括子查询的语句和不包括子查询但语义上等效的语句在性能方面通常没有区别。但是，在一些必须检查存在性的情况中，使用连接会产生更好的性能。否则，为确保消除重复值，必须为外部查询的每个结果都处理嵌套查询。所以在这些情况下，连接方式会产生更好的效果。

注　意

如果某个表只出现在子查询中而不出现在外部查询中，那么该表中的列就无法包含在输出中（外部查询的选择列表）。

在某些Transact-SQL语句中，子查询可以像一个独立的查询一样进行评估。从概念上讲，子查询结果将代入外部查询中（尽管不必知道SQL Server实际上如何通过子查询处理Transact-SQL语句）。

常用的子查询有3种。

- 在通过IN关键字引入的列表或者由ANY关键字或ALL关键字修改的比较运算符的列表上进行操作。
- 通过无修改的比较运算符引入，并且必须返回单个值。
- 通过EXISTS关键字引入的存在测试。

上述3种子查询通常采用的格式有下面几种：

- WHERE expression [NOT] IN (subquery)；
- WHERE expression comparison_operator [ANY | ALL] (subquery)；
- WHERE [NOT] EXISTS (subquery)。

1．子查询规则

在SQL Server 2005中，由于子查询也是使用SELECT语句组成的，所以在SELECT语句中应注意的问题，在这里也适用。除此以外，子查询还要受下面的条件限制：

- 通过比较运算符引入的子查询的选择列表只能包括一个表达式或列名称（分别对SELECT * 或列表进行EXISTS和IN操作除外）。
- 如果外部查询的WHERE子句包括某个列名，则该子句必须与子查询选择列表中的该列在连接上兼容。
- 子查询的选择列表中不允许出现ntext、text和image数据类型。
- 由于必须返回单个值，所以由无修改的比较运算符（指其后未接关键字ANY或ALL）引入的子查询不能包括GROUP BY和HAVING子句。
- 包括GROUP BY子句的子查询不能使用DISTINCT关键字。
- 不能指定COMPUTE和INTO子句。
- 只有同时指定了TOP子句，才可以指定ORDER BY子句。
- 由子查询创建的视图不能更新。
- 按约定，通过EXISTS关键字引入的子查询的选择列表由星号（*）组成，而不使用单个列名。由于通过EXISTS关键字引入的子查询进行了存在测试，并返回TRUE或FALSE而非数据，所以这些子查询的规则与标准选择列表的规则完全相同。

2．子查询类型

可以在许多地方指定子查询，例如：

- 使用别名时。
- 使用IN或NOT IN时。
- 在UPDATE、DELETE和INSERT语句中。
- 使用比较运算符时。
- 使用ANY、SOME或ALL时。

- 使用EXISTS或NOT EXISTS时。
- 在有表达式的地方。

下面将就这几种情况对子查询进行介绍。

（1）使用IN或NOT IN

通过IN（或NOT IN）引入的子查询结果是一列零值或更多值。子查询返回结果之后，外部查询将利用这些结果。

例如，下面的SQL语句查询已经被订购的书的名称和出版社：

```
USE bookdb
GO
SELECT book_name,publisher
FROM book
WHERE book_id IN(
    SELECT book_id
    FROM orderform)
GO
```

执行结果为：

```
book_name                                    publisher
-------------------------------------        ------------------------
3D Studio MAX实例精选                          明耀工作室
Windows 2003 Server网络管理                    唐唐出版社
Mathematica 5.0入门与提高                       东东出版社
AutoCAD 2008 中文版使用指南                      21世纪出版社
Office 2007 中文版使用指南                       明天出版社
Linux 使用指南                                 唐唐出版社
```

上述语句的执行过程为：首先内部查询返回 orderform 表中的 book_id，然后，这些值被代入外部查询中，在 book 表中查找与上述标识号相配的书名。

如果要查询没有被订购的书籍，则可以使用NOT IN：

```
USE bookdb
GO
SELECT book_name,publisher
FROM book
WHERE book_id NOT IN(
    SELECT book_id
    FROM orderform)
GO
```

执行结果为：

```
book_name                                    publisher
-------------------------------------        ------------------------
Windows Vista 中文版使用指南                     东东出版社
```

提 示

使用连接而不使用子查询处理该问题及类似问题的一个不同之处在于，连接可以在结果中显示多个表中的列，而子查询却不可以。

（2）UPDATE、DELETE和INSERT语句中的子查询

子查询可以嵌套在UPDATE、DELETE和INSERT语句以及SELECT语句中。例如，以下语句删除没有被订购的书籍信息：

```
USE bookdb
GO
```

```
DELETE book
WHERE book_id NOT IN(
    SELECT book_id
    FROM orderform)
GO
SELECT * FROM book
GO
```

执行结果为：

book_id	author_id	book_name	price	publisher	简介
2	2	3D Studio MAX实例精选	35	明耀工作室	NULL
3	1	Windows 2003 Server网络管理	45	唐唐出版社	NULL
4	1	Mathematica 5.0入门与提高	30	东东出版社	NULL
5	2	AutoCAD 2008 中文版使用指南	25	21世纪出版社	
6	2	Office 2007 中文版使用指南	28	明天出版社	
8	3	Linux 使用指南	32	唐唐出版社	

可以看到，《Windows Vista 中文版使用指南》一书已经被删除了。

（3）比较运算符的子查询

子查询可由一个比较运算符（=、<>、>、>=、<、!>，!<或<=）引入。与使用IN关键字引入的子查询一样，由未修改的比较运算符（后面不跟ANY或ALL的比较运算符）引入的子查询必须返回单个值而不是值列表。如果这样的子查询返回多个值，SQL Server将显示错误信息。

例如，下面的语句用于查找大于平均价格的书籍：

```
USE bookdb
GO
SELECT DISTINCT book.book_name
FROM book
WHERE price >
    (SELECT AVG(price)
    FROM book)
GO
```

执行结果为：

```
book_name
-------------------------------------
3D Studio MAX实例精选
Windows 2003 Server网络管理
```

可以用 ALL 或 ANY 关键字修改引入子查询的比较运算符。

要使带有>ALL的子查询中的某行满足外部查询中指定的条件，引入子查询的列中的值必须大于由子查询返回的值的列表中的每个值。

同样，>ANY表示要使某一行满足外部查询中指定的条件，引入子查询的列中的值至少大于由子查询返回的值的列表中的一个值。

例如，下面返回价格最高的一本书的书名：

```
USE bookdb
GO
SELECT book.book_name
FROM book
WHERE price >=ALL
    (SELECT price
    FROM book)
GO
```

执行结果为：

```
book_name
-------------------------------------------
Windows 2003 Server网络管理
```

NOT IN运算符和<>ALL等效。

（4）存在性检查

存在性检查是通过EXISTS关键字来实现的，使用EXISTS引入的子查询语法如下：

```
WHERE[NOT]EXISTS(subquery)
```

例如，要查询所有被订购的书籍名称及其相应的出版社，可使用下面的SQL语句：

```
USE bookdb
GO
SELECT book_name,publisher
FROM book
WHERE EXISTS(
    SELECT *
    FROM orderform)
GO
```

执行结果为：

```
book_name                                   publisher
-------------------------------------------  ----------------------
3D Studio MAX实例精选                         明耀工作室
Windows 2003 Server网络管理                   唐唐出版社
Mathematica 5.0入门与提高                     东东出版社
AutoCAD 2008 中文版使用指南                    21世纪出版社
Office 2007 中文版使用指南                     明天出版社
Linux 使用指南                               唐唐出版社
```

使用EXISTS关键字引入的子查询在以下几方面与其他子查询略有不同：

- EXISTS关键字前面没有列名、常量或其他表达式。
- 由EXISTS引入的子查询的选择列表通常几乎都是由星号（*）组成的。由于只是测试是否存在符合子查询中指定条件的行，所以不必列出列名。

3. 多层嵌套

子查询自身可以包括一个或多个子查询。一个语句中可以嵌套任意数量的子查询，这便是多层嵌套。

例如，下面使用多层嵌套子查询来查询客户"科技书店"所订购的书籍名称：

```
USE bookdb
GO
SELECT book_name
FROM book
WHERE book_id IN(
    SELECT book_id
    FROM orderform
    WHERE client_id=(
        SELECT client_id
         FROM clients
         WHERE client_name='科技书店')
)
```

```
GO
```

执行结果如下：

```
book_name
-----------------------------------------------------------------------
Office 2007 中文版使用指南
```

4. 相关子查询

如果子查询的WHERE子句引用外部查询表，则该查询称为相关子查询（Correleted Subquery），也称为重复查询。

例如，下面使用相关子查询查询名为"刘耀儒"的作者所著的书目：

```
USE bookdb
GO
SELECT book_name
FROM book
WHERE '刘耀儒' IN
    (SELECT author_name
     FROM authors
     WHERE authors.author_id = book.author_id)
GO
```

执行结果为：

```
book_name
------------------------------------------------------------
Windows 2003 Server网络管理
Mathematica 5.0入门与提高
```

相关查询的执行过程如下：

Step 01 子查询为外部查询的每一行执行一次，即外部查询将相关的列值传给内部查询。

Step 02 如果子查询的任何行与其匹配，外部查询就返回结果行。

Step 03 回到第一步，直到处理完外部表的所有行。

5.3.4 使用UNION运算符组合多个结果

使用UNION运算符可以将两个或多个SELECT语句的结果组合成一个结果集。使用UNION组合的结果集都必须具有相同的结构和相同的列数，并且相应的结果集列的数据类型必须兼容。

例如，要查询所有作者和客户的号码和名称，可使用下面的SQL语句：

```
USE bookdb
GO
SELECT author_id,author_name FROM authors
UNION
SELECT client_id,client_name FROM clients
GO
```

执行结果为：

```
author_id        author_name
-----------      --------------------
1                刘明耀
1                刘耀儒
2                科技书店
```

2	王晓明
3	明天书屋
3	张英魁

UNION 的结果集列名与 UNION 运算符中第一个 SELECT 语句的结果集中的列名相同。另一个 SELECT 语句的结果集列名将被忽略。

提 示

默认情况下，SQL Server 2005从左到右对包含UNION运算符的语句进行取值。但是可以使用圆括号指定求值的顺序。

5.3.5　在查询的基础上创建新表

使用INTO关键字可以创建新表并将结果行从查询插入新表中。

例如，下面的SQL语句将查询得到的书名和作者插入到新建的表author_book中：

```
USE bookdb
GO
SELECT book.book_name,authors.author_name
INTO author_book
FROM authors,book
WHERE authors.author_id=book.author_id
GO
```

执行结果可通过下面的SELECT语句来查看：

```
SELECT * FROM author_book
```

注 意

用户若要执行带INTO子句的SELECT语句，必须在目的数据库内具有CREATE TABLE权限。SELECT INTO子句不能与COMPUTE子句一起使用。

在SQL Server 2005中，select into/bulkcopy数据库选项对是否可以使用SELECT INTO子句创建永久表没有影响。对包括SELECT INTO在内的某些大容量操作的记录量，取决于对数据库有效的恢复模式。

5.4　上机实训

5.4.1　显示打折后的书籍价格

实例说明：

为了要在制作图书销售系统中实现打折的需求，本例将所有书籍9折出售，然后使用SQL语句查询打折后的书名和价格。

学习目标：

通过本例的学习，掌握在SQL Server中编辑、运行和调试SQL语句。具体步骤如下：

Step 01 打开SQL Server Management Studio窗口，在工具栏上单击"新建查询"按钮。

Step 02 输入如下SQL语句：

```
USE bookdb
GO
SELECT book_name AS 书名,(price*0.9) AS 打折后的价格
FROM book
```

Step 03 单击"执行"按钮，即可显示查询结果。

5.4.2 判断学生成绩及格与否

实例说明：

本实例是在score表（成绩表）中通过SQL语句判断学生成绩是否及格。

学习目标：

通过本例的学习，掌握使用SQL语句进行编程的过程和思路。操作步骤如下：

Step 01 在test数据库中创建一个表score，包括字段student_no、student_name和student_score。分别表示学号、学生姓名和学生成绩。

Step 02 编制一个函数，用于对给定的分数进行判断：大于85，返回"优秀"；大于60，返回"通过"；小于60，则返回"不通过"。其SQL语句如下：

```
USE test
GO
SELECT student_no AS 学号, student_name AS 姓名,
    CASE
        WHEN student_score>=85 THEN '优秀'
        WHEN student_score>=60 THEN '通过'
        ELSE '不通过'
    END AS 通过与否
FROM score
GO
```

5.4.3 在图书馆管理系统的读者表中插入记录

实例说明：

本例使用Transact-SQL语言，向读者表中插入一条记录。

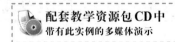
配套教学资源包 CD 中
带有此实例的多媒体演示

学习目标：

通过本例的学习，熟悉数据操作语句。其SQL语句如下：

```
INSERT INTO au
    (Au_id, Au_name, Au_sex, Au_sort, Au_adddate, Au_adr, Au_password,
        Au_email,
    Au_remarks)
VALUES ('0001', '刘钰', '女', '研究生', '2008-12-31', '8号楼2-1',
    '000',ly@163.com, '计算机安全专业')
```

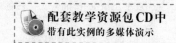

5.4.4 检索超期未还图书

实例说明：

本例要通过读者的编号检索该读者所有超期未还图书，该信息存在于2个表中：图书表book和借书表borrow，因此要对2个表进行联合查询。

学习目标：

通过本例的学习，熟悉掌握联合查询。其SQL语句如下：

```
SELECT borrow.book_code AS 图书条码号, book.Book_name AS 图书题名,
      borrow.Borrow_date AS 借阅日期, borrow.Should_date AS 应还日期
FROM book INNER JOIN
      borrow ON book.Book_code = borrow.book_code
WHERE (borrow.Au_id = @Au_id) AND (borrow.Return_date IS NULL) AND
      (borrow.Should_date < GETDATE())
ORDER BY borrow.Should_date DESC
```

5.5 小结

本章介绍了SQL查询分析器的使用、简单的Transact-SQL查询，并介绍了使用Transact-SQL进行编程的基础知识。

SQL查询分析器是分析执行SQL语句并显示结果的图形化工具。可以执行SQL语句，也可以将SQL语句保存为一个文本文件，然后一起执行。

SELECT语句是SQL语言的核心和重点，SELECT高级查询还介绍了数据汇总、连接查询、子查询和UNION关键词的使用，应重点学习和掌握。

5.6 习题

1. 简答题

（1）Trancat-SQL语言主要由哪几部分组成？各部分的功能是什么？

（2）说明SELECT语句的基本用法。

2. 操作题

（1）使用bookdb数据库，查询价格大于35的书籍的书名、作者、价格和出版社，在显示时使用中文名字。

提 示

这是一个带条件的多表查询。可以使用下面的语句：

```
USE bookdb
```

```
GO
SELECT book_name AS 书名,author_name AS 作者,price AS 价格,
publisher AS 出版社
FROM book,authors
WHERE price > 35
```

（2）在 test 数据库中建立一个表，字段分别为 col1 和 col2，均为整型，然后插入两笔记录（随意），计算每笔记录中两个字段的乘积。最后显示所有记录及其乘积，使用 SQL 语句完成上述功能。

（3）在图书管理系统的图书表book中插入一条记录。

（4）将图书表中Book_id字段为"1"的图书记录的作者字段Book_Author字段的值修改为"李娜"。

（5）检索所有"在馆"的图书信息，并将字段名显示为中文。

（6）根据orderform表中的订单记录来检索客户名称及其订购书籍的总金额。

可以使用下面的SQL语句：

```
USE bookdb
GO
SELECT clients.client_name,SUM(orderform.book_number*book.price) AS 总金额
FROM clients,orderform,book
WHERE clients.client_id=orderform.client_id AND orderform.book_id = book.book_id
GROUP BY clients.client_name
```

（7）检索哪本书没有被订购。

可以使用下面的SQL语句：

```
USE bookdb
GO
SELECT * FROM book
WHERE book_id NOT IN(
    SELECT book_id
    FROM orderform)
```

（8）将上述两个查询结果同时显示。

使用UNION组合两个结果。

第 **6** 章

视　图

视图是一个虚拟表，其内容由查询定义。本章主要讲解视图的概念、创建、删除和修改。

本章的重点是通过SQL语句创建和使用视图。

知　识　点

- ◎ 视图的基本概念
- ◎ 视图的创建
- ◎ 视图的修改
- ◎ 视图的删除
- ◎ 视图信息的查询

6.1 视图概述

同真实的表一样，视图包含一系列带有名称的列和行数据。但是，视图并不在数据库中以存储的数据值集形式存在。行和列数据来自由定义视图的查询所引用的表，并且在引用视图时动态生成。

视图是从一个或者多个表中使用SELECT语句导出的。那些用来导出视图的表称为基表。视图也可以从一个或者多个其他视图中产生。导出视图的SELECT语句存放在数据库中，而与视图定义相关的数据并没有在数据库中另外保存一份，因此，视图也称为虚表。视图的行为和表类似，可以通过视图查询表的数据，也可以修改表的数据，如图6.1所示。

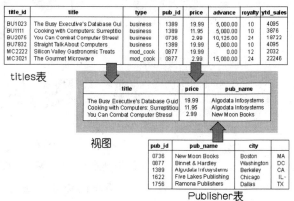

图 6.1 视图

对其中所引用的基础表来说，视图的作用类似于筛选。定义视图的筛选可以来自当前或其他数据库的一个或多个表，或者其他视图。所以说，视图是一种SQL查询。在数据库中，存储的是视图的定义，而不是视图查询的数据。通过这个定义，对视图查询最终转换为对基表的查询。

> 提 示
>
> SQL Server处理视图的过程为：首先在数据库中找到视图的定义，然后将其对视图的查询转换为对基表的查询的等价查询语句，并且执行这个等价的查询。通过这种方法，SQL Server可以保持表的完整性。

视图通常用来集中、简化和自定义每个用户对数据库的不同认识。视图可用作安全机制，方法是允许用户通过视图访问数据，而不授予用户直接访问视图基础表的权限。从（或向）SQL Server 2005复制数据时也可使用视图来提高性能并分区数据。

视图具有下述优点和作用：

- 将数据集中显示　视图让用户能够着重于他们所感兴趣的特定数据和所负责的特定任务。不必要的数据可以不出现在视图中。这同时增强了数据的安全性，因为用户只能看到视图中所定义的数据，而不是基础表中的数据。

- 简化数据操作　视图可以简化用户操作数据的方式。可将经常使用的连接、投影、联合查询和选择查询定义为视图，这样，用户每次对特定的数据执行进一步操作时，不必指定所有条件和限定。另外，在数据库设计时，所使用的名称不能直观显示出字段的含义，而在视图中，可以将其定义为非常容易理解的名称，从而为用户使用数据库提供了很大的方便。

- 自定义数据　视图允许用户以不同的方式查看数据，即使他们同时使用相同的数据时也如此。这在具有不同目的和技术水平的用户共享同一个数据库时尤其有利。

- 使用视图可以重新组织数据以便导入导出数据　可使用视图将数据导出至其他应用程序。例如，可以使用视图来重新组织不同表之间的数据，然后将其导出到Excel中统计成图表。
- 组合分区数据　Transact-SQL语言中的UNION集合运算符可在视图内使用，以将来自不同表的两个或多个查询结果组合成单一的结果集。这在用户看来是一个单独的表，称为分区视图。通过使用分区视图，数据的外观像是一个单一表，且能以单一表的方式进行查询，而无须手动引用真正的基础表。

6.2　视图的创建

要使用视图，首先必须创建视图。视图在数据库中是作为一个独立的对象进行存储的。创建视图要考虑如下原则：

- 只能在当前数据库中创建视图。但是，如果使用分布式查询定义视图，则新视图所引用的表和视图可以存在于其他数据库中，甚至其他服务器上。
- 视图名称必须遵循标识符的规则，且对每个用户来说必须唯一。此外，该名称不得与该用户拥有的任何表的名称相同。
- 可以在其他视图和引用视图的过程之中建立视图。SQL Server 2005允许嵌套多达32级视图。
- 定义视图的查询不可以包含ORDER BY、COMPUTE或COMPUTE BY子句或INTO关键字。
- 不能在视图上定义全文索引定义。
- 不能创建临时视图，也不能在临时表上创建视图。
- 不能对视图执行全文查询，但是如果查询所引用的表被配置为支持全文索引，就可以在视图定义中包含全文查询。

一般情况下，不必为在创建视图时指定列名，SQL Server使视图中的列与定义视图的查询所引用的列具有相同的名称和数据类型。但是有些情况必须指定列名，这些情况包括：

- 视图中包含任何从算术表达式、内置函数或常量派生出的列。
- 视图中两列或多列具有相同名称（通常由于视图定义包含连接，而来自两个或多个不同表的列具有相同的名称）。
- 希望使视图中的列名与它的源列名不同（也可以在视图中重命名列）。无论重命名与否，视图列都会继承其源列的数据类型。

提　示 ●　●　●

若要创建视图，数据库所有者必须具有创建视图的权限，并且对视图定义中所引用的表或视图要有适当的权限。

查询和视图虽然很相似，但还是有很多的区别。主要区别如下：

- 存储方式　视图存储为数据库设计的一部分，而查询则不是。

- 更新结果　对视图和查询的结果集更新限制是不同的。
- 排序结果　可以排序任何查询结果，但是只有当视图包括TOP子句时才能排序视图。
- 参数设置　可以为查询创建参数，但不能为视图创建参数。
- 加密　可以加密视图，但不能加密查询。

6.2.1　使用SQL Server Management Studio管理平台创建视图

视图保存在数据库中，而查询则不是，因此创建新视图的过程与创建查询的过程不同。通过企业管理器不但可以创建数据库和表，也可以创建视图。

在SQL Server Management Studio中，创建视图的操作步骤如下：

Step 01 打开SQL Server Management Studio窗口，打开要创建视图的数据库文件夹，右击"视图"文件夹，然后执行"新建视图"命令，打开"添加表"对话框，选择book和authors两个表，如图6.2所示。

图6.2　"添加表"对话框

Step 02 选择book和authors两个表，然后单击"添加"按钮。

Step 03 完成后，单击"关闭"按钮。

Step 04 此时，在SQL Server Management Studio界面的第一栏中，可看到添加的book和authors表，并且显示出了它们之间的关联。

Step 05 在添加的表的每一字段前面都包含一个复选框，可以选择该复选框将其添加到视图中。依次选择book_name、author_name、price和publisher字段，如图6.3所示。这里也可以直接在第三栏中输入SELECT语句。

显示视图所使用的表及其关联

创建该视图的SQL语句

图6.3　新建视图

提　示

在选择视图需要使用的字段时，可以按照自己想要的顺序来选择，这样的选择顺序就是在视图中的顺序。另外，在选择的过程中，第三栏中的SELECT语句也随着变化。

Step 06 在"别名"列上，依次输入选择字段的别名，如图6.4所示。

Step 07 单击工具栏上的"保存"按钮，然后在弹出的对话框中输入视图的名称，这里输入book_info，如图6.5所示。

Step 08 单击"确定"按钮，即可完成视图book_info的创建。

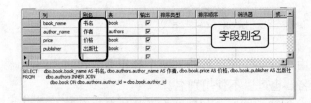

图6.4　输入别名　　　　　　　　　　图6.5　输入视图名称

6.2.2　使用SQL语句创建视图

使用CREATE VIEW语句创建视图的完整语法为：

```
CREATE VIEW [ < database_name > .] [ < owner > .] view_name [ ( column [ , …n ] ) ]
[ WITH < view_attribute > [ , …n ] ]
AS
select_statement
[ WITH CHECK OPTION ]
< view_attribute > ::=
{ ENCRYPTION | SCHEMABINDING | VIEW_METADATA }
```

各参数的含义如下：

- view_name　视图的完整名称，它必须符合标识符规则，并可通过[< database_name > .]和[< owner > .]指定数据库名和所有者名称。
- n　是表示可以指定多列的占位符。
- AS　是视图要执行的操作。
- select_statement　是定义视图的SELECT语句。该语句可以使用多个表或其他视图。若要从创建视图的SELECT子句所引用的对象中选择，必须具有适当的权限。
- WITH CHECK OPTION　强制视图上执行的所有数据修改语句都必须符合由select_statement设置的准则。通过视图修改行时，WITH CHECK OPTION可确保提交修改后仍可通过视图看到修改的数据。
- WITH ENCRYPTION　表示 SQL Server加密包含CREATE VIEW语句文本的系统表列。使用WITH ENCRYPTION可防止将视图作为SQL Server复制的一部分发布。
- SCHEMABINDING　将视图绑定到架构上。指定SCHEMABINDING时，SELECT语句select_statement必须包含所引用的表、视图或用户定义函数的两部分名称（owner.object）。
- VIEW_METADATA　指定为引用视图的查询请求浏览模式的元数据时，SQL Server将向DBLIB、ODBC和OLE DB API，返回有关视图的元数据信息，而不是返回基表或表。

例如，下面的SQL语句创建book_total视图，其中包括了书名、价格、定购的数量和总额：

```
USE bookdb
GO
CREATE VIEW dbo.book_total
AS
SELECT dbo.book.book_name AS 书名, dbo.book.price AS 价格,
    dbo.orderform.book_number AS 数量,
    dbo.book.price*dbo.orderform.book_number AS 总额
```

```
FROM dbo.orderform INNER JOIN
    dbo.book ON dbo.orderform.book_id = dbo.book.book_id
GO
```

在上面创建的视图中，"总额"列是由"价格"和"数量"两个列相乘得到的，因此必须指定列名。而其余的列则可以使用别名，也可以不使用别名。

视图中可以使用的列最多可达1 024列。创建视图时，与视图有关的信息将存储在下列目录视图中：sys.views、sys.columns和sys.sql_dependencies。CREATE VIEW语句的文本将存储在sys.sql_modules目录视图中。

6.3 视图的使用

通过视图可以检索基表中的书籍，也可以通过视图来修改基表中的数据，例如插入、删除和修改记录。

6.3.1 通过视图进行数据检索

视图是基于基表生成的，因此可以用来将需要的数据集中在一起，而不需要的数据则不需要显示。

使用视图来检索数据，可以像对表一样来对视图进行操作。例如，使用上面创建的book_total视图来查询所有定购书籍的书名及其总金额：

```
SELECT 书名,总额 FROM book_total
```

执行结果如下：

```
书名                                          总额
------------------------------------------    --------------
3D Studio MAX实例精选                          1750
Office 2007 中文版使用指南                      280
AutoCAD 2008 中文版使用指南                     250
Windows 2003 Server网络管理                    1125
Linux 使用指南                                 480
Mathematica 5.0入门与提高                      900
```

和表类似，也可以通过SQL Server Management Studio管理平台来查看视图的数据，操作步骤如下：

Step 01 打开SQL Server Management Studio，打开bookdb数据库，打开"视图"文件夹。

Step 02 在要查看的视图上右击，在打开的快捷菜单中，执行"打开视图"命令，即可打开bookt_total视图可以检索到的数据，如图6.6所示。

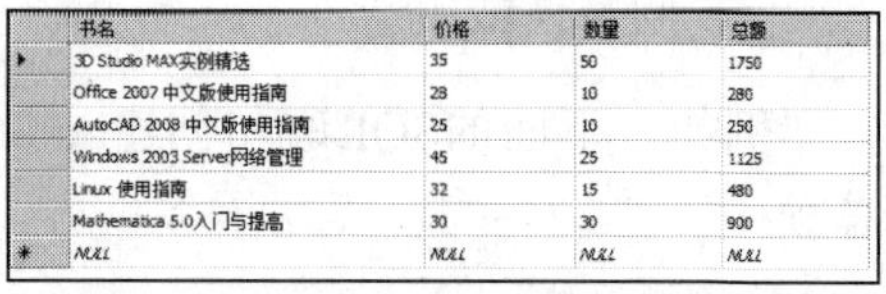

书名	价格	数量	总额
3D Studio MAX实例精选	35	50	1750
Office 2007 中文版使用指南	28	10	280
AutoCAD 2008 中文版使用指南	25	10	250
Windows 2003 Server网络管理	45	25	1125
Linux 使用指南	32	15	480
Mathematica 5.0入门与提高	30	30	900
NULL	NULL	NULL	NULL

图 6.6 通过视图检索数据

6.3.2 通过视图修改数据

通过视图修改其中的某些行时，SQL Server将把它转换为对基表的某些行的操作。对于简单的视图来说，可能比较容易实现，但是对于比较复杂的视图，可能就不能通过视图进行修改。

通过视图修改基表中的数据应注意下面的问题：

- 如果在视图定义中使用了WITH CHECK OPTION子句，则所有在视图上执行的数据修改语句都必须符合定义视图的SELECT语句中所设定的条件；如果使用了WITH CHECK OPTION子句，修改行时须注意不让它们在修改完成后从视图中消失。任何可能导致行消失的修改都会被取消，并显示错误信息。
- 在UPDATE或INSERT语句中的列必须属于视图定义中的同一个基表。
- 对于基础表中需更新而又不允许空值的所有列，它们的值在INSERT语句或DEFAULT定义中指定。这将确保基础表中所有需要值的列都可以获取值。
- 如果在视图中删除数据，在视图定义的FROM子句中只能列出一个表。

通过视图修改数据也是通过 INSERT、UPDATE 和 DELETE 语句来完成的。

例如，下面的SQL语句在test数据库中创建一个表和基于该表的视图，并利用视图插入了一笔记录：

```
USE test
GO
/*如果表Table1存在，则删除*/
IF EXISTS(SELECT TABLE_NAME FROM INFORMATION_SCHEMA.TABLES
     WHERE TABLE_NAME = 'Table1')
   DROP TABLE Table1
GO
/*如果视图View1存在，则删除*/
IF EXISTS(SELECT TABLE_NAME FROM INFORMATION_SCHEMA.VIEWS
     WHERE TABLE_NAME = 'View1')
   DROP VIEW View1
GO
/*创建表Table1*/
CREATE TABLE Table1 ( column_1 int, column_2 varchar(30))
GO
/*创建视图View1*/
CREATE VIEW View1 AS SELECT column_2, column_1
FROM Table1
GO
/*通过视图View1插入一笔记录*/
INSERT INTO View1  VALUES ('Row 1',1)
/*查看插入的记录*/
SELECT * FROM Table1
GO
```

执行结果如下：

```
column_1        column_2
-------------   ------------------
1               Row 1
```

6.4　视图的修改

如果基表发生变化，或者要通过视图查询更多的信息，都需要修改视图的定义。可以删除视图，然后重新创建一个新的视图，但是也可以在不删除和重新创建视图的条件下更改视图名称或修改其定义。

6.4.1 修改视图

修改视图的定义可以通过SQL Server Management Studio管理平台来进行，也可以使用ALTER VIEW语句来完成。

1. 使用 SQL Server Management Studio 修改视图

使用SQL Server Management Studio管理平台修改视图的操作步骤如下：

Step 01 打开SQL Server Management Studio窗口，打开"数据库"文件夹，打开该视图所属的数据库，然后单击"视图"文件夹。

Step 02 在右侧的详细信息窗口中，右击要修改的视图，然后选择"设计视图"命令，即可打开"设计视图"对话框。在此对话框中，可修改视图的定义。

Step 03 如果要添加表，则可以在上面的窗口中右击，然后选择"添加表"命令；若要删除表，则可以在表的标题栏上右击，然后选择"删除"命令。

Step 04 设置完成后，单击"关闭"按钮。要保存对视图的修改，可单击工具栏上的"保存"按钮。

2. 使用 ALTER VIEW 语句

使用ALTER VIEW语句可以更改一个先前创建的视图（用CREATE VIEW语句创建），包括索引视图，但不影响相关的存储过程或触发器，也不更改权限。

ALTER VIEW语句的语法格式如下：

```
ALTER VIEW [ < database_name > .] [ < owner > .] view_name [ ( column [ , …n ] ) ]
[ WITH < view_attribute > [ , …n ] ]
AS
select_statement
[ WITH CHECK OPTION ]
< view_attribute > ::=
{ ENCRYPTION | SCHEMABINDING | VIEW_METADATA }
```

其中，view_name 为要修改的视图的名称，其余各参数与 6.2.2 小节中的 CREATE VIEW 语句中的参数相同。

6.4.2 重命名视图

重命名视图可以通过 SQL Server Management Studio 来完成，也可以通过 sp_rename 存储过程来完成。

在SQL Server Management Studio中，可以像在资源管理器中更改文件夹或者文件名一样，在要重命名的视图上右击，执行"重命名"命令，然后输入新的视图名称即可。

sp_rename存储过程可以用来重命名视图，其语法格式如下：

```
sp_rename [ @objname = ] 'object_name' ,
[ @newname = ] 'new_name'
[ , [ @objtype = ] 'object_type' ]
```

其中各参数含义如下：

- [@objname =] 'object_name'　视图的当前名称。
- [@newname =] 'new_name'　视图的新名称。
- [@objtype =] 'object_type'　要重命名的对象的类型。object_type为varchar(13)类型，其默认值为NULL。其取值及其含义如表6.1所示。

表6.1　object_type的取值及其含义

取值	说明
COLUMN	要重命名的列
DATABASE	用户定义的数据库。要重命名数据库时需用此选项
INDEX	用户定义的索引
OBJECT	在sysobjects中跟踪的类型的项目。例如，OBJECT可用来重命名约束（CHECK、FOREIGN KEY、PRIMARY/UNIQUE KEY）、用户表、视图、存储过程、触发器和规则等对象
USERDATATYPE	通过执行sp_addtype而添加的用户定义数据类型

例如，下面的SQL语句将视图book_info重命名为"书籍信息"：

```
USE bookdb
GO
EXEC sp_rename 'book_info','书籍信息'
GO
```

执行结果为：

更改对象名的任一部分都可能破坏脚本和存储过程。

执行下面的语句也可以完成相同的功能：

```
USE bookdb
GO
EXEC sp_rename 'book_info','书籍信息', 'OBJECT'
GO
```

提　示

sp_rename存储过程不仅可以更改视图的名称，而且可以更改当前数据库中用户创建对象（如表、列或用户定义数据类型）的名称。

6.5　视图信息的查询

如果视图定义没有加密，即可获取该视图定义的有关信息。在实际工作中，可能需要查看视图定义，以了解数据从源表中的提取方式。

6.5.1　使用SQL Server Management Studio查看视图信息

使用SQL Server Management Studio查看视图信息的操作步骤如下：

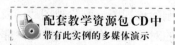
配套教学资源包CD中
带有此实例的多媒体演示

Step 01 打开SQL Server Management Studio窗口，然后打开"数据库"文件夹，打开该视图所属的数据库，选择"视图"文件夹。

Step 02 在右侧的详细信息窗口中，右击要查看信息的视图，例如"book_info"视图，然后执行"属性"命令，打开"视图属性"对话框。

Step 03 在"常规"选项卡中，可以查看视图的名称以及其他一些选项设置。

Step 04 在"选择页"栏中，选择"权限"选项，打开"权限"选项卡，如图6.7所示。在此选项卡中，可以设置用户对该视图所具有的权限。

Step 05 设置完成后，单击"确定"按钮，关闭"视图属性"对话框。

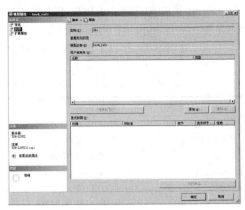

图 6.7　视图的权限设置

6.5.2　使用sp_helptext存储过程查看视图信息

使用sp_helptext存储过程可以显示规则、默认值、未加密的存储过程、用户定义函数、触发器或视图的文本等信息。

sp_helptext存储过程的语法格式如下：

```
sp_helptext [ @objname = ] 'name'
```

其中，[@objname =] 'name'为对象的名称，将显示该对象的定义信息。对象必须在当前数据库中。name的数据类型为nvarchar(776)，没有默认值。

例如，可以使用下面的SQL语句来查看视图"书籍信息"的定义：

```
EXEC sp_helptext '书籍信息'
```

执行结果如图6.8所示。

sp_helptext在多个行中显示用来创建对象的文本，其中每行有Transact-SQL定义的255个字符。这

图 6.8　查询视图的定义

些定义只驻留在当前数据库的syscomments表的文本中。

6.6 视图的删除

在创建视图后，如果不再需要该视图或想清除视图定义以及与之相关联的权限，可以删除该视图。删除视图后，表和视图所基于的数据并不受影响。任何使用基于已删除视图的对象的查询将会失败，除非创建了同样名称的一个视图。

6.6.1 使用SQL Server Management Studio删除视图

使用SQL Server Management Studio删除视图的操作和删除表的操作类似，其操作步骤如下：

Step 01 打开SQL Server Management Studio窗口，打开"数据库"文件夹，打开该视图所属的数据库，然后选择"视图"文件夹。

Step 02 在对象资源管理器的详细信息窗口中，右击视图，然后选择"删除"命令，打开"删除对象"对话框。

Step 03 单击"确定"按钮即可删除视图；单击"取消"按钮取消删除操作。

6.6.2 使用Transact-SQL删除视图

使用DROP VIEW语句可从当前数据库中删除一个或多个视图。其语法格式为：

```
DROP VIEW { view } [ , …n ]
```

其中，view是要删除的视图名称，n是表示可以指定多个视图的占位符。

例如，下面的语句检查test数据库中是否有View1视图，若有，则删除：

```
USE test
GO
/*如果视图View1存在，则删除*/
IF EXISTS(SELECT TABLE_NAME FROM INFORMATION_SCHEMA.VIEWS
    WHERE TABLE_NAME = 'View1')
  DROP VIEW View1
GO
```

提示

已删除的表（使用DROP TABLE语句删除）上的任何视图必须通过使用DROP VIEW显式删除。默认情况下，将DROP VIEW权限授予视图所有者，该权限不可转让。然而，db_owner和db_ddladmin固定数据库角色成员和sysadmin固定服务器角色成员可以通过在DROP VIEW内显式指定所有者删除任何对象。

6.7 上机实训

6.7.1 查看读者的借书信息

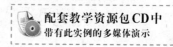
配套教学资源包CD中
带有此实例的多媒体演示

实例说明：

本例要建立视图来查看读者的借书信息，在该视图中，要将列名用别名替代，以增强可读性，并以读者编号来排序。

学习目标：

通过本例的学习，熟练掌握视图的创建过程。步骤如下：

Step 01 在SQL Server Management Studio窗口中，打开数据库LIB_DATA，右击"视图"文件夹，选择"新建视图"命令，打开"添加表"对话框，选择表au和表borrow，如图6.9所示。

Step 02 单击"添加"按钮，打开"视图"窗格。在其中选择视图要显示的列、设置列的别名，并选择au_id列作为排序列，排序方式为"升序"，如图6.10所示。

图6.9 "添加表"对话框

图6.10 "视图"窗格

Step 03 设计完成后，单击工具栏上的"保存"按钮，在弹出的"选择名称"对话框中输入视图的名称View_AuBorrow，如图6.11所示。最后单击"确定"按钮，完成视图的创建。

图6.11 "选择名称"对话框

6.7.2 用SQL语句创建"订单"视图

👊 **实例说明：**

本例创建一个视图，名为"订单"，并使用它来检索订购日期、客户名称、书名、单价、数量和总额。

📖 **学习目标：**

通过本例的学习，掌握用SQL语句创建视图的创建方法。参考SQL语句如下：

```
CREATE VIEW dbo.订单
AS
SELECT dbo.orderform.order_date AS 订购日期, dbo.book.book_name AS 书名,
    dbo.book.price AS 单价, dbo.orderform.book_number AS 数量,
    dbo.clients.client_name AS 客户名,
    dbo.orderform.book_number * dbo.book.price AS 总额
FROM dbo.book INNER JOIN
    dbo.orderform ON dbo.book.book_id = dbo.orderform.book_id INNER JOIN
    dbo.clients ON dbo.orderform.client_id = dbo.clients.client_id
```

6.8 小结

视图是基于基表而产生的一种虚拟表，本身并不存储任何数据，当从视图中检索数据时，SQL Server将其转换为对基表的SELECT语句，从而获得需要的数据。使用视图可以很方便地组织需要的数据、简化数据查询，并且可以提高安全性。

视图在数据库中是作为一个独立的对象存在的，视图名称必须遵循标识符的规则，而且对每个用户必须为唯一。注意：只能在当前数据库中创建视图。

创建、删除和修改视图均可以通过企业管理器和使用Transact-SQL语言两种方式来完成，企业管理器为图形化界面，可以通过对话框来完成。而Transact-SQL语言灵活性更大，并且可以用在程序设计中。

不仅可以通过视图检索数据，也可以通过视图来修改数据，但是要受到很多方面的限制，例如不能同时对多个表插入和更新数据等。

6.9 习题

1．选择题

下面关于视图的说明中，哪一个正确？_____

    A．视图是将基表中的数据检索出来后重新组成的一个新表

    B．视图是一种虚拟表，本身保存的只是视图的定义，查看视图数据时，SQL Server 将其定义转换为相应的SELECT语句，然后进行检索并显示结果

    C．通过视图可以修改多个基表的数据

    D．对任何视图，都可以通过该视图修改基表的数据

2．简答题

（1）简述 CREATE VIEW 语句中的 WITH CHECK OPTION 选项的含义。

（2）如何通过视图插入、更新和删除数据？

（3）使用视图修改数据时，需要注意哪几点？

3．操作题

创建"客户订购金额汇总"视图，包括客户名称和订购书籍的总数目。

提 示 ● ● ●

创建视图的SQL语句为：

```
USE bookdb
CREATE VIEW
AS
SELECT clients.client_name,SUM(orderform.book_number) AS 书籍总数
FROM clients,orderform
WHERE clients.client_id=orderform.client_id
GROUP BY clients.client_name
```

第 7 章

索 引

SQL Server的性能受许多因素的影响。有效地设计索引可以提高性能。索引和书的目录类似。

本章介绍索引的概念和工作模式，并介绍索引的创建、删除和使用。

本章重点在于索引的作用方式的理解以及全文索引的使用。

（知）（识）（点）

建立索引的原因 ◎
建立索引应该考虑的问题 ◎
聚集索引和非聚集索引 ◎
索引的创建 ◎
索引的查看和删除 ◎
全文目录 ◎
全文索引 ◎

7.1 索引概述

SQL Server的性能受许多因素的影响，因此有效地设计索引可以提高其性能。可以利用索引快速访问数据库表中的特定信息。索引是对数据库表中一个或多个列的值进行排序的结构。

索引提供指针以指向存储在表中指定列的数据值，然后根据指定的排序次序排列这些指针。

在数据库关系图中，可以为选定的表创建、编辑或删除索引/键属性页中的每个索引类型。当保存附加在此索引上的表或包含此表的数据库关系图时，索引同时被保存。

7.1.1　创建索引的原因

索引是为了加速检索而创建的一种存储结构。索引是针对一个表而建立的。它是由除存放表的数据页面以外的索引页面组成的。每个索引页面中的行都包含逻辑指针，通过该指针可以直接检索到数据，这就会加速物理数据的检索。

索引有下述优点。

1．提高查询速度

如果一个表上没有索引，在进行查询时，SQL Server就可能强制按照表的顺序逐行进行搜索。为了查找满足条件的所有行，必须访问表的每一行。对于一个具有上万笔记录的大型表来说，表的搜索可能要花费很长时间。

如果要查询的列上具有索引，则就不会花费太长时间。因为SQL Server首先搜索这个索引，找到要查询的值，然后按照索引中的位置信息确定表中的行。由于索引进行了分类，并且索引的行和列比较少，因此索引的搜索是很快的。

同样，通过索引删除行也是很快的，这是由于索引会告诉SQL Server在磁盘上行（记录）的位置。

2．提高连接、ORDER BY（查询的结果排序）和 GROUP BY（查询的结果归类）执行的速度

连接、ORDER BY（查询的结果排序）和GROUP BY（查询的结果归类）都需要对数据进行检索，如果建立了索引，则连接、ORDER BY（查询的结果排序）和GROUP BY（查询的结果归类）执行的速度就会大大提高。

3．查询优化器依靠索引起作用

在执行查询时，SQL Server会自动对查询进行优化。但是SQL Server的优化是依靠索引来进行的。因此，在建立索引后，SQL Server会依据建立的索引，决定采取哪些索引，使得检索的速度最快。

4. 强制实施行的唯一性

创建唯一索引，可以保证表中的数据不重复。

总之，索引可以为性能带来好处，但是是有代价的。带索引的表在数据库中会占据更多的空间。另外，为了维护索引，对数据进行插入、更新和删除等命令的操作所花费的时间会更长。在设计和创建索引时，应确保对性能的提高程度大于在存储空间和处理资源方面的代价。

7.1.2 创建索引应该考虑的问题

在考虑是否为一个列创建索引时，应考虑被索引的列是否已经用于查询中以及如何用于查询中。

创建索引应考虑的主要因素有以下几个：

- 一个表如果建立了大量的索引会影响INSERT、UPDATE和DELETE语句的性能，因为在表中的数据更改时，所有索引都需进行适当的调整。另一方面，对于不需要修改数据的查询（SELECT语句），大量的索引有助于提高性能。
- 覆盖的查询可以提高性能。覆盖的查询是指查询中所有指定的列都包含在同一个索引中。例如，如果在一个表的a、b和c列上创建了组合索引，则从该表中检索a和b列的查询被视为覆盖的查询。创建覆盖一个查询的索引可以提高性能，因为该查询的所有数据都包含在索引自身当中；检索数据时只需引用表的索引页，不必引用数据页，因而减少了I/O总量。尽管给索引添加列以覆盖查询可以提高性能，但在索引中额外维护更多的列会产生更新和存储成本。
- 对小型表进行索引可能不会产生优化效果，因为SQL Server在遍历索引以搜索数据时，花费的时间可能会比简单的表扫描还长。
- 应使用SQL事件探查器和索引优化向导帮助分析查询，确定要创建的索引。
- 可以在视图和计算列上指定索引。

一般来说，对表的查询都是通过主键来进行的，因此，首先应该考虑在主键上建立索引。另外，对于连接中频繁使用的列（包括外键）也应作为建立索引的考虑选项。

由于建立索引需要一定的开销，而且，当使用INSERT或者UPDATE对数据进行插入和更新操作时，维护索引也是需要花费时间和空间的。因此，没有必要对表中所有的列建立索引。下面的情况则不考虑建立索引：

- 从来不或者很少在查询中引用的列。
- 只有两个或者若干个值的列，例如性别（男或者女），这样得不到建立索引的好处。
- 记录数目很少的表。

7.2 索引类型

可以依据索引的顺序和数据库的物理存储顺序是否相同将索引分为两类：聚集索引（Clustered Index）和非聚集索引（Non-clustered Index）。这都使用的是B-Tree索引结构。

唯一索引（UNIQUE Index）可以确保索引列不包含重复的值。组合索引是使用表中的多列对数据进行索引的索引。

7.2.1　B-Tree索引结构

B-Tree（Balanced Tree，平衡树）的顶端结点称为根结点（Root Node），底层结点称为叶结点（Leaf Node），在根结点和叶结点之间的称为中间结点（Intermediate Node）。B-Tree数据结构从根结点开始，以左右平衡的方式排列数据，中间可以根据需要分成许多层，如图7.1所示。

因为B-Tree的结构非常适合于检索数据，所以在SQL Server中采用该结构来建立索引页和数据页。

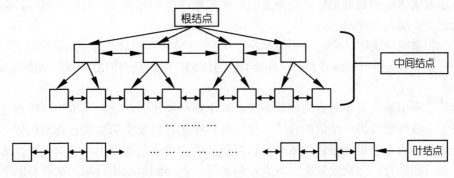

图 7.1　B-Tree 的数据结构

7.2.2　聚集索引和非聚集索引

聚集索引和非聚集索引都是使用B-Tree的结构来建立的，而且都包括索引页和数据页，其中索引页用来存放索引和指向下一层的指针，数据页用来存放记录。

聚集索引保证数据库表中记录的物理顺序与索引顺序相同，而在非聚集索引中，数据库表中记录的物理顺序与索引顺序可以不相同。一个表中只能有一个聚集索引，而表中的每一列上都可以有自己的非聚集索引。

1. 聚集索引

聚集索引的B-Tree是由下而上构建的，一个数据页（索引页的叶结点）包含一笔记录，再由多个数据页生成一个中间结点的索引页。接着由数个中间结点的索引页合成更上层的索引页，组合后会生成最顶层的根结点的索引页，如图7.2所示。

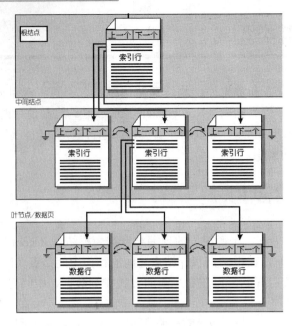

图 7.2　聚集索引的数据结构

在聚集索引的数据页中，记录是已经依照顺序排列好的，当进行查询时，即可从根结点处一层一层向下寻找。

当新增或者删除记录时，可能会影响到每一个索引页所能够容纳的索引数目，因此可能需要将索引页进行分隔或者合并，而B-Tree的结构与中间结点的数量以及深度就有可能会改变。

聚集索引确定表中数据的物理顺序，对于那些经常要搜索范围值的列特别有效。使用聚集索引找到包含第一个值的行后，便可以确保包含后续索引值的行物理相邻。例如，如果应用程序执行的查询经常检索某一日期范围内的记录，则使用聚集索引可以迅速找到包含开始日期的行，然后检索表中所有相邻的行，直到到达结束日期。这样有助于提高此类查询的性能。同样，如果对从表中检索的数据进行排序时经常要用到某一列，则可以将该表在该列上聚集（物理排序），避免每次查询该列时都进行排序，从而节省成本。

注　意　● ● ●

定义聚集索引键时使用的列越少越好，这一点很重要。如果定义了一个大型的聚集索引键，则同一个表上定义的任何非聚集索引都将增大许多，因为非聚集索引条目包含聚集键。

在创建聚集索引之前，应该先了解数据是如何被访问的。可考虑将聚集索引用于下面几种情况：

- 包含大量非重复值的列。
- 使用下列运算符返回一个范围值的查询：BETWEEN、>、>=、<和<=。
- 被连续访问的列。
- 返回大型结果集的查询。
- 经常被使用连接或GROUP BY子句的查询访问的列。一般来说，这些是外键列。对ORDER BY或GROUP BY子句中指定的列进行索引，可以使SQL Server不必对数据进行排序，因为这些行已经排序。这样可以提高查询性能。

- OLTP类型的应用程序，这些程序要求进行非常快速的单行查找（一般通过主键）。应在主键上创建聚集索引。

对于频繁更改的列，则不适合创建聚集索引。因为这将导致整行移动（因为 SQL Server 必须按物理顺序保留行中的数据值），而在大数据量事务处理系统中，这样操作则很容易丢失数据。

2. 非聚集索引

非聚集索引与书中的索引类似。数据存储在一个地方，索引存储在另一个地方，索引带有指针指向数据的存储位置。索引中的项目按索引键值的顺序存储，而表中的信息按另一种顺序存储（这可以由聚集索引规定）。如果在表中未创建聚集索引，则无法保证这些行具有任何特定的顺序。

非聚集索引与聚集索引一样有B-Tree结构，但是有两个重大差别：

- 数据行不按非聚集索引键的顺序排序和存储。
- 非聚集索引的叶层不包含数据页。相反，叶结点包含索引行。每个索引行包含非聚集键值以及一个或多个行定位器，这些行定位器指向有该键值的数据行（如果索引不唯一，则可能是多行）。

非聚集索引的数据结构如图 7.3 所示。与使用书中索引的方式相似，SQL Server 2005 在搜索数据值时，先对非聚集索引进行搜索，找到数据值在表中的位置，然后从该位置直接检索数据。这使非聚集索引成为精确匹配查询的最佳方法，因为索引包含描述查询所搜索的数据值在表中的精确位置的条目。

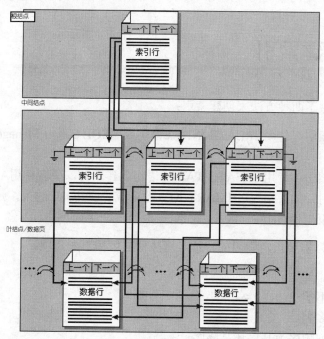

图 7.3　非聚集索引的数据结构

有些书籍包含多个索引。例如，一本介绍园艺的书可能会包含一个植物通俗名称索引和一个植物学名索引，因为这是读者查找信息的两种最常用的方法。对于非聚集索引也是如此。可以为在表中查找数据时常用的每个列创建一个非聚集索引。

在创建非聚集索引之前，同样需要了解数据是如何被访问的。可考虑将非聚集索引用于下面的情况：

- 包含大量非重复值的列，如姓氏和名字的组合（如果聚集索引用于其他列）。如果只有很少的非重复值，如只有1和0，则大多数查询将不使用索引，因为此时使用表扫描通常更有效。
- 不返回大型结果集的查询。
- 返回精确匹配的查询的搜索条件（WHERE子句）中经常使用的列。
- 经常需要连接和分组的决策支持系统应用程序。应在连接和分组操作中使用的列上创建多个非聚集索引，在任何外键列上创建一个聚集索引。
- 在特定的查询中覆盖一个表中的所有列。这将完全消除对表或聚集索引的访问。

7.2.3　唯一索引和组合索引

唯一索引（Unique Index）表示表中任何两笔记录的索引值都不相同，与表的主键类似。它可以确保索引列不包含重复的值。在多列唯一索引的情况下，该索引可以确保索引列中每个值组合都是唯一的。

组合索引是将两个或者多个字段组合起来的索引，而单独的字段允许不是唯一的值。例如，可以将姓名分为"姓"和"名"两个字段，如果允许同姓或同名的记录存在，但不允许有任何两笔记录既同名又同姓，则可以将"姓"和"名"两个字段设为复合索引。

7.3　创建索引

SQL Server提供了两种方法来创建索引：

- 直接创建索引　使用CREATE INDEX语句或者SQL Server Management Studio来直接创建索引。
- 间接创建索引　使用CREATE TABLE语句创建表时，或者使用ALTER TABLE语句修改表时，如果指定PRIMARY KEY约束或者UNIQUE约束，则SQL Server自动为这些约束创建索引。

在创建索引时，需要指定索引的特征。这些特征包括下面几项：

- 聚集还是非聚集。
- 唯一还是不唯一。
- 单列还是多列。
- 索引中的列顺序为升序还是降序。
- 覆盖还是非覆盖。

本节主要介绍直接创建索引的方法，包括使用SQL语言和使用SQL Server Management Studio来创建索引。

注　意

当前数据库正在备份时不能在其上创建索引。

7.3.1　使用SQL Server Management Studio创建索引

下面在bookdb数据库中的book表上创建一个名称为BookID的索引。操作步骤如下：

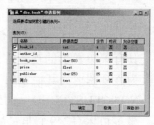
配套教学资源包CD中
带有此实例的多媒体演示

Step 01 打开SQL Server Management Studio窗口，依次选择"数据库"| bookdb |"表"| dbo.book选项，然后在"索引"处右击，在弹出的快捷菜单中执行"新建索引"命令，打开"新建索引"对话框。

Step 02 在"索引名称"文本框中输入索引名称，这里输入book_id。

图7.4　"从'dbo.book'中选择列"对话框

Step 03 单击"添加"按钮，打开"从'dbo.book'中选择列"对话框，如图7.4所示。

Step 04 单击"确定"按钮，返回到"新建索引"窗口，如图7.5所示。

Step 05 设置其他选项，例如是创建聚集索引还是创建聚集索引，以及是否创建唯一索引等。

Step 06 在"选择页"栏中，选择"选项"选项，可打开"选项"选项卡。在此选项卡中，可以设置其他一些选项。

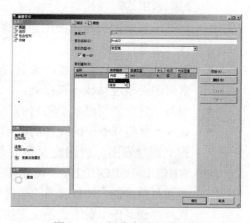

Step 07 完成后，单击"确定"按钮，即可创建一个新的索引。

图7.5　"新建索引"对话框

提　示

在SQL Server中，Transact-SQL提供了一组DBCC（Database Consistency Checker）语句，用来检查和修正数据库中的信息与问题。例如，可以使用DBCC SHOW_STATISTICS语句来查看索引的统计结果。

7.3.2　使用SQL语言创建索引

只有表或视图的所有者才能为表创建索引。前面介绍了使用企业管理器和向导来创建索引的操作步骤，下面介绍使用SQL语句来创建索引的语法格式，并详细介绍各个选项的含义及其注意事项。

创建索引是通过**CREATE INDEX**语句来完成的，其语法格式如下：

```
CREATE [ UNIQUE ] [ CLUSTERED | NONCLUSTERED ] INDEX index_name
ON { table | view } ( column [ ASC | DESC ] [ , …n ] )
[ WITH < index_option > [ , …n] ]
[ ON filegroup ]
< index_option > ::=
{ PAD_INDEX |
FILLFACTOR = fillfactor |
IGNORE_DUP_KEY |
DROP_EXISTING |
STATISTICS_NORECOMPUTE |
SORT_IN_TEMPDB
}
```

各选项的含义如下：

- **UNIQUE**　为表或视图创建唯一索引（不允许存在索引值相同的两行）。视图上的聚集索引必须是UNIQUE索引。

- **CLUSTERED**　创建聚集索引。如果没有指定CLUSTERED，则创建非聚集索引。具有聚集索引的视图称为索引视图。必须先为视图创建唯一聚集索引，然后才能为该视图定义其他索引。

- **NONCLUSTERED**　创建一个指定表的逻辑排序的对象，即非聚集索引。每个表最多可以有249个非聚集索引（无论这些非聚集索引的创建方式如何——是使用PRIMARY KEY和UNIQUE约束隐式创建，还是使用CREATE INDEX显式创建）。每个索引均可以提供对数据的不同排序次序的访问。对于索引视图，只能为已经定义了聚集索引的视图创建非聚集索引。因此，索引视图中非聚集索引的行定位器一定是行的聚集键。

- **index_name**　是索引名。索引名在表或视图中必须唯一，但在数据库中不必唯一。索引名必须遵循标识符规则。

- **table**　包含要创建索引的列的表。可以选择指定数据库和表所有者。

- **view**　要建立索引的视图的名称。必须使用SCHEMABINDING定义视图才能在视图上创建索引。视图定义也必须具有确定性。如果选择列表中的所有表达式、WHERE和GROUP BY子句都具有确定性，则视图也具有确定性。而且，所有键列必须是精确的。只有视图的非键列可能包含浮点表达式（使用float数据类型的表达式），而且float表达式不能在视图定义的其他任何位置使用。

注　意

在创建索引视图或对参与索引视图的表中的行进行操作时，有7个选项必须指派特定的值。SET选项ARITHABORT、CONCAT_NULL_YIELDS_NULL、QUOTED_IDENT-IFIER、ANSI_NULLS、ANSI_PADDING和ANSI_WARNING必须为ON。SET选项NUMERIC_ROUNDABORT必须为OFF。如果与上述设置有所不同，对索引视图所引用的任何表执行的数据修改语句（INSERT、UPDATE、DELETE）都将失败，SQL Server会显示一条错误信息，并列出所有违反设置要求的SET选项。

- **column**　应用索引的列。指定两个或多个列名，可为指定列的组合值创建组合索引。在table后的圆括号中列出组合索引中要包括的列（按排序优先级排列）。

- **[ASC | DESC]**　确定具体某个索引列的升序（ASC）或降序（DESC）排序方向。

默认设置为ASC（升序）。

- n　表示可以为特定索引指定多个column的占位符。
- ON filegroup　在给定的filegroup（文件组）上创建指定的索引。该文件组必须已经通过执行CREATE DATABASE或ALTER DATABASE创建。
- < index_option >　指定创建索引的选项。将在下面详细介绍。

例如，下面的SQL语句用于在bookdb数据库中的authors表中的author_id列上创建一个非聚集索引：

```
SET NOCOUNT OFF   --返回计数
USE bookdb
--判断是否存在author_id_ind, 若存在, 则先删除
IF EXISTS (SELECT name FROM sysindexes
    WHERE name = 'author_id_ind')
  DROP INDEX authors.author_id_ind
GO
USE bookdb
CREATE INDEX author_id_ind
  ON authors(author_id)
GO
```

下面的示例为clients表的client_id列创建索引，并且强制唯一性。因为指定了CLUSTERED子句，所以该索引将对磁盘上的数据进行物理排序：

```
SET NOCOUNT OFF   --返回计数
USE bookdb
IF EXISTS (SELECT name FROM sysindexes
    WHERE name = 'client_id_ind')
  DROP INDEX clients.client_id_ind
GO
USE bookdb
CREATE UNIQUE CLUSTERED INDEX client_id_ind
  ON clients(client_id)
GO
```

7.3.3　创建索引的选项设置

在创建索引时，可以指定填充因子等选项。在前面，对这些选项做了简单介绍，下面详细介绍这些选项及其注意事项。

1. PAD_INDEX

指定索引中间级中每个页（结点）上保持开放的空间。PAD_INDEX选项只有在指定了FILLFACTOR时才有用，因为PAD_INDEX使用由FILLFACTOR所指定的百分比。默认情况下，给定中间级页上的键集，SQL Server将确保每个索引页上的可用空间至少可以容纳一个索引允许的最大行。如果为FILLFACTOR指定的百分比不够大，无法容纳一行，SQL Server将在内部使用允许的最小值替代该百分比。

中间级索引页上的行数永远都不会小于两行，无论 FILLFACTOR 的值有多小。

2. FILLFACTOR

指定在SQL Server中创建索引的过程中各索引页叶级的填满程度。如果某个索引页填

满，SQL Server就必须花时间拆分该索引页，以便为新行腾出空间，这需要很大的开销。对于更新频繁的表，选择合适的FILLFACTOR值将比选择不合适的FILLFACTOR值获得更好的更新性能。FILLFACTOR的原始值将在sysindexes中与索引一起存储。

如果指定了FILLFACTOR，SQL Server会向上舍入每页要放置的行数。例如，"CREATE CLUSTERED INDEX …FILLFACTOR = 33"将创建一个FILLFACTOR为33%的聚集索引。假设SQL Server计算出每页空间的33%为5.2行。SQL Server将其向上舍入，这样，每页就放置6行。

用户指定的FILLFACTOR值可以为1~100。如果没有指定值，默认值为0。如果FILLFACTOR设置为0，则只填满叶级页。只有不会出现INSERT或UPDATE语句时（例如对只读表），才可以将FILLFACTOR设为100。如果FILLFACTOR为100，SQL Server将创建叶级页100%填满的索引。如果在创建FILLFACTOR为100%的索引之后执行INSERT或UPDATE语句，会对每次INSERT操作以及UPDATE操作进行页拆分。

注意　● ● ●

用某个FILLFACTOR值创建聚集索引会影响数据占用存储空间的数量，因为SQL Server在创建聚集索引时会重新分布数据。

例如，下面的例子使用FILLFACTOR子句，将其设置为100。FILLFACTOR为100将完全填满每一页，只有确定表中的索引值永远不会更改时，该选项才有用。

```
IF EXISTS (SELECT name FROM sysindexes
    WHERE name = 'telphone_ind')
  DROP INDEX authors.telphone_ind
GO
USE bookdb
CREATE INDEX telphone_ind
  ON authors(telphone)
  WITH FILLFACTOR = 100
GO
```

3. IGNORE_DUP_KEY

控制当尝试向属于唯一聚集索引的列插入重复的键值时所发生的情况。如果为索引指定了IGNORE_DUP_KEY，并且执行了创建重复键的INSERT语句，SQL Server将发出警告消息并忽略重复的行。

如果没有为索引指定IGNORE_DUP_KEY，SQL Server会发出一条警告消息，并回滚整个INSERT语句。

4. DROP_EXISTING

指定应除去并重建已命名的先前存在的聚集索引或非聚集索引。指定的索引名必须与现有的索引名相同。因为非聚集索引包含聚集键，所以在除去聚集索引时，必须重建非聚集索引。如果重建聚集索引，则必须重建非聚集索引，以便使用新的键集。

为已经具有非聚集索引的表重建聚集索引时（使用相同或不同的键集），DROP_EXISTING子句可以提高性能。

DROP_EXISTING子句代替了先对旧的聚集索引执行DROP INDEX语句，然后再对新的聚集索引执行CREATE INDEX语句的过程。非聚集索引只需重建一次，而且还只是在键不同的情况下才需要。

> 如果键没有改变（提供的索引名和列与原索引相同），则DROP_EXISTING子句不会重新对数据进行排序。在必须压缩索引时，这样做会很有用。并且无法使用DROP_EXISTING子句将聚集索引转换成非聚集索引；不过，可以将唯一聚集索引更改为非唯一索引，反之亦然。

5. STATISTICS_NORECOMPUTE

指定过期的索引统计不会自动重新计算。若要恢复自动更新统计，可执行没有NORECOMPUTE子句的UPDATE STATISTICS。

如果禁用分布统计的自动重新计算，可能会妨碍SQL Server查询优化器为涉及该表的查询选取最佳执行计划。

6. SORT_IN_TEMPDB

将用于生成索引的中间排序结果存储在tempdb数据库中。如果tempdb与用户数据库不在同一磁盘集，则此选项可能减少创建索引所需的时间，但会增加创建索引时使用的磁盘空间。

7.3.4 创建索引的空间考虑

创建聚集索引要求数据库中的可用空间大约为数据大小的1.2倍。该空间不包括现有表占用的空间。将对数据进行复制以创建聚集索引，旧的无索引数据将在索引创建完成后删除。使用DROP_EXISTING子句时，聚集索引所需的空间数量与现有索引的空间要求相同。所需的额外空间可能还受指定的FILLFACTOR的影响。

在SQL Server 2005中创建索引时，可以使用SORT_IN_TEMPDB选项指示数据库引擎在tempdb中存储中间索引排序结果。如果tempdb在不同于用户数据库所在的磁盘集上，则此选项可能减少创建索引所需的时间，但会增加用于创建索引的磁盘空间。除了在用户数据库中创建索引所需的空间外，tempdb还必须有大约相同的额外空间来存储中间排序结果。

7.3.5 在视图和计算列上创建索引

在SQL Server 2005中，还可以在计算列和视图上创建索引。在视图上创建唯一聚集索引可以提高查询性能，因为视图存储在数据库中的方式与具有聚集索引的表的存储方式相同。

UNIQUE或PRIMARY KEY只要满足所有索引条件，就可以包含计算列。具体说来就是，计算列必须具有确定性，必须精确，且不能包含text、ntext或image列。

例如，下面的SQL语句是在test数据库中创建一个表t1，然后在此表的计算列c上创建一个索引：

```
USE test
CREATE TABLE t1 (a int, b int, c AS a*b)
GO
```

```
CREATE INDEX Idx1 ON t1(c)
GO
INSERT INTO t1 VALUES ('1', '0')
GO
```

提 示

● ● ●

在通过数字或float表达式定义的视图上使用索引所得到的查询结果，可能不同于不在视图上使用索引的类似查询所得到的结果。这种差异可能是由对基础表进行INSERT、DELETE或UPDATE操作时的舍入错误引起的。

7.4 索引的查看和删除

索引的查看和删除均有两种方法：使用SQL Server Management Studio和SQL语言。

1. 使用 SQL Server Management Studio

使用SQL Server Management Studio查看和删除索引的操作步骤如下：

Step 01 打开SQL Server Management Studio窗口，打开要删除的索引所在的表，打开"索引"。

Step 02 右击要查看的索引，在弹出的快捷菜单上，执行"属性"命令，打开"索引属性"对话框，可以查看和修改索引的有关设置。

Step 03 设置完成后单击"确定"按钮即可。

Step 04 要删除索引，可右击要删除的索引，在弹出的快捷菜单上执行"删除"命令，打开"删除对象"对话框，单击"确定"按钮即可。

2. 使用 SQL 语言

要查看索引信息，可使用存储过程sp_helpindex。例如，下面的SQL语句用于显示book表上的索引信息：

```
USE bookdb
GO
EXEC sp_helpindex book
GO
```

执行结果如下：

```
index_name   index_description                           index_keys
-----------  -----------------------------------------   ---------
BookID       nonclustered, unique located on PRIMARY      book_id
PK_book      clustered, unique, primary key located on PRIMARY book_id
```

删除索引使用DROP INDEX语句，其语法格式如下：

```
DROP INDEX 'table.index | view.index' [ , …n ]
```

其中，table和view是索引列所在的表或索引视图；index是要除去的索引名称。索引名必须符合标识符的规则。n表示可以指定多个索引的占位符。

例如，下面的SQL语句是删除clients表中的索引client_id_ind：

```
USE bookdb
GO
```

```
DROP INDEX clients.client_id_ind
GO
```

7.5 全文索引

在数据库中检索记录时，使用索引是提高效率的好方法，但是索引一般是建立在数字或者较短的字符串字段上面的。因为当表有新增或者更改操作时，更新索引B-Tree结构的速度越快越好，所以一般不会选择那些很长的字段来创建索引。

但是在实际工作中，可能会需要使用那些比较长的字符串字段来检索数据，这就需要使用SQL Server提供的全文索引。

全文索引和全文检索是从SQL Server 7.0开始新增的功能。利用这两个功能可以对数据库中的字符类型的字段进行索引，并通过索引实现全文搜索查询。

全文索引和常规索引的区别如表7.1所示。

表7.1　全文索引和常规索引的区别

全文索引	常规索引
使用存储过程创建和删除	使用CREATE INDEX语句或者约束定义创建，通过删除约束或者DROP INDEX语句删除
只能通过任务调度或者执行存储过程来填充全文索引	当插入、删除或者修改数据时，SQL Server会自动更新索引内容
每个表只能有一个全文索引	每个表可以建立多个常规索引
同一个数据库中的多个全文索引可以组织为一个全文目录	常规索引不能分组
全文索引存储在文件系统中	常规索引存储在数据库中

常规索引大多会选用数据类型为数字的字段，当新增或者更新数据时会自动更新索引结构，并不会花太多时间。但是全文索引是用来整理字符串（一般长度都比较大）的，当数据内容被更改或者新增时，全文索引会需要更多的时间去更新，因此，一般都设置在只有很少的用户访问数据库时才进行整理。这与一般索引有很大的不同。

全文索引并不是存储在数据库中，而是存放在磁盘上的文件中，默认是在SQL Server安装目录下的FTDATA目录中，这样不会使数据库变得太大。

7.5.1 启用全文索引服务

配套教学资源包CD中带有此实例的多媒体演示

要使用全文索引功能，必须启动SQL Server FullText Search服务（SQL Server全文索引服务）。操作步骤如下：

Step 01 打开"控制面板"，然后选择"管理工具"选项，在打开的窗口中双击"服务"图标，打开"服务"窗口。

Step 02 在右侧窗口中即可找到SQL Server FullText Search服务，如图7.6所示。如果该服务没有

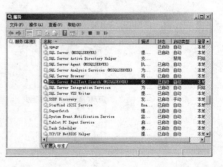

图7.6　"服务"窗口

启动，可右击该服务，然后执行快捷菜单上的"启动"命令，即可启动该服务。

7.5.2 创建全文目录

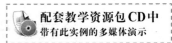
配套教学资源包CD中
带有此实例的多媒体演示

全文目录是存放全文索引的地方，全文目录记录数据库中设置有全文索引的表字段以及更新计划。因此在建立和使用全文索引之前，应该先建立全文目录。

每个数据库可以包含一个或多个全文目录。一个目录不能属于多个数据库，而每个目录可以包含一个或多个表的全文索引。一个表只能有一个全文索引，因此每个有全文索引的表只属于一个全文目录。

创建全文目录可以使用SQL Server Management Studio，也可以使用SQL语言来完成。使用SQL Server Management Studio创建全文目录的操作步骤如下：

Step 01 打开SQL Server Management Studio窗口，然后打开要创建全文目录的数据库，例如bookdb。

Step 02 在bookdb数据库上右击，选择"属性"命令，打开"数据库属性-bookdb"对话框。在"选项页"栏中，选择"文件"选项，打开"文件"选项卡，然后选择"使用全文索引"复选框，如图7.7所示。

Step 03 单击"确定"按钮，关闭"数据库属性-bookdb"对话框。打开"存储"文件夹，然后右击"全文目录"选项，在快捷菜单上执行"新建全文目录"命令，打开"新建全文目录"对话框，如图7.8所示。

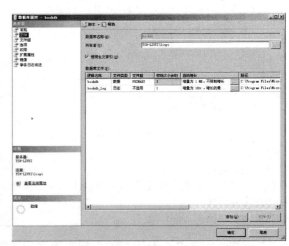

图 7.7 "文件"选项卡

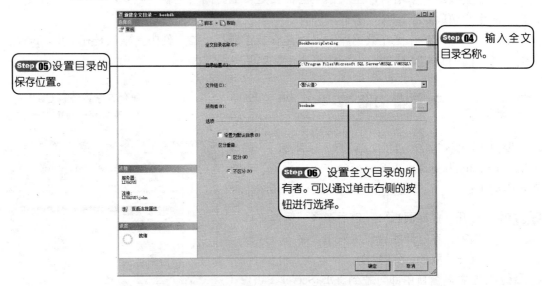

Step 05 设置目录的保存位置。

Step 04 输入全文目录名称。

Step 06 设置全文目录的所有者。可以通过单击右侧的按钮进行选择。

图 7.8 "新建全文目录"对话框

Step 07　设置完成后，单击"确定"按钮，即可创建一个全文目录。

提示　●　●　●

在创建全文目录后，可以通过其属性窗口进行选项设置。要删除全文目录，在该全文目录上右击，然后执行"删除"命令即可。

也可以使用存储过程sp_fulltext_catalog建立和删除全文目录。其语法格式如下：

```
sp_fulltext_catalog [ @ftcat = ] 'fulltext_catalog_name' ,
[ @action = ] 'action'
[ , [ @path = ] 'root_directory' ]
```

各参数含义如下：

- [@ftcat =] 'fulltext_catalog_name'　全文目录的名称。对于每个数据库，目录名必须是唯一的。fulltext_catalog_name 的数据类型为sysname。
- [@action =] 'action'　将要执行的动作。action的数据类型为varchar(20)，其取值如表7.2所示。
- [@path =] 'root_directory'　是针对create动作的根目录（并不是完整的物理路径）。root_directory的数据类型为nvarchar(100)，默认值为NULL，表示使用安装时指定的默认位置。这是Mssql目录中的Ftdata子目录，例如D:\Program Files\Microsoft SQL Server\Mssql\Ftdata。指定的根目录必须驻留在同一台计算机的驱动器上，它不仅包含驱动器号，而且不能是相对路径。不支持网络驱动器、可移动驱动器、软盘及UNC路径。全文目录必须在与SQL Server实例相关联的本地硬盘上创建。

表7.2　action取值及其含义

action取值	含义
create	在文件系统中创建一个空的新全文目录，并且向sysfulltextcatalogs添加一行，该行与fulltext_catalog_name及root_directory（如果存在的话）值相关。在数据库内，fulltext_catalog_name必须是唯一的
drop	将fulltext_catalog_name从文件系统中删除，并且删除sysfulltextcatalogs中相关的行。如果此目录中包含一个或多个表的索引，此动作将失败。应执行sp_fulltext_table 'table_name', 'drop'，以除去目录中的表。如果目录不存在，就会显示错误
start_incremental	启动fulltext_catalog_name的增量填充。如果目录不存在，就会显示错误。如果一个全文索引填充已经是活动的，那么就会显示一个警告，而不发生填充动作。使用增量填充，只为全文索引检索那些更改过的行，但条件是被全文索引的表中存在一个timestamp列
start_full	启动fulltext_catalog_name的完全填充。即使与此全文目录相关联的每一个表的每一行都进行过索引，也会对其检索全文索引
stop	停止fulltext_catalog_name的索引填充。如果目录不存在，就会显示错误。如果已经停止了填充，那么并不会显示警告
rebuild	重建fulltext_catalog_name，方法是从文件系统中删除现有的全文目录，然后重建全文目录，并使该全文目录与所有带有全文索引引用的表重新建立关联。重建并不更改数据库系统表中的任何全文元数据，也不会对新创建的全文目录进行重新填充。若要重新填充，必须使用start_full或start_incremental操作执行sp_fulltext_catalog

只有当action为create时，@path才有效。对于create以外的动作（stop、rebuild等），@path
必须为NULL或被省略。

该存储过程返回0表示执行成功，返回1表示执行失败。

使用start_full动作在fulltext_catalog_name中创建全文数据的一个完整快照。使用
start_incremental动作只对数据库中更改过的行重新索引。对于增量索引，在表的一个列中
需要一个timestamp列。

全文目录及索引数据存储在某些文件中，这些文件创建在全文目录中。全文目录作为
@path指定目录中的子目录创建，如果未指定@path，则在服务器默认值全文目录中创建。
生成全文目录名称的方式可以保证它在服务器上是唯一的。因此，一个服务器上所有的全
文目录可以共享相同的路径。

只有sysadmin固定服务器角色和db_owner（或更高）固定数据库角色的成员才可以执行
sp_fulltext_catalog存储过程。

例如，下面的SQL语句在bookdb数据库中重建一个现有的全文目录BookDescripCatalog：

```
USE bookdb
EXEC sp_fulltext_catalog 'BookDescripCatalog', 'rebuild'
```

7.5.3 创建全文索引

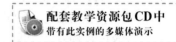
配套教学资源包 CD 中
带有此实例的多媒体演示

全文索引必须在基表上定义，而不能在视图、系统表或临时表上定义。全文索引的定
义包括：

- 能唯一标识表中各行的列（主键或候选键），而且不允许NULL值。
- 索引所覆盖的一个或多个字符串列。

全文索引由键值填充。每个键的项提供与该键相关联的重要词（干扰词或终止词除外）、
它们所在的列和它们在列中的位置等有关信息。

下面在bookdb数据库的book表上创建一个全文索引。操作步骤如下：

Step 01 在要创建全文索引的表（此处为book表）上右击，在弹出的快捷菜单的"全文索引"
选项上选择"定义全文索引"命令。

Step 02 此时将打开"全文索引向导"对话框，并提示该向导可以完成的操作，如图7.9所示。

Step 03 单击"下一步"按钮，向导提示选择唯一索引，如图7.10所示。

Step 04 从下拉列表框中选择唯一索引后，单击"下一步"按钮，向导提示选择表中的列，
如图7.11所示。

Step 05 选择完成后，单击"下一步"按钮，向导提示选择更改跟踪，如图7.12所示。

Step 06 单击"下一步"按钮，向导提示选择全文目录，如图7.13所示。

Step 07 单击"下一步"按钮，向导提示定义填充计划。可以通过单击"新建表计划"按钮
新建一个表计划，如图7.14所示。

图 7.9　"全文索引向导"对话框

图 7.10　选择唯一索引

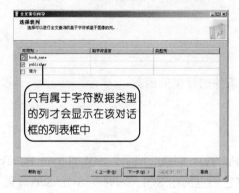

图 7.11　选择表中的列

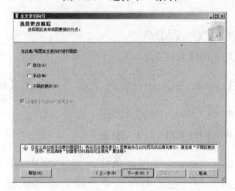

图 7.12　选择更改跟踪

图 7.13　选择或创建目录

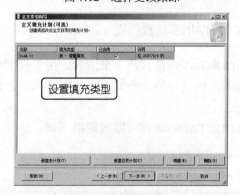

图 7.14　定义填充计划

Step 08　单击"下一步"按钮，向导显示用户所作的选择，如图7.15所示。

Step 09　单击"完成"按钮即可开始创建全文索引，并出现一个进度对话框，提示正在进行的操作。完成后出现了一提示对话框，单击"关闭"按钮即可创建一个全文索引。

　　删除全文索引除了使用SQL Server Management Studio外，还可以使用sp_fulltext_table存储过程，例如，要删除上面创建的全文索引，可以

图 7.15　用户所作设置摘要

使用下述命令：

```
USE bookdb
EXEC sp_fulltext_table 'BookDescripCatalog', 'drop'
```

这里不执行上述语句，也不进行删除操作，因为下面还要使用BookDescripCatalog全文索引。

7.5.4 全文查询

全文索引是用于执行两个Transact-SQL谓词的组件，以便根据全文检索条件对行进行测试：

- CONTAINS
- FREETEXT

Transact-SQL还包含两个返回符合全文检索条件的行集的函数：

- CONTAINSTABLE
- FREETEXTTABLE

SQL Server 将搜索条件发送给 SQL Server FullText Search 服务。SQL Server FullText Search 服务查找所有符合全文检索条件的键并将它们返回给 SQL Server。SQL Server 随后使用键的列表来确定表中要处理的行。

1. CONTAINS 函数

CONTAINS函数是一个谓词，用于搜索包含基于字符的数据类型的列，该列与单个词和短语，以及与另一个词一定范围之内的近似词精确或模糊（不太精确的）匹配或者加权匹配。

CONTAINS谓词可以搜索以下词：

- 词或短语。
- 词或短语的前缀。
- 另一个词附近的词。
- 由另一个词的词尾变化生成的词（例如，词drive是drives、drove、driving和driven词尾变化的词干）。
- 比另一个词具有更高加权的词。

（1）词或者短语

它们指定对每个精确词（单字节语言中没有空格或标点符号的一个或多个字符）或短语（单字节语言中由空格和可选的标点符号分隔的一个或多个连续的词）的匹配。

应该使用双引号（" "）将短语括起来。短语中词出现的顺序必须与它们出现在数据库列中的顺序相同。对词或短语中字符的搜索是区分大小写的。全文索引列中的干扰词（例如a、and或the）不存储在全文索引中。如果在单个词搜索中使用干扰词，那么SQL Server将返回一个错误信息指明查询中只有干扰词出现。SQL Server在目录\Mssql\Ftdata

\Sqlserver\Config下包括干扰词的标准列表。

例如，blue berry、blueberry和Microsoft SQL Server都是有效的简单术语。

标点符号被忽略。因此，CONTAINS（testing, "computer failure"）将匹配具有"Where is my computer?Failure to find it would be expensive."值的行。

例如，下面的SQL语句搜索包含"实例"两个字的书籍名称和价格：

```
USE bookdb
GO
SELECT book_name,price
FROM book
WHERE CONTAINS(book_name, '实例')
GO
```

执行结果如下：

```
book_name                                    price
-------------------------------------------  -------
3D Studio MAX实例精选                         35.0
```

（2）词或者短语的前缀

它们指定以指定文本开始的匹配词或短语。将前缀术语用双引号（" "）引起来并在后一个引号前添加一个星号（*），这样将匹配在星号前指定的所有以简单术语打头的文本。例如，应这样指定该子句：CONTAINS (column, '"text*"')。

星号匹配零个、一个或多个字符（属于词或短语中的词根或词）。如果未用双引号将文本与星号括起来，如CONTAINS (column, 'text*') 中所示，那么全文检索将把星号作为字符处理并搜索text*的精确匹配项。

当前缀是一个短语时，短语中包含的每个词都被认为是一个单独的前缀。因此，指定一个"local wine *"前缀术语的查询将匹配任何具有"local winery"、"locally wined and dined"等文本的行。

例如，下面的SQL语句是查询以Win开始的书名：

```
USE bookdb
GO
SELECT book_name,price
FROM book
WHERE CONTAINS(book_name, '"Win*"')
GO
```

执行结果如下：

```
book_name                                    price
-------------------------------------------  -------
Windows Vista看图速成                         30
Windows 2003 Server网络管理                   45
```

但是如果修改如下：

```
USE bookdb
GO
SELECT book_name,price
FROM book
WHERE CONTAINS(book_name, 'Win*')
GO
```

则不会检索到任何记录，因为它查找的是包含"Win*"字符串的记录，而表中没有这样的记录。

（3）使用相近的字符串来查询

指定匹配的词或短语，这些词或短语必须彼此接近。与AND运算符相似：两者都要求在被搜索的列中有多个词或短语存在。

要使用相近的字符串进行查询，可以使用NEAR或者~子句。NEAR或~运算符左边的词或短语应该与NEAR或~运算符右边的词或短语近似接近。可以链接多个近似术语。

例如，下面的SQL语句查询关于3D的实例类书籍：

```
USE bookdb
GO
SELECT book_name,price
FROM book
WHERE CONTAINS(book_name, '3D NEAR 实例')
GO
```

执行结果如下：

```
book_name                                    price
-------------------------------------------  -------
3D Studio MAX实例精选                          35
```

（4）衍生字

衍生字主要是针对英文的，例如，英文单词的现在时、过去时、将来时和分词不等式等都是衍生字。

可以使用INFLECTIONAL关键字，它指定了应匹配单数与复数以及名词、动词和形容词的形式，也应匹配各种动词时态。

例如，下面的SQL语句查询具有dry形式的词的所有产品：dried和drying等。

```
USE AdventureWorks
GO
SELECT Name
FROM Product
WHERE CONTAINS(Name, ' FORMSOF (INFLECTIONAL, dry) ')
GO
```

注 意

在执行上述语句时，可能会发生错误，因为没有给AdventureWorks数据库建立全文索引。

（5）赋予字符串权重

指定匹配词和短语列表的匹配行（由查询返回），可以对每行随意给定一个加权值。此时应使用ISABOUT关键字。而WEIGHT（weight_value）指定数值介于0.0~1.0之间的加权值。要查询的字符串中的每个组件可能包含一个权重。通过这个权重，可以改变查询的各个部分怎样来影响指派给与查询匹配的每行的等级值。但是如果存在与任意一个ISABOUT参数的匹配，则返回一行，不论是否指派了加权值。

例如，下面的SQL语句就是使用了权重的例子，赋予"实例"字符串0.8的权重，赋予"网络"字符串0.4的权重：

```
USE bookdb
SELECT book_name,price
FROM book
WHERE CONTAINS(book_name, 'ISABOUT ( 实例 weight(.8), 网络 weight(.4))' )
GO
```

执行结果如下：

```
book_name                                        price
```

```
------------------------------------------------    -------
3D Studio MAX实例精选                                35
Windows 2003 Server网络管理                          45
```

（6）使用变量

在CONTAINS关键字中，还可以使用变量来进行查询。下例就是使用变量而非特定的搜索术语进行查询的例子：

```
USE bookdb
GO
DECLARE @SearchWord varchar(30)
SET @SearchWord ='网络管理'
SELECT book_name,price FROM book WHERE CONTAINS(book_name, @SearchWord)
GO
```

执行结果如下：

```
book_name                                           price
------------------------------------------ -  ------
Windows 2003 Server网络管理                          45
```

2．FREETEXT 函数

FREETEXT函数用于搜索含有基于字符的数据类型的列，其中的值符合在搜索条件中所指定文本的含义，但不符合表达方式。使用FREETEXT函数时，全文查询引擎内部将要搜索的字符串拆分为若干个搜索词，并赋予每个词以不同的加权，然后查找匹配。

其语法格式为：

```
FREETEXT ( { column | * } , 'freetext_string' )
```

各参数含义如下：

● column　　已经注册全文检索的特定列的名称。具有字符串数据类型的列是可进行全文检索的有效的列。

● *（星号）　　指定所有已注册用于全文检索的列均用于搜索给定的freetext_string。

● freetext_string　　要在指定的column中进行搜索的文本。可以输入任何文本，包括单词、短语或句子。所输入的文本与语法无关。

例如，下面就是一个使用FREETEXT关键字的例子：

```
USE bookdb
GO
DECLARE @SearchWord varchar(30)
SET @SearchWord ='网络管理'
SELECT book_name,price FROM book WHERE FREETEXT(book_name, @SearchWord)
GO
```

执行结果如下：

```
book_name                                           price
------------------------------------------- -  ------
Windows 2003 Server网络管理                          45
```

注　意

使用FREETEXT关键字的全文查询没有使用CONTAINS关键字的全文查询精度高。SQL Server全文检索引擎识别重要的字词和短语。保留关键字或通配符字符都不具有特殊含义，而它们指定在CONTAINS谓词的参数中时则通常具有含义。

3. CONTAINSTABLE 函数

CONTAINSTABLE函数会返回一个检索结果的表内容。CONTAINSTABLE除了包括建立全文索引的表的所有的字段外，还增加了一个KEY字段和RANK字段。KEY字段用来放置全文索引的键值，查询完毕后，每一笔找到的记录会依据查询符合的程度产生一个RANK值，存放在RANK字段中。

CONTAINSTABLE函数可以用于SELECT语句的FROM子句中。CONTAINSTABLE函数使用与CONTAINS关键字相同的搜索条件。其语法格式如下：

```
CONTAINSTABLE ( table , { column | * } , ' < contains_search_condition > '
[ , top_n_by_rank ] )
```

其中，table 为用于全文查询的表的名称，top_n_by_rank 指定只返回以降序排列的前 n 个最高等级的匹配项。仅当指定了整数值 n 时应用。其余参数和 CONTAINS 关键词的参数含义相同。

例如，下面的SQL语句就是使用CONTAINSTABLE函数的例子：

```
USE bookdb
GO
SELECT book_name,price,TTTable.[KEY],TTTable.Rank
FROM book INNER JOIN CONTAINSTABLE(book,book_name,'实例')
AS TTTable ON book_id=TTTable.[KEY]
GO
```

执行结果如下：

```
book_name                                  price   KEY     Rank
----------------------------------------   ------  ------- -------
3D Studio MAX实例精选                        35      2       48
```

提　示　● ● ●

由于KEY为Transact-SQL的保留字，因此，在上面的使用中，应该加上中括号（[]）。

4. FREETEXTTABLE 函数

FREETEXTTABLE函数也可以在SELECT语句的FROM子句中像常规表名称一样进行引用。其语法格式如下：

```
FREETEXTTABLE ( table , { column | * } , 'freetext_string' [ , top_n_by_rank ] )
```

其中的各个参数含义和CONTAINSTABLE函数的参数含义相同。

和CONTAINSTABLE函数类似，FREETEXTTABLE函数返回的表也带有KEY和Rank字段。

例如，下面的SQL语句用于查询书名中包含"实例"的书的价格：

```
USE bookdb
GO
SELECT book_name,price,FTable.[KEY],FTable.Rank
FROM book INNER JOIN FREETEXTTABLE(book,book_name,'实例')
AS FTable ON book_id=FTable.[KEY]
GO
```

执行结果如下：

book_name	price	KEY	Rank
3D Studio MAX实例精选	35	2	130

7.6 上机实训——建立图书表的全文索引

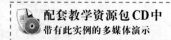

实例说明：

　　在图书馆管理系统中，读者对图书的检索产生了非常大的系统开销，在图书表上建立全文索引，可增加检索速度。

学习目标：

　　通过本例的学习，深入理解全文索引的概念，掌握全文索引的操作方法。具体步骤如下：

Step 01 打开SQL Server Management Studio窗口，然后打开数据库Lib_DATA。

Step 02 在数据库Lib_DATA上右击，选择"属性"命令，打开"数据库属性-Lib_DATA"对话框。在"选项页"栏中，选择"文件"选项，打开"文件"选项卡，然后选择"使用全文索引"复选框。

Step 03 单击"确定"按钮，关闭"数据库属性Lib_DATA"对话框。

Step 04 在数据库Lib_DATA的表book上右击，在弹出的快捷菜单中选择"全文索引"|"定义全文索引"命令。

Step 05 依照提示建立board表的全文索引。注意选择索引字段为Book_name和Book_author。

7.7 小结

　　本章介绍了索引的概念，包括聚集索引和非聚集索引，并介绍了索引的创建、删除和使用。最后介绍了基于字符串数据类型的全文索引的使用。

　　聚集索引和非聚集索引都采用B-Tree结构，而且都包含索引页和数据页。但是聚集索引表的物理顺序与索引顺序相同。非聚集索引表的物理顺序与索引顺序不同。每一个表只能有一个聚集索引，但可以有多个非聚集索引。使用聚集索引检索的速度要比使用非聚集索引快。

　　全文索引用来检索表字段中的字符串或者组合字符串，全文索引必须在基表上定义，而不能在视图、系统表或临时表上定义。全文索引并不是存储在数据库中，而是存放在磁盘上的文件中。

　　使用全文索引有4种方式：使用CONTAINS和FREETEXT关键字或者使用CONTAINST-ABLE和FREETEXTTABLE函数。

7.8 习题

1. 选择题

某公司有一个数据库，其中有一个表包含几十万个数据，但是用户抱怨说查询速度太慢，下面哪种方法能最好地提高查询速度？＿＿＿＿＿

A. 收缩数据库　　　　　　　　　　B. 减少数据库占用的空间

C. 建立聚集索引和非聚集索引　　　D. 换个高档的服务器

2. 简答题

（1）使用索引的优点和缺点是什么？

（2）简述聚集索引和非聚集索引的区别。

（3）简述全文索引的含义及其与常规索引的不同之处。

3. 操作题

（1）在SQL Server Management Studio中，为bookdb数据库的orderform表创建索引。

（2）利用SQL语句在bookdb数据库的clients表上创建索引。

（3）在LIB_DATA数据库的读者表au上建立全文索引，索引字段为Au_name。

第 **8** 章

SQL程序设计

　　本章在前面学习的基础上，介绍Transact-SQL的程序设计语句，并介绍事务处理、游标、数据锁定和分布式查询的概念。

　　本章的重点在于事务和游标的概念和使用。

知 识 点

- SQL程序设计基础
- ntext\text和image数据的检索
- ntext\text和image数据的更改
- 事务处理
- 数据的并发性问题
- 游标的使用

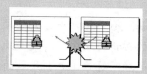

8.1 | Transact-SQL程序设计基础

SQL语言虽然和高级语言不同，但是它本身也具有运算和流控制等功能，也可以用来编程。因此，我们需要了解SQL语言的基础知识。本节主要介绍Transact-SQL语言程序设计的基础概念。

8.1.1 标识符

在SQL Server中，标识符就是指用来定义服务器、数据库、数据库对象和变量等的名称。它可以分为常规标识符和定界标识符。

1. 常规标识符

常规标识符就是不需要使用分隔标识符进行分隔的标识符。常规标识符符合标识符的格式规则。在Transact-SQL语句中使用常规标识符时不用将其分隔。

例如：

```
SELECT * FROM TableX WHERE KeyCol = 124
```

这里，TableX 和 KeyCol 就是两个常规标识符。

在SQL Server 2005中，常规标识符的格式规则取决于数据库的兼容级别，兼容级别可以用存储过程sp_dbcmptlevel来设置。当兼容级别为 80 时，规则如下：

- 第一个字符必须是Unicode 2.0标准所定义的字母、下划线（_）、at符号（@）和数字符号（#）。
- 后续字符可以是Unicode 2.0标准所定义的字母、来自基本拉丁字母或其他国家/地区脚本的十进制数字、at符号（@）、美元符号（$）、数字符号（#）或下划线（_）。
- 标识符不能是Transact-SQL的保留字。SQL Server保留其保留字的大写和小写形式。
- 不允许嵌入空格或其他特殊字符。
- 常规标识符和分隔标识符包含的字符数必须在1~128之间。对于本地临时表，标识符最多可以有116个字符。

注意

在SQL Server中，某些处于标识符开始位置的符号具有特殊意义。以at符号（@）开始的标识符表示局部变量或参数；以双at符号（@@）开始的标识符表示全局变量。以一个数字符号（#）开始的标识符表示临时表或过程。以双数字符号（##）开始的标识符表示全局临时对象。

2. 分隔标识符

在Transact-SQL语句中，对不符合所有标识符规则的标识符必须进行分隔。符合标识符格式规则的标识符可以分隔，也可以不分隔。

例如，下面语句中的**My Table**和**order**均不符合标识符规则，其中，**My Table**中间出现了空格，而**order**为Transact-SQL的保留字，因此必须使用中括号（[ ]）进行分隔：

```
SELECT * FROM [My Table] WHERE [order] = 10
```

3．使用标识符

数据库对象的名称被看成是该对象的标识符。SQL Server中的每一内容都可带有标识符。服务器、数据库和数据库对象（例如表、视图、列、索引、触发器、过程、约束及规则等）都有标识符。大多数对象要求带有标识符，但对于有些对象（如约束），标识符是可选项。

在SQL Server 2005中，一个对象的全称语法格式为：

```
server.database.owner.object
```

其中，server为服务器名，database为数据库名，owner为所有者，object为对象名。

例如，在服务器MyServer中，test数据库中的sysusers表的全称就是：

```
MyServer.test.dbo.sysusers
```

在实际使用时，使用全称比较繁琐，因此经常使用简写格式。可用的简写格式包含下面几种：

```
server.database...object
server...owner.object
server...object
database.owner.object
database...object
owner.object
object
```

在上面的简写格式中，没有指明的部分使用如下的默认设置值：

- 服务器　本地服务器。
- 数据库　当前数据库。
- 所有者　在指定的数据库中与当前连接会话的登录标识相对应的数据库用户或者数据库所有者。

例如，一个用户名为bookadm的用户登录到MyServer服务器上，并使用book数据库。使用下述语句创建了一个MyTable表：

```
CREATE TABLE MyTable
(
column1 int,
column2 char(20)
)
```

则表 MyTable 的全称就是 MyServer.book.bookadm.MyTable。

8.1.2　数据类型

数据类型是指列、存储过程参数、表达式和局部变量的数据特征，它决定了数据的存储格式，代表了不同的信息类型。包含数据的对象都具有一个相关的数据类型，此数据类型定义对象所能包含的数据种类（字符、整数、二进制数等）。

SQL Server提供了各种系统数据类型。除了系统数据类型外，在SQL Server中，还可以自定义数据类型。用户定义的数据类型是在系统数据类型的基础上使用存储过程sp_addtype所建立的数据类型。

提 示

在SQL Server 2005中，所有系统数据类型名称都是不区分大小写的。另外，用户定义数据类型是在已有的系统数据类型基础上生成的，而不是定义一个存储结构的新类型。

在SQL Server 2005中，以下对象可以具有数据类型：

- 表和视图中的列。
- 存储过程中的参数。
- 变量。
- 返回一个或多个特定数据类型数据值的Transact-SQL函数。
- 具有一个返回代码的存储过程（返回代码总是具有integer数据类型）。

指定对象的数据类型定义了该对象的4个特性：

- 对象所含的数据类型，如字符、整数或二进制数。
- 所存储值的长度或它的大小。
- 数字精度（仅用于数字数据类型）。精度是数字可以包含的数字个数。
- 数值小数位数（仅用于数字数据类型）。

1．系统数据类型

可以按照存放在数据库中的数据的类型对SQL Server提供的系统数据类型进行分类，如表8.1所示。

表8.1　SQL Server 2005提供的系统数据类型

分类	数据类型定义符
整数型	bigint、int、smallint、tinyint
逻辑数值型	bit
小数数据类型	decimal、numeric
货币型	money、smallmoney
近似数值型	float、real
字符型	char、varchar、text
Unicode字符型	Nchar、nvarchar、ntext
二进制数据类型	binary、varbinary、image
日期时间类型	datetime、smalldatetime
其他数据类型	cursor、sql_variant、table、timestamp、uniqueidentifier

（1）整数型

整数类型包括bigint、int、smallint和tinyint共4种，其中，bigint是SQL Server 2005中新增的一种类型。

各种类型能存储的数值的范围如下：

- bigint数据类型　大整数型，长度为8个字节，可以存储从-2^{63}（-9 223 372 036 854 775 808）~ 2^{63}-1（9 223 372 036 854 775 807）范围内的数字。
- int数据类型　整数型，长度为4个字节，可存储范围是-2^{31}（-2 147 483 648）~ 2^{31}-1（2 147 483 647）。
- smallint数据类型　短整数型，长度为2个字节，可存储范围只有-2^{31}（-32 768）~2^{31}-1（32 767）。
- tinyint数据类型　微短整数型，长度为1个字节，只能存储0~255范围内的数字。

注　意

上面的SQL语句可以在自己另外创建的数据库中进行，对于下面的例子，本书都在test数据库中进行。

（2）小数数据类型

小数数据类型也称为精确数据类型，它们由两部分组成，其数据精度保留到最低有效位，所以它们能以完整的精度存储十进制数。

在声明小数数据类型时，可以定义数据的精度和小数位。声明格式如下：

```
decimal[(p[, s])] 和numeric[(p[, s])]
```

各参数含义如下：

- p（精度）　指定小数点左边和右边可以存储的十进制数字的最大个数。精度必须是从1到最大精度之间的值。最大精度为38。使用最大精度时，有效值为-10^{38}+1~10^{38}-1。
- s（小数位数）　指定小数点右边可以存储的十进制数字的最大个数。小数位数必须是0~p之间的值。默认小数位数是0，因而0≤s≤p。最大存储大小基于精度而变化。

提　示

在上面的结果显示中，不再使用图形来表示，而使用上述方式来表示执行结果。下面的例子也将使用这种方式表示结果。

在为小数数值型数据赋值时，应保证所赋数据整数部分的位数小于或者等于定义的长度，否则会出现溢出错误。

例如，给Decimal_table插入一笔记录，在SQL查询分析器中执行下面的语句：

```
INSERT Decimal_table VALUES (45.678)
```

执行出现错误，并出现如下消息：

```
消息8115，级别16，状态8，第1 行
将numeric 转换为数据类型numeric 时出现算术溢出错误。
语句已终止。
```

这是由于45.678的整数部分超出了定义的长度造成的。

Decimal数据包含存储在最小有效数上的数据。在SQL Server中，小数数据使用 decimal或numeric数据类型存储。存储decimal或numeric数值所需的字节数取决于该数据的数字总数和小数点右边的小数位数。例如，存储数值19 283.293 83比存储1.1需要更多的字节。具体存储长度随其精度的变化而改变，如表8.2所示。

表8.2 存储字节长度和数据精度的关系

精度	存储字节长度
1~9	5
10~19	9
20~28	13
29~38	17

提 示

在SQL Server中，numeric数据类型等价于decimal数据类型。但是只有numeric可以用于带有identity关键字的列（字段）。

（3）近似数值型

并非数据类型范围内的所有数据都能精确地表示，因此SQL Server提供了用于表示浮点数字数据的近似数值数据类型。

近似数值数据类型不能精确记录数据的精度，它们所保留的精度由二进制数字系统的精度决定。SQL Server提供了两种近似数值数据类型：

- float [(n)]　-1.79^{308}~1.79^{308}之间的浮点数字数据。n为用于存储科学记数法float数尾数的位数，同时指示其精度和存储大小。n必须为1~53之间的值，它同精度和存储字节的关系如表8.3所示。

- real数据类型　-3.40^{38}~3.40^{38}之间的浮点数字数据。存储大小为4字节。

表8.3 n与精度和存储字节之间的关系

n	精度	存储字节长度
1~24	7位数	4字节
25~53	15位数	8字节

提 示

float和real通常按照科学记数法来表示，即以1.79E+38的方式表示。

（4）字符型

字符串存储时采用字符型数据类型。字符数据由字母、符号和数字组成。例如，"928"、"Johnson"和"(0*&(%B99nh　jkJ"都是有效的字符数据。

提 示

字符常量必须包括在单引号（'）或双引号（"）中。建议用单引号括住字符常量。因为当QUOTED IDENTIFIER选项设为ON时，有时不允许用双引号括住字符常量。当使用单引号分隔一个包括嵌入单引号的字符常量时，用两个单引号表示嵌入单引号。

在SQL Server中，字符数据使用char、varchar和text数据类型存储。当列中各项的字符长度可变时可用varchar 类型，但任何项的长度都不能超过8 KB。当列中各项为同一固定长度时使用char类型（最多8KB）。text 数据类型的列可用于存储大于8KB的ASCII字符。

char、varchar和text的3种类型的定义方式如下：

- char[(n)]　长度为n个字节的固定长度且非Unicode的字符数据。n必须是一个介于

1~8 000之间的数值。存储大小为n个字节。

- varchar[(n)]　长度为n个字节的可变长度且非Unicode的字符数据。n必须是一个介于1~8 000之间的数值。存储大小为输入数据的字节的实际长度，而不是n个字节。所输入的数据字符长度可以为零。
- text数据类型　也是用来声明变长的字符数据。在定义过程中，不需要指定字符的长度。最大长度为$2^{31}-1$（2 147 483 647）个字符。当服务器代码页使用双字节字符时，存储量仍是2 147 483 647个字节。存储大小可能小于2 147 483 647字节（取决于字符串）。SQL Server会根据数据的长度自动分配空间。

例如，下面的SQL语句将局部变量MyCharVar声明为char类型，长度为25：

```
DECLARE @MyCharVar CHAR(25)
SET @MyCharVar = 'This is a string'
```

下面则是使用两个单引号来表示嵌入单引号：

```
SET @MyCharVar = 'This is a ''string'''
```

如果要存储的数据比允许的字符数多，则数据就会被截断。例如，如果某列被定义为char(10)并且值"This is a really long character string"被存储到该列中，则SQL Server将该字符串截断为"This is a"。

CHAR函数可以把一个整数转换为ASCII字符。当确定控制字符时（比如回车或换行），这是很有用的。以下代码在字符串中用CHAR(13)和CHAR(10)产生一个回车并生成一个新行：

```
PRINT 'First line.' + CHAR(13) + CHAR(10) + 'Second line.'
```

执行结果为：

```
First line.
Second line.
```

提 示

PRINT函数用于打印字符串，将其显示在屏幕上。

（5）逻辑数值型

SQL Server支持逻辑数据类型bit，它可以存储整型数据1、0或NULL。如果输入0以外的其他值时，SQL Server均将它们当作1看待。

SQL Server优化用于bit列的存储。如果一个表中有不多于8个的bit列，这些列将作为一个字节存储。如果表中有9~16个bit列，这些列将作为两个字节存储。更多列的情况依此类推。

注 意

不能对bit类型的列（字段）使用索引。

例如，下面是使用bit数据类型的例子：

```
CREATE TABLE Bit_table
(
c1 bit,
c2 bit,
c3 bit
)
```

```
INSERT Bit_table VALUES(12,1,0)
SELECT * FROM Bit_table
```

执行结果为：

```
c1   c2   c3
--------------------
1    1    0
```

（6）货币型

货币数据表示正的或负的货币值。在SQL Server中使用money和smallmoney数据类型存储货币数据。货币数据存储的精确度为4位小数。

money和smallmoney数据类型存储范围和占用字节如下：

- money数据类型　可存储的货币数据值介于-2^{63}（-922 337 203 685 477.580 8）与$2^{63}-1$(+922 337 203 685 477.580 7)之间，精确到货币单位的10‰。存储大小为8个字节。

- smallmoney数据类型　可存储的货币数据值介于-214 748.364 8与+214 748.364 7之间，精确到货币单位的10‰。存储大小为4个字节。

货币数据不需要用单引号（'）括起来。但是，货币数值之前必须带有适当的货币符号。例如，若要指定 100 英镑，则使用£100。若要指定 100 美元，则使用$100。不同货币的符号可参考 SQL Server 2005 的帮助文档。

（7）二进制数据类型

二进制数据由十六进制数表示。例如，十进制数245等于十六进制数F5。在SQL Server 2005中，二进制数据使用binary、varbinary和image数据类型存储。

声明为binary数据类型的列在每行中都是固定的长度（最多为8KB）。声明为varbinary数据类型的列中各项所包含的十六进制数字的个数可以不同（最多为8KB）。image数据列可以用来存储超过8KB的可变长度的二进制数据，例如，Word文档、Excel电子表格、位图图像、图形交换格式（GIF）文件和联合图像专家组（JPEG）文件。

声明格式如下：

- binary[(n)]　固定长度的n个字节二进制数据。n必须从1~8 000。存储空间大小为n+4个字节。

- varbinary[(n)]　n个字节可变长二进制数据。n必须从1~8 000。存储空间大小为实际输入数据长度+4个字节，而不是n个字节。输入的数据长度可能为0字节。

- image　可变长度二进制数据介于0与$2^{31}-1$（2 147 483 647）字节之间。

二进制常量以 0x（一个零和小写字母 x）开始，后面跟着位模式的十六进制表示。例如，0x2A 表示十六进制的值 2A，它等于十进制的数 42 或单字节位模式 00101010。

（8）日期时间类型

SQL Server提供了专门的日期时间类型。日期和时间数据由有效的日期或时间组成。例如，"4/01/98 12:15:00:00:00 PM"和"1:28:29:15:01 AM 8/17/98"都是有效的日期和时间数据。

在SQL Server中，日期和时间数据使用datetime和smalldatetime数据类型存储：

- datetime　从1753年1月1日到9999年12月31日的日期和时间数据，精确度为3‰

秒（s）（等于3ms或0.003s）。表8.4为用户输入的值和SQL Server自动把值调整到.000s、.003s或.007s的增量后的值。

表8.4　用户输入的值和SQL Server自动调整后的值

输入的值	SQL Server调整后的值
01/01/98 23:59:59.999	1998-01-02 00:00:00.000
01/01/98 23:59:59.995	1998-01-01 23:59:59.997
01/01/98 23:59:59.996	
01/01/98 23:59:59.997	
或01/01/98 23:59:59.998	
01/01/98 23:59:59.992	1998-01-01 23:59:59.993
01/01/98 23:59:59.993	
01/01/98 23:59:59.994	
01/01/98 23:59:59.990	1998-01-01 23:59:59.990
或01/01/98 23:59:59.991	

- smalldatetime　从1900年1月1日到2079年6月6日的日期和时间数据精确到分钟（min）。29.998s或更低的smalldatetime值向下舍入为最接近的分钟，29.999s或更高的 smalldatetime值向上舍入为最接近的分钟。

下面是一个使用 smalldatetime 数据类型的例子：

```
SELECT CAST('2000-05-08 12:35:29.998' AS smalldatetime)
```

执行结果为：

```
2000-05-08 12:35:00
```

由于最后是29.998s，而smalldatetime数据类型精确到分钟，故执行结果将秒舍弃，最终结果为12:35。

提　示

CAST函数的功能是将某种数据类型的表达式显式转换为另一种数据类型。AS后面的数据类型就是要转换为的数据类型。

SQL Server可以识别的日期格式有字母格式、数字格式和无分隔字符串格式3种。字符格式允许使用以当前语言给出的月的全名（如April）或月的缩写（如Apr）来指定日期数据。字符格式的日期需要放在单引号内。可用的字符型日期格式如下：

```
Apr[il] [15][,] 1996
Apr[il] 15[,] [19]96
Apr[il] 1996 [15]
[15] Apr[il][,] 1996
15 Apr[il][,][19]96
15 [19]96 apr[il]
[15] 1996 apr[il]
1996 APR[IL] [15]
1996 [15] APR[IL]
```

数字格式允许用指定的数字指定日期数据。例如，5/20/97表示1997 年 5 月的第20天，当使用数字日期格式时，在字符串中以斜杠（/）、连字符（-）或句号（.）作为分隔符来指定月、日、年。例如，下面均表示1996年4月15日（--后面指明的是日期格式）：

```
[0]4/15/[19]96 -- (mdy)
[0]4-15-[19]96 -- (mdy)
[0]4.15.[19]96 -- (mdy)
[04]/[19]96/15 -- (myd)
15/[0]4/[19]96 -- (dmy)
15/[19]96/[0]4 -- (dym)
[19]96/15/[0]4 -- (ydm)
[19]96/[04]/15 -- (ymd)
```

提　示

● ● ●

当语言被设置为us_english时，默认的日期顺序是mdy。可以使用SET DATEFORMAT语句改变日期的顺序，根据所用的语言，它也会影响日期顺序。对SET DATEFORMAT的设置决定了如何解释日期数据。如果顺序和设置不匹配，则该值不会被解释为日期（因为它们超出了范围）或者被错误地解释。例如，根据不同的DATEFORMAT设置，12/10/08能被解释为6种日期的一种。

无分隔字符串格式是指数字间不需要分隔符号，可以使用4、6、8位数字来表达日期。如果使用4位表示，则只表示年份；如果使用6或者8位，月和日必须用两位。例如"19981207"、"December 12，1998"。

SQL Server 2005可识别以下时间数据格式。用单引号（'）把每一种格式括起来。下面都是有效的时间格式：

```
14:30
14:30[:20:999]
14:30[:20.9]
4am
4 PM
[0]4[:30:20:500]AM
```

可以用一个AM或PM后缀来表明时间值是在中午12点之前还是之后。AM或PM的大小写可忽略。小时可以用12小时（h）或24小时（h）的时钟来指定。小时值解释如下：

- 小时值0表示午夜（AM）后的小时，不论是否指定AM。当小时值等于0时不能指定PM。
- 如果未指定AM和PM，小时值1~11表示中午以前的小时。当指定AM时，也表示中午以前的小时。当指定PM时，则表示中午以后的小时。
- 如果未指定AM和PM，小时值12表示始于中午的小时。如果指定为AM，则表示始于午夜的小时；如果指定为PM，则表示始于中午的小时。例如，12:01是指中午过后1分钟，即12:01 PM，而12:01AM是指午夜过后1分钟。指定为12:01AM 与指定为00:01或00:01 AM相同。
- 如果指定AM或PM，则小时值13~23表示中午以后的小时。当指定PM时，也表示中午以后的小时。当小时值为13~23时，不能指定为AM。
- 小时值24无效，用12:00 PM或00:00表示午夜。

可以在毫秒之前加上冒号（:）或者句号（.）。如果前面加冒号，这个数字表示1/1 000s。如果前面加句号，单个数字表示1/10s，两个数字表示1/100s，3 个数字表示1/1 000s。例如，12:30:20:1 表示 12:30 过了 20 又 1/1 000s；12:30:20.1 表示 12:30 过了 20 又 1/10s。

以下是使用日期时间数据类型的例子：

```
CREATE TABLE Datetime_table
```

```
(
c1 datetime,
c2 smalldatetime,
)
INSERT Datetime_table VALUES ('2001-05-15 00:04:39.257','04/15/1996 14:30:20 PM')
SELECT * FROM Datetime_table
```

执行结果如下：

```
c1                      c2
------------------------------------------
2001-05-15 00:04:39.257  1996-04-15 14:30:00
```

（9）Unicode字符型

在SQL Server 2005中，传统上非Unicode数据类型允许使用由特定字符集定义的字符。字符集是在安装SQL Server时选择的，不能更改。使用Unicode（统一字符编码标准）数据类型，列（字段）可存储由Unicode标准定义的任何字符，包含由不同字符集定义的所有字符。Unicode数据类型需要相当于非Unicode数据类型两倍的存储空间。

Unicode数据使用SQL Server中的nchar、varchar和ntext数据类型进行存储。对于存储来源于多种字符集的字符的列，可采用这些数据类型。当列中各项所包含的Unicode字符数不同时（至多为4 000），使用nvarchar类型；当列中各项为同一固定长度时（至多为4 000个Unicode字符），使用nchar类型；当列中任意项超过4 000个Unicode字符时，使用ntext类型，其最大长度为$2^{30}-1$。它们分别和字符型的char[(n)]、varchar[(n)]和text类型相对应。

使用Unicode字符时，应该在前面加一个标识符N，但是存储时并不存储该标识符。例如：

```
DECLARE @MyUnicodeVar NCHAR(25)
SET @MyUnicodeVar = N'This is a Unicode string.'
PRINT @MyUnicodeVar
```

执行结果为：

```
This is a Unicode string.
```

（10）其他数据类型

在SQL Server 2005中，还提供了其他几种数据类型，包括下面几种：

- cursor　游标数据类型，用于创建游标变量或者定义存储过程的输出参数。它是唯一一种不能赋值给表的列（字段）的基本数据类型。
- sql_variant　该数据类型可以存储除了text、ntext、timestamp和自己本身以外的其他所有类型的变量。
- table　该数据类型可以暂时存储应用程序的结果，以便在以后用到。
- timestamp　时间戳数据类型，它可以反映数据库中数据修改的相对顺序。
- uniqueidentifier　全局唯一标识符（Globally Unique Identification Numbers，GUID）。它是一个16字节长的二进制数据类型，是SQL Server根据计算机网络适配器地址和主机CPU时钟产生的唯一号码而生成的全局唯一标识符代码。唯一标识符代码可以通过调用NEWID函数或者其他SQL Server应用程序编程接口来获得。

下面的示例使用NEWID对声明为uniqueidentifier数据类型的变量赋值，并将其打印出来：

```
DECLARE @MyID uniqueidentifier
SET @MyID = NEWID()
PRINT 'Value of @MyID is: '+ CONVERT(varchar(255), @MyID)
```

执行结果为：

```
Value of @MyID is: 42C285F5-620C-46D3-81A7-19A3C6113DBD
```

注 意

对于每台计算机，由NEWID返回的值不同。上面所显示的数字仅起解释的作用。另外，CONVERT函数的作用是将一个数值转换为字符串。

2. 用户定义数据类型

用户定义的数据类型总是根据基本数据类型进行定义的。它们提供了一种机制，可以将一个名称用于一个数据类型，这个名称更能清楚地说明该对象中保存的值的类型。这样程序员和数据库管理员就能更容易地理解以该数据类型定义的对象的意图。

用户定义的数据类型使表结构对程序员更有意义，并有助于确保包含相似数据类的列具有相同的基本数据类型。

提 示

用户定义数据类型基于SQL Server 2005中的系统数据类型。当多个表的列中要存储同样类型的数据，且想确保这些列具有完全相同的数据类型、长度和为空性（数据类型是否允许空值）时，可使用用户定义数据类型。例如，可以基于char数据类型创建名为postal_code的用户定义数据类型。

创建用户定义的数据类型时必须提供以下3个参数：

- 名称。
- 新数据类型所依据的系统数据类型。
- 为空性。如果未明确定义，系统将依据数据库或连接的ANSI NULL默认设置进行指派。

如果用户定义数据类型是在 model 数据库中创建的，它将作用于所有用户定义的新数据库中。如果数据类型在用户定义的数据库中创建，则该数据类型只作用于此用户定义的数据库。

（1）通过SQL Server Management Studio来创建用户定义的数据类型

以在test数据库中创建用户定义数据类型为例，通过SQL Server Management Studio创建用户定义的数据类型的操作步骤如下：

Step 01 打开SQL Server Management Studio窗口，依次选择"数据库"|test|"可编程性"|"类型"选项。

Step 02 在"用户定义数据类型"上右击，在打开的快捷菜单中选择"新建用户定义数据类型"命令，打开"新建用户定义数据类型"对话框。在"名称"文本框中输入用户定义数据类型的名称；在"数据类型"列表框中选择基本数据类型，如图8.1所示。

Step 03 如"长度"处于活动状态，若要更改此数据类型可存储的最大数据长度，可输入另外的值。长度可变的数据类型有binary、char、nchar、nvarchar、varbinary和varchar。若要允许此数据类型接受空值，可选中"允许空值"复选框。

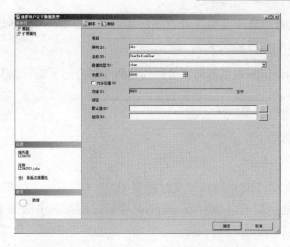

图 8.1　"新建用户定义数据类型"对话框

Step 04　在"规则"和"默认值"文本框中单击 ▓ 按钮选择一个规则或默认值（若有），以将其绑定到用户定义数据类型上。

Step 05　设置完成后，单击"确定"按钮，即可创建一个用户定义数据类型。

若要删除用户定义数据类型，可在该用户定义数据类型上右击，然后选择"删除"命令，在打开的"除去对象"对话框中，单击"全部除去"按钮，即可删除用户定义数据类型。

（2）使用存储过程

可以使用存储过程sp_addtype来创建用户定义数据类型，其语法格式为：

```
sp_addtype [ @typename = ] type,
[ @phystype = ] system_data_type
[ , [ @nulltype = ] 'null_type' ]
[ , [ @owner = ] 'owner_name' ]
```

各参数含义如下：

- [@typename =] type　用户定义的数据类型的名称。数据类型名称必须遵循标识符的规则，而且在每个数据库中必须是唯一的。type的数据类型为sysname，没有默认值。

- [@phystype =] system_data_type　是用户定义的数据类型所基于的物理数据类型或系统数据类型。

- [@nulltype =] 'null_type'　指明用户定义的数据类型处理空值的方式。null_type的数据类型为varchar(8)，默认值为NULL，并且必须用单引号引起来（'NULL'、'NOT NULL' 或 'NONULL'）。如果没有用sp_addtype显式定义null_type，则将其设置为当前默认的（为空）。

- [@owner =] 'owner_name'　指定新数据类型的创建者或所有者。owner_name的数据类型为sysname。当没有指定时，owner_name为当前用户。

该存储过程返回 0 表示成功，返回 1 表示失败。

提　示　● ● ● ●

sysname是一个系统支持的用户定义数据类型，等同于nvarchar(128)，用来表示数据库对象名。另外，用户定义的数据类型名称在数据库中必须是唯一的，但是名称不同的用户定义的数据类型可以有相同的定义。

下面的示例为国内及国际电话和传真号码创建两个用户定义的数据类型telephone和fax：

```
EXEC sp_addtype telephone, 'varchar(24)', 'NOT NULL'
EXEC sp_addtype fax, 'varchar(24)', 'NULL'
```

执行后，提示信息如下：

命令已成功完成。

表示已经成功执行，并生成两个用户定义数据类型。

删除用户定义数据类型可以使用sp_droptype存储过程，其语法如下：

```
sp_droptype [ @typename = ] 'type'
```

其中，type表示要删除的用户定义数据类型的名称。

8.1.3 运算符

运算符是一种符号，用来指定要在一个或多个表达式中执行的操作。SQL Server提供的运算符有算术运算符、赋值运算符、按位运算符、比较运算符、逻辑运算符、字符串连接运算符和一元运算符等。

1. 算术运算符

算术运算符在两个表达式上执行数学运算，这两个表达式可以是数字数据类型分类的任何数据类型。在SQL Server中，算术运算符包括+（加）、-（减）、*（乘）、/（除）和%（取模）。

取模运算返回一个除法的整数余数。例如，16%3=1，这是因为16除以3，余数为1。

> **提示**
>
> 加（+）和减（-）运算符也可用于对datetime及smalldatetime值执行算术运算。

2. 赋值运算符

Transact-SQL有一个赋值运算符，即等号（=）。它将表达式的值赋予另外一个变量。例如，下面的SQL语句先声明一个变量，然后将一个取模运算的结果赋予该变量，最后打印该变量的值：

```
DECLARE @MyCounter INT
SET @MyCounter = 17%3
PRINT CONVERT(varchar(255), @MyCounter)
```

执行结果如下：

2

也可以使用赋值运算符在列标题和为列定义值的表达式之间建立关系。例如，下面的SQL语句是将bookdb数据库中的book表的book_id均以"书籍"显示：

```
USE bookdb
SELECT book_id = '书籍',book_name,price FROM book
```

执行结果如下:

```
book_id          book_name                                  price
-----------------------------------------------------------------
书籍             Windows Vista看图速成                       30
书籍             3D Studio MAX实例精选                       35
书籍             Windows 2003 Server网络管理                 45
书籍             Mathematica 5.0入门与提高                   30
```

3. 按位运算符

按位运算符可以对两个表达式进行位操作,这两个表达式可以是整型数据或者二进制数据。按位运算符包括&(按位与)、|(按位或)和^(按位异或)。

Transact-SQL首先把整数数据转换为二进制数据,然后再对二进制数据进行按位运算。例如,下面的SQL语句对两个变量进行按位运算:

```
DECLARE @a INT,@b INT
SET @a = 5
SET @b = 10
SELECT @a&@b,@a|@b,@a^@b
```

执行结果如下:

```
0   15   15
```

按位运算的两个操作数不能同时是二进制字符串数据类型分类中的某种数据类型。SQL Server所支持的操作数数据类型如表8.5所示。

表8.5 对按位运算的两个操作数的要求

左边操作数	右边操作数
Binary	int、smallint或tinyint
Bit	int、smallint、tinyint或bit
Int	int、smallint、tinyint、binary或varbinary
Smallint	int、smallint、tinyint、binary或varbinary
Tinyint	int、smallint、tinyint、binary或varbinary
Varbinary	int、smallint或tinyint

 注 意

按位运算符的两个操作数不能为image数据类型。

4. 比较运算符

比较运算符用来比较两个表达式,表达式可以是字符、数字或日期数据,并可用在查询的WHERE或HAVING子句中。比较运算符的计算结果为布尔数据类型,它们根据测试条件的输出结果返回TRUE或FALSE。

SQL Server提供的比较运算符有下面几种:

- >(大于)

- < （小于）
- = （等于）
- <= （小于或等于）
- >= （大于或等于）
- != （不等于）
- <> （不等于）
- !< （不小于）
- !> （不大于）

下面的SQL语句查询book表中价格大于35.0的书籍信息：

```
USE bookdb
SELECT * FROM book WHERE price > 35.0
```

执行结果如下：

```
book_id  author_id   book_name                      price   publisher   简介
-------------------------------------------------------------------------------
3        1           Windows 2003 Server网络管理     45.0    唐唐出版社    NULL
```

5. 逻辑运算符

逻辑运算符用来判断条件是为TRUE或者FALSE，SQL Server总共提供了10个逻辑运算符，如表8.6所示。

表8.6　逻辑运算符

逻辑运算符	含义
ALL	当一组比较关系的值都为TRUE时，才返回TRUE
AND	当要比较的两个布尔表达式的值都为TRUE，才返回TRUE
ANY	只要一组比较关系中有一个值为TRUE，就返回TRUE
BETWEEN	只有操作数在定义的范围内，才返回TRUE
EXISTS	如果在子查询中存在，就返回TRUE
IN	如果操作数在所给的列表表达式中，则返回TRUE
LIKE	如果操作数与模式相匹配，则返回TRUE
NOT	对所有其他的布尔运算取反
OR	只要比较的两个表达式有一个为TRUE，就返回TRUE
SOME	如果一组比较关系中有一些为TRUE，则返回TRUE

例如，下面的SQL语句在book表中查询书名包含《网络管理》，而且价格在20~50之间的书籍的信息：

```
SELECT * FROM book
WHERE (book_name LIKE '%网络管理%') AND (price BETWEEN 20 AND 50)
```

执行结果如下：

```
book_id  author_id   book_name                      price   publisher   简介
-------------------------------------------------------------------------------
3        1           Windows 2003 Server网络管理     45      唐唐出版社    NULL
```

由于LIKE使用部分字符串来寻找记录，因此，在部分字符串中可以使用通配符。例如上面使用的%。可以使用的通配符及其含义如表8.7所示。

表8.7　通配符及其含义

通配符	含义	示例
%	包含零个或更多字符的任意字符串	WHERE book_name LIKE '%computer%' 将查找处于书名任意位置的包含单词computer的所有书名
_（下划线）	任何单个字符	WHERE author_name LIKE '刘__' 将查找姓刘的名字包含3个字的作者（如刘耀儒等）
[ ]	指定范围（[a-f]）或集合（[abcdef]）中的任何单个字符	WHERE author_name LIKE '[刘,王]__' 将查找姓刘的和姓王的名字包含3个字的作者（如刘耀儒、王晓明等）
[^]	不属于指定范围（[a-f]）或集合（[abcdef]）的任何单个字符	WHERE author_name LIKE '[^刘,王]__' 将查找除姓刘的和姓王的名字包含3个字的作者以外的其他作者（如将查找除了刘耀儒、王晓明等的其他作者）

提 示

在使用通配符时，对于汉字，一个汉字也算一个字符。另外，当使用LIKE进行字符串比较时，模式字符串中的所有字符都有意义，包括起始或尾随空格。如果查询中要返回包含"abc "（abc后有一个空格）的所有行，则将不会返回包含"abc"（abc后没有空格）的所有行。因此，对于datetime数据类型的值，应当使用LIKE进行查询，因为datetime项可能包含各种日期部分。

6. 字符串连接运算符

字符串连接运算符为加号（+）。可以将两个或多个字符串合并或连接成一个字符串。还可以连接二进制字符串。

例如，下面的SQL语句将两个字符串连接在一起：

```
SELECT ('abc' + 'def')
```

执行结果如下：

```
abcdef
```

其他数据类型，如datetime和smalldatetime，在与字符串连接之前必须使用CAST转换函数将其转换成字符串。

7. 一元运算符

一元运算符是指只有一个操作数的运算符。SQL Server提供的一元操作符包含+（正）、−（负）和~（位反）。

正和负运算符表示数据的正和负，可以对所有的数据类型进行操作。位反运算符返回一个数的补数，只能对整数数据进行操作。

例如，下面的SQL语句首先声明一个变量，并对变量赋值，然后对变量取负：

```
DECLARE @Num1 int
SET @Num1 = 5
SELECT -@Num1
```

执行结果如下：

```
-5
```

8. 运算符优先级

当一个复杂的表达式有多个运算符时，运算符优先性决定执行运算的先后次序。执行的顺序可能严重地影响所得到的值。

在SQL Server中，运算符的优先级如下：

- +（正）、−（负）、~（按位NOT）
- *（乘）、/（除）、%（模）
- +（加）、+（连接）、−（减）
- =、>、<、>=、<=、<>、!=、!>和!<比较运算符
- ^（位异或）、&（位与）、|（位或）
- NOT
- AND
- ALL、ANY、BETWEEN、IN、LIKE、OR、SOME
- =（赋值）

当一个表达式中的两个运算符有相同的运算符优先级时，基于它们在表达式中的位置来对其从左到右进行求值。例如，在下面的示例中，在SET语句中使用的表达式中，在加号运算符之前先对减号运算符进行求值：

```
DECLARE @MyNumber int
SET @MyNumber = 6 - 5 + 7
SELECT @MyNumber
```

执行结果如下：

```
8
```

使用括号可以提高运算符的优先级，首先对括号中的内容进行求值，从而产生一个值，然后括号外的运算符才可以使用这个值。如果有嵌套的括号，则处于最里面的括号最先计算。例如：

```
DECLARE @MyNumber int
SET @MyNumber = 3 * (5 + (7 - 3) )
SELECT @MyNumber
```

执行结果如下：

```
27
```

8.1.4 变量

在SQL Server中，变量分为局部变量和全局变量。全局变量名称前面有两个@字符，由系统定义和维护。局部变量前面有一个@字符，由用户定义和使用。

1. 局部变量

局部变量由用户定义，仅在声明它的批处理、存储过程或者触发器中有效。批处理结束后，局部变量将变成无效。

局部的定义可以使用DECLARE语句，其语法格式如下：

```
DECLARE { @local_variable data_type }[,...n]
```

各参数含义如下：

- @local_variable　是变量的名称。变量名必须以at符号（@）开头。局部变量名必须符合标识符规则。
- data_type　是任何由系统提供的或用户定义的数据类型。变量不能是text、ntext或image数据类型。

在 SQL Server 中，一次可以定义多个变量。例如：

```
DECLARE @maxprice float,@pub char(12)
```

如果要给变量赋值，可以使用SET和SELECT语句。其语法格式如下：

```
SET @local_variable =expression
SELECT { @local_variable =expression}[,...n]
```

其中，@local_variable为定义的局部变量名称，expression为表达式。

例如，下面首先定义了两个变量，并分别使用SET和SELECT为其赋值，然后使用这两个变量查询价格小于50且出版社为"明耀工作室"的书籍信息：

```
DECLARE @maxprice float,@pub char(12)
SET @maxprice =50
SELECT @pub='明耀工作室'
SELECT * FROM book WHERE price < @maxprice AND publisher = @pub
```

执行结果如下：

```
book_id author_id book_name              price   publisher      简介
-------------------------------------------------------------------
1        1        Windows Vista看图速成   30      明耀工作室      NULL
2        2        3D Studio MAX实例精选   35      明耀工作室      NULL
```

提示

SELECT @local_variable通常用于将单个值返回到变量中。例如，如果expression为列名，则返回多个值。如果SELECT语句返回多个值，则将返回的最后一个值赋予变量。如果SELECT语句没有返回行，变量将保留当前值。如果expression是不返回值的标量子查询，则将变量设为 NULL。一般来说，应该使用SET语句，而不是SELECT语句给变量赋值。

2. 全局变量

全局变量记录了SQL Server的各种状态信息，它们不能被显式地赋值或声明，而且不能由用户定义。在SQL Server 2005中，定义了全局变量，如表8.8所示。

表8.8　SQL Server 2005中的全局变量

变量名称	说明
@@CONNECTIONS	返回自SQL Server本次启动以来所接受的连接或试图连接的次数
@@CPU_BUSY	返回自SQL Server本次启动以来CPU工作的时间，单位为毫秒（ms）
@@CURSOR ROWS	返回游标打开后游标中的行数

（续表）

变量名称	说明
@@DATEFIRST	返回SET DATAFIRST参数的当前值
@@DBTS	返回当前数据库的当前timestamp数据类型的值
@@ERROR	返回上次执行的Transact-SQL语句产生的错误数
@@FETCH_STATUS	返回FETCH语句游标的状态
@@IDENTITY	返回最新插入的IDENTITY列值
@@IDLE	返回自SQL Server本次启动以来CPU空闲的时间，单位为毫秒
@@IO_BUSY	返回自SQL Server本次启动以来CPU处理输入和输出操作的时间，单位为毫秒
@@LANGID	返回本地当前使用的语言标识符
@@LANGUAGE	返回当前使用的语言名称
@@LOCK_TIMEOUT	返回当前的锁定超时设置，单位为毫秒
@@MAX_CONNECTIONS	返回SQL Server允许同时连接的最大用户数目
@@MAX_PRECISION	返回当前服务器设置的decimal和numeric数据类型使用的精度
@@NESTLEVEL	返回当前存储过程的嵌套层数
@@OPTIONS	返回当前SET选项信息
@@PACK RECEIVED	返回自SQL Server本次启动以来通过网络读取的输入数据包数目
@@PACK SENT	返回自SQL Server本次启动以来通过网络发送的输出数据包数目
@@PACKET ERRORS	返回自SQL Server本次启动以来SQL Server中出现的网络数据包的错误数目
@@PROCID	返回当前的存储过程标识符
@@REMSERVER	返回注册记录中显示的远程数据服务器的名称
@@ROWCOUNT	返回上一个语句所处理的行数
@@SERVERNAME	返回运行SQL Server的本地服务器名称
@@SERVICENAME	返回SQL Server运行时的注册键名称
@@SPID	返回服务器处理标识符
@@TEXTSIZE	返回当前TESTSIZE选项的设置值
@@TIMETICKS	返回一个计时单位的微秒数，操作系统的一个计时单位是31.25ms
@@TOTAL ERRORS	返回自SQL Server本次启动以来磁盘的读写错误次数
@@TOTAL READ	返回自SQL Server本次启动以来读磁盘的次数
@@TOTAL WRITE	返回自SQL Server本次启动以来写磁盘的次数
@@TRANCOUNT	返回当前连接的有效事务数
@@VERSION	返回当前SQL Server服务器的日期，版本和处理器类型

8.1.5 批处理

批处理是包含一个或多个Transact-SQL语句的组，从应用程序一次性地发送到SQL Server执行。SQL Server将批处理语句编译成一个可执行单元，此单元称为执行计划。执行计划中的语句每次执行一条。一个批处理语句以GO结束。

编译错误（如语法错误）使执行计划无法编译，从而导致批处理中的任何语句均无法执行。

运行时错误（如算术溢出或违反约束）会产生以下两种影响之一：

- 大多数运行时错误将停止执行批处理中当前语句和它之后的语句。
- 少数运行时错误（如违反约束）仅停止执行当前语句，而继续执行批处理中其他所有语句。

在遇到运行时错误之前执行的语句不受影响。唯一的例外是，如果批处理在事务中，而且错误导致事务回滚，在这种情况下，回滚运行时错误之前所进行的未提交的数据修改。

假定在批处理中有10条语句，如果第5条语句有一个语法错误，则不执行批处理中的任何语句；如果编译了批处理，而第2条语句在执行时失败，则第1条语句的结果不受影响，因为它已经执行。

在建立一个批处理的时候，应该注意下面的规则：

- CREATE DEFAULT 、 CREATE PROCEDURE 、 CREATE RULE 、 CREATE TRIGGER和CREATE VIEW语句不能在批处理中与其他语句组合使用。批处理必须以CREATE语句开始，所有跟在该批处理后的其他语句将被解释为第一个CREATE语句定义的一部分。
- 不能在同一个批处理中更改表，然后引用新列。
- 如果EXECUTE语句是批处理中的第一句，则不需要EXECUTE关键字；如果EXECUTE语句不是批处理中的第一条语句，则需要EXECUTE关键字。

下面的SQL语句创建一个视图。因为CREATE VIEW语句必须是批处理中的唯一语句，所以需要GO命令将CREATE VIEW语句与其周围的USE和SELECT语句隔离：

```
USE bookdb
GO

CREATE VIEW auth_titles AS SELECT * FROM authors
GO

SELECT * FROM auth_titles
GO
```

执行结果如下：

```
author_id author_name        address              telephone
-----------------------------------------------------------------
1          刘耀儒              北京市海淀区          010-66886688
2          王晓明              北京市东城区          010-66888888
3          张英魁              NULL                 NULL
```

8.1.6 注释

注释是指程序代码中不执行的文本字符串，也称为注解。使用注释对代码进行说明，可使程序代码更易于维护。注释通常用于记录程序名称、作者姓名和主要代码更改的日期。注释可用于描述复杂计算或解释编程方法。

SQL Server支持两种类型的注释字符：

- --（双连字符） 这些注释字符可与要执行的代码处在同一行，也可另起一行。从双连字符开始到行尾均为注释。对于多行注释，必须在每个注释行的开始使用双连字符。

- /*...*/（正斜杠-星号对）　这些注释字符可与要执行的代码处在同一行，也可另起一行，甚至在可执行代码内。从开始注释字符对（/*）到结束注释字符对（*/）之间的全部内容均视为注释部分。对于多行注释，必须使用开始注释字符对（/*）开始注释，使用结束注释字符对（*/）结束注释。注释行上不应出现其他注释字符。

下面就是使用注释的例子：

```
USE bookdb
GO
--这是双连字符注释
SELECT * FROM book  --从表book中查询书籍信息
GO
/*这是正斜杠-星号对
  注释*/
SELECT * FROM authors /*查询作者信息*/
GO
```

注 意　● ● ●

多行"/*...*/"注释不能跨越批处理。整个注释必须包含在一个批处理内。

8.1.7　控制流语句

　　Transact-SQL提供称为控制流的特殊关键字，用于控制Transact-SQL语句、语句块和存储过程的执行流。这些关键字可用于Transact-SQL语句、批处理和存储过程中。

　　控制流语句就是用来控制程序执行流程的语句，使用控制流语句可以在程序中组织语句的执行流程，提高编程语言的处理能力。SQL Server提供的控制流语句如表8.9所示。

表8.9　控制流语句

控制流语句	说明
BEGIN...END	定义语句块
GOTO	无条件跳转语句
CASE	分支语句
IF...ELSE	条件处理语句，如果条件成立，执行IF语句；否则执行ELSE语句
RETURN	无条件退出语句
WAITFOR	延迟语句
WHILE	循环语句
BREAK	跳出循环语句
CONTINUE	重新开始循环语句

1. BEGIN...END 语句

　　BEGIN...END语句用于将多个Transact-SQL语句组合为一个逻辑块。在执行时，该逻辑块作为一个整体被执行。其程序代码段如下：

```
BEGIN
{
sql_statement
| statement_block}
END
```

　　其中，{sql_statement|statement_block}是任何有效的 Transact-SQL 语句或以语句块定义

的语句分组。

任何时候当控制流语句必须执行一个包含两条或两条以上Transact-SQL语句的语句块时，都可以使用BEGIN和END语句。它们必须成对使用，任何一条语句均不能单独使用。BEGIN语句行后为Transact-SQL语句块。END语句行指示语句块结束。

BEGIN…END语句可以嵌套使用。

下面几种情况经常要用到BEGIN…END语句：

- WHILE循环需要包含语句块。
- CASE函数的元素需要包含语句块。
- IF或ELSE子句需要包含语句块。

注 意

上述情况下，如果只有一条语句，则不需要使用BEGIN…END语句。

2. IF…ELSE 语句

使用IF…ELSE语句，可以有条件地执行语句。其语法格式如下：

```
IF Boolean_expression
{sql_statement | statement_block}
[ELSE
{sql_statement | statement_block}]
```

各参数含义如下：

- Boolean_expression　布尔表达式，可以返回TRUE或FALSE。如果布尔表达式中含有SELECT语句，必须用圆括号将SELECT语句括起来。
- {sql_statement | statement_block}　Transact-SQL语句或用语句块定义的语句分组。除非使用语句块，否则IF或ELSE条件只能影响一个Transact-SQL语句的性能。若要定义语句块，可以使用控制流关键字BEGIN…END。

IF…ELSE 语句的执行方式是：如果布尔表达式的值为 TRUE，则执行 IF 后面的语句块；否则执行 ELSE 后面的语句块。

在 IF…ELSE 语句中，IF 和 ELSE 后面的子句都允许嵌套，嵌套层数不受限制。

注 意

如果在IF…ELSE语句的IF区和ELSE区都使用了CREATE TABL语句或 SELECT INTO 语句，那么CREATE TABLE语句或SELECT INTO语句必须指向相同的表名。

3. CASE 语句

使用CASE语句可以进行多个分支的选择。CASE具有两种格式：

- 简单CASE格式　将某个表达式与一组简单表达式进行比较以确定结果。
- 搜索CASE格式　计算一组布尔表达式以确定结果。

简单CASE格式语法格式为：

```
CASE input_expression
WHEN when_expression THEN result_expression
 [...n ]
    [
ELSE else_result_expression
]
END
```

其中各参数的含义如下：

- input_expression　使用简单CASE格式时所计算的表达式，可以是任何有效的表达式。
- when_expression　用来和Input_expression做比较的表达式。Input_expression和每个when_expression的数据类型必须相同或者是隐性转换。
- result_expression　当input_expression = when_expression的取值为TRUE时，需要返回的表达式。
- else_result_expression　当input_expression = when_expression的取值为FALSE时，需要返回的表达式。

简单 CASE 格式的执行方式为：当 input_expression = when_expression 的取值为 TRUE，则返回 result_expression，否则返回 else_result_expression；如果没有 ELSE 子句，则返回 NULL。

例如：

```
USE pubs
GO
SELECT au_fname, au_lname,
   CASE state
      WHEN 'CA' THEN 'California'
      WHEN 'KS' THEN 'Kansas'
      WHEN 'TN' THEN 'Tennessee'
      WHEN 'OR' THEN 'Oregon'
      WHEN 'MI' THEN 'Michigan'
      WHEN 'IN' THEN 'Indiana'
      WHEN 'MD' THEN 'Maryland'
      WHEN 'UT' THEN 'Utah'
   END AS StateName
FROM pubs.dbo.authors WHERE au_fname LIKE 'M%'
```

执行结果如下：

```
au_fname      au_lname      StateName
-----------------------------------
Marjorie      Green         California
Michael       O'Leary       California
Meander       Smith         Kansas
Morningstar   Greene        Tennessee
Michel        DeFrance      Indiana
```

4. WHILE 语句

WHILE语句可以设置重复执行SQL语句或语句块的条件。只要指定的条件为真，就重复执行语句。可以使用BREAK和CONTINUE关键字在循环内部控制WHILE循环中语句的执行。

其语法格式如下：

```
WHILE Boolean_expression
{ sql_statement | statement_block }
```

```
[ BREAK ]
{ sql_statement | statement_block }
[ CONTINUE ]
```

各参数含义如下：

- Boolean_expression 返回TRUE或FALSE的布尔表达式。如果布尔表达式中含有SELECT语句，必须用圆括号将SELECT语句括起来。
- {sql_statement | statement_block} Transact-SQL语句或用语句块定义的语句分组。若要定义语句块，可以使用BEGIN…END语句。
- BREAK 导致从最内层的WHILE循环中退出。将执行出现在END关键字后面的任何语句，END关键字为循环结束标记。
- CONTINUE 使WHILE循环重新开始执行，忽略CONTINUE关键字后的任何语句。

WHILE 语句的执行方式为：如果布尔表达式的值为 TRUE，则反复执行 WHILE 语句后面的语句块；否则将跳过后面的语句块。

例如，下面的SQL语句计算从1加到100的值：

```
DECLARE @MyResult int,@MyVar int
SET @MyVar = 0
SET @MyResult = 0
WHILE @MyVar<=100
BEGIN
   SET @MyResult = @MyResult+@MyVar
   SET @MyVar=@MyVar+1
END
PRINT CAST(@MyResult AS char(25))
```

执行结果为：

```
5050
```

5. GOTO 语句

GOTO语句可以实现无条件的跳转。其语法格式为：

```
GOTO  lable
```

其中，lable 为要跳转到的语句标号。其名称要符合标识符的规定。

GOTO语句的执行方式为：遇到GOTO语句后，直接跳转到lable标号处继续执行，而GOTO后面的语句将不被执行。

例如，下面的语句也是计算从1加到100的值：

```
DECLARE @MyResult int,@MyVar int
SET @MyVar = 0
SET @MyResult = 0
my_loop:            --定义标号
   SET @MyResult = @MyResult+@MyVar
   SET @MyVar=@MyVar+1
IF @MyVar<=100
GOTO my_loop         --如果小于100，跳转到my_loop标号处
PRINT CAST(@MyResult AS char(25))
```

执行结果与上面相同。

6. RETURN 语句

使用RETURN语句，可在任何时候用于从过程、批处理或语句块中退出，而不执行位

于RETURN之后的语句。

语法格式为：

```
RETURN [ integer_expression ]
```

其中，integer_expression为一整数数值，是RETURN语句要返回的值。

注意

当用于存储过程时，RETURN不能返回空值。如果试图返回空值，将生成警告信息并返回0值。

例如，首先执行下面的SQL语句创建一个存储过程：

```
USE bookdb
GO
CREATE PROC MyPro @bookname char(50)    --创建存储过程MyPro
AS
IF (SELECT price FROM book WHERE book_name LIKE @bookname)>=50
    RETURN 1
ELSE
    RETURN 2
```

然后执行下面的SQL语句：

```
DECLARE @Return_value int
EXEC @Return_value=MyPro '%网络管理%'
IF @Return_value=1
    PRINT '这本书太贵了！'
ELSE
    PRINT '这本书还可以，值得考虑购买！'
GO
```

执行结果如下：

这本书还可以，值得考虑购买！

提示

关于存储过程的详细信息，可参考第9章。

7. WAITFOR 语句

使用WAITFOR语句，可以在指定的时间或者过了一定时间后执行语句块、存储过程或者事务。

其语法格式为：

```
WAITFOR { DELAY 'time' | TIME 'time' }
```

- DELAY 指示SQL Server一直等到指定的时间过去，最长可达24h。
- 'time' 要等待的时间。可以按datetime数据可接受的格式指定time，也可以用局部变量指定此参数。不能指定日期，因此在datetime值中不允许有日期部分。
- TIME 指示SQL Server等待到指定时间。

例如，下面的SQL语句指定在1:58:00时执行一个语句：

```
BEGIN
  WAITFOR  TIME '1:58:00'
  PRINT '现在是1:58:00'
END
```

执行后，当计算机上的时间到了 1:58:00 时，出现下面的结果：

现在是1:58:00

8.1.8 函数

编程语言中的函数是用于封装经常执行的逻辑的子例程。任何代码若必须执行函数所包含的逻辑，都可以调用该函数，而不必重复所有的函数逻辑。SQL Server 2005支持两种函数类型：内置函数和用户定义函数。

1．内置函数

SQL Server 2005提供了丰富的具有执行某些运算功能的内置函数，可分为12类，如表8.10所示。

表8.10　SQL Server 2005提供的内置函数

函数分类	说明
聚合函数	执行的操作是将多个值合并为一个值，例如COUNT、SUM、MIN和MAX
配置函数	是一种标量函数，可返回有关配置设置的信息
游标函数	返回有关游标状态的信息
日期和时间函数	操作datetime和smalldatetime值
数学函数	执行三角、几何和其他数字运算
元数据函数	返回数据库和数据库对象的特性信息
行集函数	返回行集，这些行集可用在Transact-SQL语句中表引用所在的位置
安全性函数	返回有关用户和角色的信息
字符串函数	操作char、varchar、nchar、nvarchar、binary和varbinary值
系统函数	对系统级别的各种选项和对象进行操作或报告
系统统计函数	返回有关SQL Server性能的信息
文本和图像函数	操作text和image值

使用函数时总是带有圆括号，即使没有参数也是如此。例外情况是与 DEFAULT 关键字一起使用的 niladic 函数（不带参数的函数）。另外，函数可以嵌套（一个函数用于另一个函数内部）。

例如，下面是一个使用内置函数的例子：

```
PRINT '现在日期和时间是：' + CAST(GETDATE() AS char(50))
```

执行结果如下：

现在日期和时间是：9 2007 2:34PM

有时，用来指定数据库、计算机、登录或数据库用户的参数是可选的。如果未指定这些参数，就默认地将这些参数赋值为当前的数据库、主机、登录或数据库用户。

函数可以是确定性的，也可以是非确定性的，如表8.10所示。如果任何时候使用特定的输入值集调用函数时总是返回相同的结果，则称该函数为确定性函数。如果每次使用特定的输入值集调用函数时返回不同的结果，则该函数是非确定性函数。

2．用户定义函数

函数是由一个或多个Transact-SQL语句组成的子程序，可用于封装代码以便重新使用。SQL Server 2005并不将用户限制在定义为Transact-SQL语言一部分的内置函数上，而是允许用户创建自己的用户定义函数。

可使用CREATE FUNCTION语句创建函数，使用ALTER FUNCTION语句修改函数，以及使用DROP FUNCTION语句除去用户定义函数。每个完全合法的用户定义函数名（database_ name.owner_name.function_name）必须唯一。

SQL Server 2005支持3种用户定义函数：

- 标量函数；
- 内嵌表值函数；
- 多语句表值函数。

注 意

在用户定义函数中，BEGIN…END块中的语句不能有任何副作用。函数的副作用是指对具有函数外作用域（例如数据库表的修改）的资源状态的任何永久性更改。函数中的语句唯一能做的更改是对函数上的局部对象（如局部游标或局部变量）的更改。不能在函数中执行的操作包括：对数据库表的修改，对不在函数上的局部游标进行操作，发送电子邮件，尝试修改目录，以及生成返回至用户的结果集。

用户定义函数接受零个或更多的输入参数，并返回单值。函数最多可以有1 024个输入参数。

例如，下面的SQL语句在test数据库中定义了一个CubicVolume用户定义函数，然后使用该函数计算一个立方体的体积：

```
USE test
GO
CREATE FUNCTION CubicVolume
--输入参数
   (@CubeLength decimal(4,1), @CubeWidth decimal(4,1),
   @CubeHeight decimal(4,1) )
RETURNS decimal(12,3)              -- 返回立方体的体积
AS
BEGIN
   RETURN ( @CubeLength * @CubeWidth * @CubeHeight )

END
GO
PRINT CAST(dbo.CubicVolume(20,5, 10) AS char(255))
GO
```

执行结果如下：

```
1000.000
```

SQL Server 2005还支持返回table数据类型的用户定义函数：

- 该函数可声明内部table变量，将行插入该变量，然后将该变量作为返回值返回。
- 一类称为内嵌函数的用户定义函数，将SELECT语句的结果集作为变量类型table返回。

　　这些函数可用在能指定表达式的地方。返回 table 的用户定义函数可以是替代视图的强大方式。返回 table 的用户定义函数可用在 Transact-SQL 查询中允许表或视图表达式的地方。视图受限于单个 SELECT 语句，而用户定义函数可包含附加的语句，使函数所包含的逻辑比视图可能具有的逻辑更强大。

　　返回 table 的用户定义函数还可替换返回单个结果集的存储过程。由用户定义函数返回的 table 可在 Transact-SQL 语句的 FROM 子句中引用，而返回结果集的存储过程则不能。

　　例如：

```
USE bookdb
GO
CREATE FUNCTION SearchBook ( @BookPrice float )
RETURNS @BookInfo TABLE
    (
    book_name     char(50),
    author_name   char(8),
    book_price    float,
    publisher     char(50)
    )
AS
BEGIN
    INSERT @BookInfo
        SELECT book.book_name,authors.author_name,book.price,book.publisher
        FROM book,authors
        WHERE book.author_id = authors.author_id AND book.price > @BookPrice
    RETURN
END
GO
```

　　在这个函数中，返回的本地变量名是 @BookInfo。函数中的语句在 @BookInfo 变量中插入行，以生成由该函数返回的 table 结果。外部语句唤醒调用该函数以引用由该函数返回的 table。下面的 SQL 语句即使用该函数查询价格大于 35 的书籍信息：

```
SELECT * FROM SearchBook(35)
```

　　执行结果如下：

```
book_name                     author_name  book_price  publisher
----------------------------  -----------  ----------  ----------
Windows 2003 Server网络管理   刘耀儒            45      唐唐出版社
```

8.2　管理ntext、text和image数据

　　SQL Server 的 ntext、text 和 image 数据类型在单个值中可以包含非常大的数据量（最大可达 2GB）。单个数据值通常比应用程序在一个步骤中能够检索的大，某些值可能还会大于客户端的可用虚拟内存。因此，在检索这些值时，通常需要一些特殊的步骤。

　　如果 ntext、text 和 image 数据值不超过 Unicode 串、字符串或二进制串的长度（分别为 4 000 个字符、8 000 个字符和 8 000 个字节），就可以在 SELECT、UPDATE 和 INSERT 语句中引用它们，其引用方式与较小的数据类型相同。

　　例如，包含短值的 ntext 列可以在 SELECT 语句的选择列表中引用，这与 nvarchar 列的引用方式相同。引用时必须遵守一些限制，例如，不能在 WHERE 子句中直接引用 ntext、text 或 image 列。这些列可以作为返回其他数据类型（例如 ISNULL、SUBSTRING 或 PATINDEX）

的某个函数的参数包含在WHERE子句中，也可以包含在IS NULL、IS NOT NULL或LIKE表达式中。

但是，如果ntext、text和image数据值较大，则必须逐块处理。Transact-SQL和数据库API均包含使应用程序可以逐块处理ntext、text和image数据的函数。

数据库API按照一种通用的模式处理长ntext、text和image列：

- 若要读取一个长列，应用程序只需在选择列表中包含ntext、text或image列，并将该列绑定到一个程序变量，该变量应足以容纳适当的数据块。然后，应用程序就可以执行该语句，并使用API函数或方法将数据逐块检索到绑定的变量中。
- 若要写入一个长列，应用程序可使用参数标记（?）在相应位置代替ntext、text或image列中的值，以执行INSERT或UPDATE语句。参数标记（对ADO而言则为参数）被绑定到一个足以容纳数据块的程序变量上。应用程序进入循环，在循环中先将下一组数据移到绑定的变量中，然后调用API函数或方法写入数据块。这一过程将反复进行，直到整个数据值发送完毕。

在 SQL Server 2005 中，用户可以在表上启用 text in row 选项，以使该表能够在其数据行中存储 text、ntext 或 image 数据。

如果要启用该选项，可以执行sp_tableoption存储过程，将text in row指定为选项名并将on指定为选项值。BLOB（二进制：text、ntext或image数据）行中可以存储的默认最大大小为256字节，但是值的范围可以从24~7 000。若要指定默认值以外的最大大小，可以指定该范围内的整数作为选项值。

提 示　　　　　　　　　　　　　　　　　　　　　　● ● ●

如果text、ntext或image字符串比行中所指定的限制或可用空间大，则将指针存储在该行中。在行中存储BLOB字符串的条件仍然适用，但是数据行中必须有足够的空间容纳指针。

例如，下面的SQL语句在test数据库中创建一个text1表，其中c2字段的数据类型为text，并插入一笔记录：

```
USE test
GO
CREATE TABLE text1 (c1 int, c2 text)
EXEC sp_tableoption 'text1', 'text in row', 'on'
INSERT text1 VALUES ('1', 'This is a text.')
GO
```

然后执行下面的SQL语句：

```
SELECT * FROM text1
```

执行结果如下：

```
c1      c2
------  ----------------
1       This is a text.
```

可以通过下面的方式来检索ntext、text或image值：

- 在SELECT语句中引用该列。

- 使用TEXTPTR函数可获得传递给READTEXT语句的文本指针。
- 使用SUBSTRING函数可检索从列开头特定偏移位置开始的数据块。
- 使用PATINDEX函数可检索一些特定字节组合的偏移量。

1. 在 SELECT 语句中引用该列

这是在使用API（例如ADO、OLE DB、ODBC或DB-Library）的数据库应用程序中所使用的方法。该列被绑定到一个程序变量上，然后使用特殊的API函数或方法逐块检索数据。

如果在Transact-SQL脚本、存储过程和触发器中使用这种方法，则只能用于相对较短的值。如果数据的长度大于SET TEXTSIZE中指定的长度，则必须增大TEXTSIZE或使用其他方法。当前的TEXTSIZE设置通过@@TEXTSIZE函数报告，默认设置为4 096（4 KB）。并可使用SET TEXTSIZE语句进行更改。

例如，可使用下面的语句将TEXTSIZE改为64 512：

```
SET TEXTSIZE 64 512
```

如果要改为默认值，则可以使用下面的SQL语句：

```
SET TEXTSIZE 0
```

2. 使用 TEXTPTR 函数可获得传递给 READTEXT 语句的文本指针

READTEXT 语句用于读取ntext、text或image数据块。其语法格式为：

```
READTEXT { table.column text_ptr offset size } [ HOLDLOCK ]
```

其中各参数含义如下：

- table.column 从中读取的表和列的名称。表名和列名必须符合标识符的规则。必须指定表名和列名，不过可以选择是否指定数据库名称和所有者名称。
- text_ptr 有效文本指针。text_ptr的数据类型必须是binary(16)。
- offset 开始读取text、image或ntext数据之前跳过的字节数（使用text或image数据类型时）或字符数（使用ntext数据类型时）。使用ntext数据类型时，offset是在开始读取数据前跳过的字符数，使用text或image数据类型时，offset是在开始读取数据前跳过的字节数。
- size 要读取数据的字节数（使用text或image数据类型时）或字符数（使用ntext数据类型时）。如果size是0，则表示读取了4KB字节的数据。
- HOLDLOCK 使文本值一直锁定到事务结束。其他用户可以读取该值，但是不能对其进行修改。

例如，下面的SQL语句读取text1表的c2字段的第1到第7个字符：

```
--在对text数据类型的对象使用指针前，应将text in row选项关闭
EXEC sp_tableoption 'text1', 'text in row', 'off'
DECLARE @ptrval varbinary(16)
SELECT @ptrval = TEXTPTR(c2)
   FROM text1
READTEXT text1.c2 @ptrval 0 7
```

执行结果如下：

```
c2
----------
This is
```

3. 使用 SUBSTRING 函数可检索从列开头特定偏移位置开始的数据块

SUBSTRING函数的语法格式如下：

```
SUBSTRING ( expression , start , length )
```

其中各参数含义如下：

- expression　字符串、二进制字符串、text、image、列或包含列的表达式。不要使用包含聚合函数的表达式。
- start　整数，指定子串的开始位置。
- length　整数，指定子串的长度（要返回的字符数或字节数）。

例如，可以使用下面的SQL语句来检索text1表的c2字段的第1到第7个字符：

```
SELECT SUBSTRING(c2, 1, 7) AS c2
FROM text1
```

执行结果如下：

```
c2
----------
This is
```

提示

由于在text数据上使用SUBSTRING时start和length指定字节数，因此DBCS数据可能导致在结果的开始或结束位置拆分字符。此行为与READTEXT处理DBCS的方式一致。然而，由于偶尔会出现奇怪的结果，建议对DBCS字符使用ntext而非text。

如果expression是支持的字符数据类型，则SUBSTRING函数返回字符数据；如果expression是支持的binary数据类型，则返回二进制数据。给定表达式和返回类型的关系如表8.11所示。

表8.11　给定表达式和返回类型的关系

给定的表达式	返回类型
Text	varchar
Image	varbinary
Ntext	nvarchar

4. 使用 PATINDEX 函数可检索一些特定字节组合的偏移量

PATINDEX函数返回指定表达式中某模式第一次出现的起始位置；如果在全部有效的文本和字符数据类型中没有找到该模式，则返回零。

其语法格式如下：

```
PATINDEX ( '%pattern%' , expression )
```

其各参数含义如下：

- pattern　字符串，可以使用通配符，但pattern之前和之后必须有"%"字符（搜索第一个和最后一个字符时除外）。pattern是短字符数据类型类别的表达式。
- expression　表达式，通常为要在其中搜索指定模式的列，expression为字符串数据类型类别。

例如，下面的SQL语句检索字符a在c2字段中的起始位置：

```
USE test
GO
SELECT PATINDEX('%a%',c2) AS 起始位置
FROM text1
GO
```

执行结果如下：

```
起始位置
-------------
9
```

8.3　事务处理

事务是SQL Server中的单个逻辑单元，一个事务内的所有SQL语句作为一个整体执行，要么全部执行，要么都不执行。

一个逻辑工作单元必须有4个属性，称为ACID（原子性、一致性、隔离性和持久性）属性，只有这样才能成为一个事务：

- 原子性（Atomicity）　事务必须是原子工作单元。对于其数据修改，要么全都执行，要么全都不执行。
- 一致性（Consistency）　事务在完成时，必须使所有的数据都保持一致状态。在相关数据库中，所有规则都必须应用于事务的修改，以保持所有数据的完整性。事务结束时，所有的内部数据结构（如B树索引或双向链表）都必须是正确的。
- 隔离性（Isolation）　由并发事务所做的修改必须与任何其他并发事务所做的修改隔离。事务查看数据时数据所处的状态要么是另一并发事务修改它之前的状态，要么是另一事务修改它之后的状态，事务不会查看中间状态的数据。这称为可串行性，因为它能够重新装载起始数据，并且重播一系列事务，以使数据结束时的状态与原始事务执行的状态相同。
- 持久性（Durability）　事务完成之后，它对于系统的影响是永久性的。该修改即使出现系统故障也将一直保持。

8.3.1　事务分类

按事务的启动和执行方式，可以将事务分为3类：

- 显式事务　也称为用户定义或用户指定的事务，即可以显式地定义启动和结束的

事务。分布式事务是一种特殊的显式事务，当数据库系统分布在不同的服务器上时，要保证所有服务器的数据的一致性和完整性，就要用到分布式事务。

- 自动提交事务　自动提交模式是SQL Server的默认事务管理模式。每个Transact-SQL语句在完成时，都被提交或回滚。如果一个语句成功地完成，则提交该语句；如果遇到错误，则回滚该语句。只要自动提交模式没有被显式或隐性事务替代，SQL Server连接就以该默认模式进行操作。自动提交模式也是ADO、OLE DB、ODBC和DB-Library的默认模式。

- 隐性事务　当连接以隐性事务模式进行操作时，SQL Server将在提交或回滚当前事务后自动启动新事务。无需描述事务的开始，只需提交或回滚每个事务。隐性事务模式生成连续的事务链。

8.3.2　显式事务

显式事务需要显式地定义事务的启动和结束。它是通过BEGIN TRANSACTION、COMMIT TRANSACTION、COMMIT WORK、ROLLBACK TRANSACTION或ROLLBACK WORK等Transact-SQL语句来完成的。

1. 启动事务

启动事务使用BEGIN TRANSACTION语句，该语句将@@TRANCOUNT加1。其语法格式如下：

```
BEGIN TRAN [ SACTION ] [ transaction_name | @tran_name_variable
[ WITH MARK [ 'description' ] ] ]
```

其中各参数含义如下：

- transaction_name　是给事务分配的名称。transaction_name必须遵循标识符规则，但是不允许标识符多于32个字符。仅在嵌套的BEGIN…COMMIT或BEGIN…ROLLBACK语句的最外语句对上使用事务名。

- @tran_name_variable　是用户定义的含有有效事务名称的变量的名称。必须用char、varchar、nchar或nvarchar 数据类型声明该变量。

- WITH MARK ['description']　指定在日志中标记事务。description是描述该标记的字符串。

注 意

如果使用了WITH MARK选项，则必须指定事务名。WITH MARK选项允许将事务日志还原到命名标记。

BEGIN TRANSACTION代表一点，由连接引用的数据在该点上是逻辑和物理上都一致的。如果遇到错误，在BEGIN TRANSACTION之后的所有数据改动都能进行回滚，以将数据返回到已知的一致状态。每个事务继续执行直到它无误地完成并且用COMMIT TRANSACTION对数据库做永久的改动，或者遇上错误并且用ROLLBACK TRANSACTION语句擦除所有改动。

2. 结束事务

如果没有遇到错误，可使用COMMIT TRANSACTION语句成功地结束事务。该事务中的所有数据修改在数据库中都将永久有效。事务占用的资源将被释放。

COMMIT TRANSACTION语句的语法格式如下：

```
COMMIT [ TRAN [ SACTION ] [ transaction_name | @tran_name_variable ] ]
```

其中各参数含义如下：

- transaction_name　SQL Server忽略该参数。transaction_name指定由前面的BEGIN TRANSACTION指派的事务名称。transaction_name必须遵循标识符的规则，但只使用事务名称的前32个字符。通过向程序员指明COMMIT TRANSACTION与哪些嵌套的BEGIN TRANSACTION相关联，transaction_name可作为帮助阅读程序代码的一种方法。
- @tran_name_variable　是用户定义的含有有效事务名称的变量的名称。必须用char、varchar、nchar或nvarchar数据类型声明该变量。

也可以使用 COMMIT WORK 来结束事务，该语句没有参数。

3. 回滚事务

如果事务中出现错误，或者用户决定取消事务，可回滚该事务。回滚事务是通过ROLLBACK语句来完成的。其语法格式如下：

```
ROLLBACK [ TRAN [ SACTION ]
[ transaction_name | @tran_name_variable
 | savepoint_name | @savepoint_variable ] ]
```

其中各参数含义如下：

- transaction_name　是在BEGIN TRANSACTION上的事务指派的名称。嵌套事务时，transaction_name必须是来自最远的BEGIN TRANSACTION语句的名称。
- @tran_name_variable　是用户定义的含有有效事务名称的变量的名称。
- savepoint_name　是来自SAVE TRANSACTION语句的savepoint_name。savepoint_name必须符合标识符规则。当条件回滚只影响事务的一部分时使用savepoint_name。
- @savepoint_variable　是用户定义的含有有效保存点名称的变量的名称。必须用char、varchar、nchar或nvarchar数据类型声明该变量。

ROLLBACK TRANSACTION 清除自事务的起点或到某个保存点所做的所有数据修改。ROLLBACK 还释放由事务控制的资源。

回滚事务也可以使用ROLLBACK WORK语句。

注　意

在定义事务的时候，BEGIN TRANSACTION语句要和COMMIT TRANSACTION或者ROLLBACK TRANSACTION语句成对出现。

4. 在事务内设置保存点

设置保存点使用SAVE TRANSACTION语句，其语法格式为：

```
SAVE TRAN [ SACTION ] { savepoint_name | @savepoint_variable }
```

其中各参数含义如下：

- savepoint_name   是指派给保存点的名称。保存点名称必须符合标识符规则，但只使用前32个字符。
- @savepoint_variable   是用户定义的含有有效保存点名称的变量的名称。必须用char、varchar、nchar或nvarchar数据类型声明该变量。

用户可以在事务内设置保存点或标记。保存点是如果有条件地取消事务的一部分时事务可以返回的位置。

例如：

```
USE bookdb
GO
BEGIN TRAN MyTran  --启动事务
    INSERT INTO book
        VALUES(9,1,'Windows Vista看图速成',35,'21世纪出版社') --插入一笔记录

SAVE TRAN MySave  --保存点

DELETE book WHERE book_id=9 --删除记录

ROLLBACK TRAN MySave  --回滚事务
COMMIT TRAN
GO
SELECT * FROM book  --查询boo表的记录
GO
```

执行结果如下：

```
book_id  author_id  book_name                    price  publisher    简介
-------  ---------  -------------------------    -----  ---------    ----
2        2          3D Studio MAX实例精选         35     明耀工作室    NULL
3        1          Windows 2003 Server网络管理   45     唐唐出版社    NULL
4        1          Mathematica 5.0入门与提高      30     东东出版社    NULL
5        2          AutoCAD 2008 中文版使用指南    25     21世纪出版社
6        2          Office 2007 中文版使用指南     28     明天出版社
8        3          Linux 使用指南                32     唐唐出版社
9        1          Windows Vista看图速成          35     21世纪出版社
```

可以看到，上面的语句执行后，在 book 表中插入了一笔记录，而并没有删除。这是因为使用 ROLLBACK TRAN MySave 语句将操作回滚到了删除前的保存点处。

提 示

如果回滚到事务开始位置，则全局变量@@TRANCOUNT的值减去1；如果回滚到指定的保存点，则全局变量@@TRANCOUNT的值不变。

5. 不能用于事务的操作

在事务处理中，并不是所有的Transact-SQL语句都可以取消执行，一些不能撤销的操作，例如创建、删除和修改数据库的操作，即使SQL Server取消了事务执行或者对事务进行了回滚，这些操作对数据库造成的影响也是不能恢复的。因此，这些操作不能用于事务

处理。这些操作如表8.12所示。

表8.12　不能用于事务的操作

操作	相应的SQL语句
创建数据库	CREATE DATABASE
修改数据库	ALTER DATABASE
删除数据库	DROP DATABASE
恢复数据库	RESTORE DATABASE
加载数据库	LOAD DATABASE
备份日志文件	BACKUP LOG
恢复日志文件	RESTORE LOG
更新统计数据	UPDATE STATITICS
授权操作	GRANT
复制事务日志	DUMP TRANSACTION
磁盘初始化	DISK INIT
更新使用sp_configure系统存储过程更改的配置选项的当前配置值	RECONFIGURE

8.3.3　自动提交事务

　　SQL Server使用BEGIN TRANSACTION语句启动显式事务，或在隐性事务模式设置为打开之前，将以自动提交模式进行操作。当提交或回滚显式事务或者关闭隐性事务模式时，SQL Server将返回到自动提交模式。

　　在自动提交模式下，有时看起来SQL Server好像回滚了整个批处理，而不是仅仅一个SQL语句。这种情况只有在遇到的错误是编译错误而不是运行错误时才会发生。编译错误将阻止SQL Server建立执行计划，这样批处理中的任何语句都不会执行。尽管看起来好像是产生错误之前的所有语句都被回滚了，但实际情况是该错误使批处理中的任何语句都没有执行。

　　在下面的例子中，由于编译错误，第3个批处理中的任何INSERT语句都没有执行（没有返回显示结果）。但看上去好像是前两个INSERT语句没有执行便进行了回滚：

```
USE test
GO
CREATE TABLE TestBatch (Cola INT PRIMARY KEY, Colb CHAR(3))
GO
INSERT INTO TestBatch VALUES (1, 'aaa')
INSERT INTO TestBatch VALUES (2, 'bbb')
INSERT INTO TestBatch VALUSE (3, 'ccc')   /*符号错误*/
GO
SELECT * FROM TestBatch    /*不会返回任何结果*/
GO
```

8.3.4　隐式事务

　　在为连接将隐性事务模式设置为打开之后，当SQL Server首次执行某些Transact-SQL语句时都会自动启动一个事务,而不需要使用BEGIN TRANSACTION语句。这些Transact-SQL语句包括：

```
ALTER TABLE     INSERT          OPEN           CREATE
```

DELETE	REVOKE	DROP	SELECT
FETCH	TRUNCATE TABLE	GRANT	UPDATE

在发出 COMMIT 或 ROLLBACK 语句之前，该事务将一直保持有效。在第一个事务被提交或回滚之后，下次当连接执行这些语句中的任何语句时，SQL Server 都将自动启动一个新事务。SQL Server 将不断地生成一个隐性事务链，直到隐性事务模式关闭为止。

隐性事务模式可以通过使用SET语句来打开或者关闭，或通过数据库API函数和方法进行设置。

其语法格式如下：

```
SET IMPLICIT_TRANSACTIONS { ON | OFF }
```

当设置为ON时，SET IMPLICIT_TRANSACTIONS将连接设置为隐性事务模式。当设置为OFF时，则使连接返回到自动提交事务模式。

对于因为该设置为ON而自动打开的事务，用户必须在该事务结束时将其显式提交或回滚。否则当用户断开连接时，事务及其所包含的所有数据更改将回滚。在事务提交后，执行上述任一语句即可启动新事务。

隐性事务模式将保持有效，直到连接执行SET IMPLICIT_TRANSACTIONS OFF语句使连接返回到自动提交模式。在自动提交模式下，如果各个语句成功完成，则提交。

> **提 示**
>
> 在进行连接时，SQL Server ODBC驱动程序和用于SQL Server 的Microsoft OLE DB提供程序自动将IMPLICIT_TRANSACTIONS设置为OFF。对来自DB-Library应用程序的连接，SET IMPLICIT_TRANSACTIONS默认为OFF。当SET ANSI_DEFAULTS为ON时，将启用SET IMPLICIT_TRANSACTIONS。另外，如果连接已经处在打开的事务中，则上述语句不启动新事务。

8.4 游标的使用

关系数据库中的操作会对整个行集产生影响。由SELECT语句返回的行集包括所有满足该语句WHERE子句中条件的行。由语句所返回的这一完整的行集称为结果集。应用程序（特别是交互式联机应用程序）并不总能将整个结果集作为一个单元来有效地处理。这些应用程序需要一种机制，以便每次处理一行或一部分行。游标就是用来提供这种机制的结果集扩展。

8.4.1 游标的概念

游标包括以下两个部分：

- 游标结果集（Cursor Result Set）   由定义该游标的SELECT语句返回的行的集合。
- 游标位置（Cursor Position）   指向这个集合中某一行的指针。

游标的组成及其概念如图 8.2 所示。

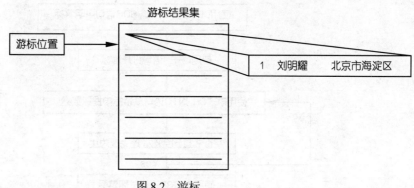

图 8.2　游标

游标使得SQL Server语言可以逐行处理结果集中的数据，游标具有以下优点：

- 允许定位在结果集的特定行。
- 从结果集的当前位置检索一行或多行。
- 支持对结果集中当前位置的行进行数据修改。
- 为由其他用户对显示在结果集中的数据库数据所做的更改提供不同级别的可见性支持。
- 提供脚本、存储过程和触发器中使用的访问结果集中的数据的Transact-SQL语句。

8.4.2　游标的基本操作

Transact-SQL游标主要用在存储过程、触发器和Transact-SQL脚本中，它们使结果集的内容对其他Transact-SQL语句同样可用。

使用游标的典型过程如下：

Step 01 声明Transact-SQL变量包含游标返回的数据。为每一结果集列声明一个变量。声明足够大的变量，以保存由列返回的值，并声明可从列数据类型以隐性方式转换得到的数据类型。

Step 02 使用DECLARE CURSOR语句把Transact-SQL游标与一个SELECT语句相关联。DECLARE CURSOR语句同时定义游标的特征，比如游标名称以及游标是否为只读或只进特性。

Step 03 使用OPEN语句执行SELECT语句并生成游标。

Step 04 使用FETCH INTO语句提取单个行，并把每列中的数据转移到指定的变量中。然后，其他Transact-SQL语句可以引用这些变量来访问已提取的数据值。Transact-SQL不支持提取行块。

Step 05 结束游标时，使用CLOSE语句。关闭游标可以释放某些资源，比如游标结果集和对当前行的锁定。但是如果重新发出一个OPEN语句，则该游标结构仍可用于处理。由于游标仍然存在，此时还不能重新使用游标的名称。DEALLOCATE语句则完全释放分配给游标的资源，包括游标名称。在游标被释放后，必须使用DECLARE语句来重新生成游标。

游标的处理过程如图 8.3 所示。

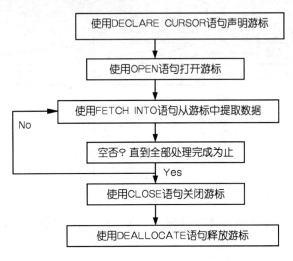

图 8.3　游标的典型使用过程

1. 声明游标

声明游标使用DECLARE CURSOR语句，其语法格式如下：

```
DECLARE cursor_name [ INSENSITIVE ] [ SCROLL ] CURSOR
FOR select_statement
[ FOR { READ ONLY | UPDATE [ OF column_name [ , …n ] ] } ]
```

其中各参数含义如下：

- cursor_name　是所定义的Transact-SQL服务器游标名称。cursor_name必须遵从标识符规则。
- INSENSITIVE　定义一个游标，以创建将由该游标使用的数据的临时副本。对游标的所有请求都从tempdb中的临时表中得到应答，因此，在对该游标进行提取操作时返回的数据中不反映对基表所做的修改，并且该游标不允许修改。
- SCROLL　指定所有的提取选项（FIRST、LAST、PRIOR、NEXT、RELATIVE、ABSOLUTE）均可用。如果在SQL-92标准的DECLARE　CURSOR中未指定SCROLL，则NEXT是唯一支持的提取选项。
- select_statement　是定义游标结果集的标准SELECT语句。在游标声明的select_statement内不允许使用关键字COMPUTE、COMPUTE BY、FOR BROWSE和INTO。
- READ ONLY　该游标只能读，不能修改。即在UPDATE或DELETE语句的WHERE CURRENT OF子句中不能引用游标。该选项替代要更新的游标的默认功能。
- UPDATE [OF column_name [,…n]]　定义游标内可更新的列。如果指定OF column_name [,…n]参数，则只允许修改所列出的列。如果在UPDATE中未指定列的列表，则可以更新所有列。

2. 打开游标

打开游标使用OPEN语句，其语法格式如下：

```
OPEN { { [ GLOBAL ] cursor_name } | cursor_variable_name }
```

其中，GLOBAL选项指定cursor_name为全局游标；cursor_name为游标名称；cursor_variable_name为游标变量名称，该变量引用一个游标。

注意 ●●●

只能打开已经声明但还没有打开的游标。

3．从打开的游标中提取行

游标声明，而且被打开以后，游标位置位于第一行。可以使用FETCH语句从游标结果集中提取数据。其语法格式如下：

```
FETCH [ [ NEXT | PRIOR | FIRST | LAST
| ABSOLUTE { n | @nvar }
| RELATIVE { n | @nvar }
]
FROM
]
{ { [ GLOBAL ] cursor_name } | @cursor_variable_name }
[ INTO @variable_name [ , …n ] ]
```

其中各参数的含义如下：

- NEXT　返回紧跟当前行之后的结果行，并且当前行递增为结果行。如果FETCH NEXT为对游标的第一次提取操作，则返回结果集中的第一行。NEXT为默认的游标提取选项。
- PRIOR　返回紧临当前行前面的结果行，并且当前行递减为结果行。如果FETCH PRIOR为对游标的第一次提取操作，则没有行返回并且游标置于第一行之前。
- FIRST　返回游标中的第一行并将其作为当前行。
- LAST　返回游标中的最后一行并将其作为当前行。
- ABSOLUTE {n | @nvar}　如果n或@nvar为正数，返回从游标头开始的第n行并将返回的行变成新的当前行；如果n或@nvar为负数，返回游标尾之前的第n行并将返回的行变成新的当前行；如果n或@nvar为0，则没有行返回。n必须为整型常量，@nvar必须为 smallint、tinyint或int。
- RELATIVE {n | @nvar}　如果n或@nvar为正数，返回当前行之后的第n行并将返回的行变成新的当前行；如果n或@nvar为负数，返回当前行之前的第n行并将返回的行变成新的当前行；如果n或@nvar为0，返回当前行。如果对游标的第一次提取操作时将FETCH RELATIVE的n或@nvar指定为负数或0，则没有行返回。n必须为整型常量且@nvar必须为smallint、tinyint或int。
- GLOBAL　指定cursor_name指的是全局游标。
- cursor_name　要从中进行提取的开放游标的名称。如果同时有以cursor_name作为名称的全局和局部游标存在，若指定为GLOBAL，则cursor_name对应于全局游标，若未指定GLOBAL，则对应于局部游标。
- @cursor_variable_name　游标变量名，引用要进行提取操作的打开的游标。
- INTO @variable_name[,…n]　允许将提取操作的列数据放到局部变量中。列表中的各个变量从左到右与游标结果集中的相应列相关联。各变量的数据类型必须与相应的结果列的数据类型匹配或是结果列数据类型所支持的隐性转换。变量的数目必须与游标选择列表中的列的数目一致。

提 示 ● ● ●

游标位置决定了结果集中哪一行的数据可以被提取，如果游标方式为FOR UPDATE，则可决定哪一行数据库可以更新或者删除。

@@FETCH_STATUS 函数报告上一个 FETCH 语句的状态，其取值和含义如表 8.13 所示。

表8.13　@@FETCH_STATUS函数的取值及其含义

取值	含义
0	FETCH语句成功
−1	FETCH语句失败或此行不在结果集中
−2	被提取的行不存在

另外一个用来提供游标活动信息的全局变量为@@ROWCOUNT，它返回受上一语句影响的行数。

例如：

```
USE bookdb
GO
SET NOCOUNT ON
UPDATE book SET book_name = 'LINUX教程'
WHERE book_id = 20
IF @@ROWCOUNT = 0
    print '没有行被更新！'
GO
```

执行结果为：

没有行被更新！

4．关闭游标

关闭游标使用CLOSE语句，其语法格式如下：

```
CLOSE { { [ GLOBAL ] cursor_name } | cursor_variable_name }
```

其中各参数和上面介绍的相同。

提 示 ● ● ●

如果全局游标和局部游标都使用cursor_name作为名称，那么当指定GLOBAL时cursor_name引用全局游标；否则，cursor_name引用局部游标。

5．释放游标

释放游标将释放所有分配给此游标的资源。使用DEALLOCATE语句可释放游标，其语法格式如下：

```
DEALLOCATE { { [ GLOBAL ] cursor_name } | @cursor_variable_name }
```

各参数含义同上。

关闭游标并不改变游标的定义，可以再次打开该游标。但是，释放游标就释放了与该游标有关的一切资源，也包括游标的声明，就不能再次使用该游标了。

6. 游标示例

下面是一个简单的游标使用的例子：

```
/*声明游标*/
DECLARE book_cursor CURSOR
  FOR SELECT * FROM book
/*打开游标*/
OPEN book_cursor
/*提取第一行数据*/
FETCH NEXT FROM book_cursor
/*关闭和释放游标*/
CLOSE book_cursor
DEALLOCATE book_cursor
```

执行结果为：

```
book_id  author_id  book_name              price    publisher  简介
-------  ---------  -------------------    -------  -------    --------
2        2          3D Studio MAX实例精选    5        明耀工作室   NULL
```

8.5 上机实训——使用游标打印报表

实例说明：

本例使用游标来打印订购书籍的客户名称、订购书名及其金额的报表。

配套教学资源包CD中
带有此实例的多媒体演示

学习目标：

通过本例的学习，熟悉游标的使用方法。本例的SQL语句如下：

```
USE bookdb
GO
SET NOCOUNT ON
/*打印表标题*/
PRINT '         *********书籍订购金额汇总表***********'
PRINT ' '
PRINT '----------------------------------------'
PRINT '|  客户   |        书名          | 总金额 |'
PRINT '----------------------------------------'
/*声明变量*/
DECLARE @clientname varchar(100), @bookname varchar(100),
@totalmoney float

/*声明游标*/
DECLARE order_cursor CURSOR
  FOR SELECT clients.client_name,book.book_name,
      SUM(orderform.book_number*book.price) AS total
      FROM clients,orderform,book
      WHERE clients.client_id=orderform.client_id AND book.book_id=
              orderform.book_id
      GROUP BY clients.client_name,book.book_name WITH CUBE

/*打开游标*/
```

```
OPEN order_cursor
/*提取第一行数据*/
FETCH NEXT FROM order_cursor
INTO @clientname, @bookname, @totalmoney

WHILE @@FETCH_STATUS = 0
BEGIN
   /*打印数据*/
   PRINT '|'+@ clientname +'|'+@ bookname+'|'+CAST(@totalmoney AS
char(5))+'|'
   PRINT '-------------------------------------'
   /*提取下一行数据*/
   FETCH NEXT FROM book_cursor
   INTO @ clientname, @ bookname, @ totalmoney
END

/*关闭和释放游标*/
CLOSE order_cursor
DEALLOCATE order_cursor
GO
```

8.6 小结

本章介绍了SQL语言的高级使用及其技巧，包括SQL编程基础、ntext、text和image数据的管理、事务的概念和使用、数据的锁定以及游标的使用。

ntext、text和image数据类型在单个值中可以包含非常大的数据量（最大可达2GB）。因此，在检索这些值时，需要一些特殊的步骤。通常需要结合SQL Server提供的一些函数来完成。

事务是SQL Server中的单个逻辑单元，数据的锁定是为了解决数据的并发性问题而提出的，可以使用事务和锁定数据来保证数据的一致性和完整性。

游标提供了对结果集中的单行数据进行操作的手段。可以使用游标对数据进行更新和删除。

8.7 习题

简答题

（1）简述事务的概念和在SQL Server中的实现方式。

（2）简述事务的类型和特点。

（3）简述游标的概念。

第 **9** 章

数据库完整性

本章介绍SQL Server提供的保持数据完整性的工具组件，包括约束、默认值、规则、存储过程和触发器。它们分别实现不同类型的数据完整性。

本章重点在于各种组件的创建方法和触发机制。

- ◎ 约束
- ◎ 默认值和规则
- ◎ 存储过程的执行
- ◎ 存储过程的修改和删除
- ◎ 存储过程的参数
- ◎ 触发器的创建和使用
- ◎ 触发器的修改和删除

9.1 数据库完整性概述

数据库完整性就是确保数据库中的数据的一致性和正确性。在第1章1.4.4小节中，介绍了4类数据完整性。SQL Server提供了相应的组件以实现数据库的完整性，如表9.1所示。

表9.1　SQL Server提供的数据完整性组件

完整性类型	数据完整性组件
实体完整性	索引、UNIQUE约束、PRIMARY KEY约束和IDENTITY属性
域完整性	FOREIGN KEY约束、CHECK约束、DEFAULT定义、NOT NULL定义和规则
参照完整性	FOREIGN KEY、CHECK约束和触发器
用户定义完整性	CREATE TABLE中的所有列级和表级约束、存储过程和触发器

在下一节中对这些组件进行详细介绍。

9.2 约束

设计表时需要识别列的有效值并决定如何强制实现列中数据的完整性。SQL Server 2005提供多种强制数据完整性的机制：

- PRIMARY KEY约束；
- FOREIGN KEY约束；
- UNIQUE约束；
- CHECK约束；
- NOT NULL（为空性）。

上述约束是 SQL Server 2005 自动强制数据完整性的方式，它们定义关于列中允许值的规则，是强制完整性的标准机制。使用约束优先于使用触发器、规则和默认值。查询优化器也使用约束定义生成高性能的查询执行计划。

其中NOT NULL前面已经使用过，下面介绍其他4种约束。

9.2.1　PRIMARY KEY约束

PRIMARY KEY约束标识列或列集，这些列或列集的值唯一标识表中的行。PRIMARY KEY约束可以在下面的情况下使用：

- 作为表定义的一部分在创建表时创建。
- 添加到尚没有PRIMARY KEY约束的表中（一个表只能有一个PRIMARY KEY约束）。
- 如果已有PRIMARY KEY约束，则可对其进行修改或删除。例如，可以使表的PRIMARY KEY约束引用其他列，更改列的顺序、索引名、聚集选项或PRIMARY KEY约束的填充因子。定义了PRIMARY KEY约束的列的列宽不能更改。

在一个表中，不能有两行包含相同的主键值。不能在主键内的任何列中输入 NULL 值。在数据库中 NULL 是特殊值，代表不同于空白和 0 值的未知值。建议使用一个小的整数列作为主键。每个表都应有一个主键。

例如，下面的SQL语句创建一个名为student的表，其中指定student_number为主键：

```
USE test
GO
CREATE TABLE student
        (sutdent_number   int    PRIMARY KEY,
         student_name     char(30))
GO
```

注 意

若要使用Transact-SQL修改PRIMARY KEY，必须先删除现有的PRIMARY KEY约束，然后再用新定义重新创建。

如果在创建表时指定一个主键，则SQL Server会自动创建一个名为"PK_"且后跟表名的主键索引。这个唯一索引只能在删除与它保持联系的表或者主键约束时才能删除掉。如果不指定索引类型，默认时创建一个聚集索引。

9.2.2 FOREIGN KEY约束

FOREIGN KEY约束标识表之间的关系。用于强制参照完整性，为表中一列或者多列数据提供参照完整性。FOREIGN KEY约束也可以参照自身表中的其他列，这种参照称为自参照。

FOREIGN KEY约束可以在下面情况下使用：

- 作为表定义的一部分在创建表时创建。
- 如果FOREIGN KEY约束与另一个表（或同一表）已有的PRIMARY KEY约束或UNIQUE约束相关联，则可向现有表添加FOREIGN KEY约束。一个表可以有多个FOREIGN KEY约束。
- 对已有的FOREIGN KEY约束进行修改或删除。例如，要使一个表的FOREIGN KEY约束引用其他列。定义了FOREIGN KEY约束列的列宽不能更改。

下面就是一个使用FOREIGN KEY约束的例子：

```
CREATE TABLE product
      (product_number   int,
       student_number   int
         FOREIGN KEY REFERENCES student(student_number)
             ON DELETE NO ACTION)
GO
```

如果一个外键值没有主键，则不能插入带该值（NULL 除外）的行。如果尝试删除现有外键指向的行，ON DELETE子句将控制所采取的操作。ON DELETE子句有两个选项：

- **NO ACTION** 指定删除因错误而失败。
- **CASCADE** 指定还将删除包含指向已删除行的外键的所有行。

如果尝试更新现有外键指向的候选键值，ON UPDATE 子句将定义所采取的操作。它也支持 NO ACTION 和 CASCADE 选项。

使用FOREIGN KEY约束时，还应注意以下几个问题：

- 一个表中最多可以有253个可以参照的表，因此每个表最多可以有253个FOREIGN KEY约束。
- 在FOREIGN KEY约束中，只能参照同一个数据库中的表，而不能参照其他数据库中的表。
- FOREIGN KEY子句中的列数目和每个列指定的数据类型必须和REFERENCE子句中的列相同。
- FOREIGN KEY约束不能自动创建索引。
- 参照同一个表中的列时，必须只使用REFERENCE子句，而不能使用FOREIGN KEY子句。
- 在临时表中，不能使用FOREIGN KEY约束。

9.2.3　UNIQUE约束

UNIQUE约束在列集内强制执行值的唯一性。对于UNIQUE约束中的列，表中不允许有两行包含相同的非空值。主键也强制执行唯一性，但主键不允许空值，而且每个表中主键只能有一个，但是UNIQUE列却可以有多个。UNIQUE约束优先于唯一索引。

在向表中的现有列添加UNIQUE约束时，默认情况下SQL Server 2005检查列中的现有数据，确保除NULL外的所有值均唯一。如果对有重复值的列添加UNIQUE约束，SQL Server将返回错误信息并不添加约束。

SQL Server自动创建UNIQUE索引来强制UNIQUE约束的唯一性要求。因此，如果试图插入重复行，SQL Server将返回错误信息，说明该操作违反了UNIQUE约束并不将该行添加到表中。除非明确指定了聚集索引，否则，默认情况下创建唯一的非聚集索引以强制UNIQUE约束。

例如，下面的SQL语句创建了一个test2表，其中指定了c1字段不能包含重复的值：

```
USE test
GO
CREATE TABLE test2
      (c1    int UNIQUE,
       c2    int)
GO
INSERT test2 VALUES(1,100)
GO
```

如果再插入一行：

```
INSERT test2 VALUES(1,200)
```

则会出现如下的错误：

```
消息2627，级别14，状态1，第1 行
违反了UNIQUE KEY 约束'UQ__test2__0519C6AF'。不能在对象'dbo.test2' 中插入重复键。
语句已终止。
```

 注意

删除UNIQUE约束可以删除对约束中所包含列或列组合输入值的唯一性要求。如果相关

列是表的全文键，则不能删除UNIQUE约束。

9.2.4　CHECK约束

CHECK约束通过限制用户输入的值来加强域完整性。它指定应用于列中输入的所有值的布尔（取值为TRUE或FALSE）搜索条件，拒绝所有不取值为TRUE的值。可以为每列指定多个CHECK约束。

例如，下面的SQL语句创建一个成绩（score）表，其中使用CHECK约束来限定成绩只能为0～100分：

```
CREATE TABLE score
    (sutdent_number int,
     score int NOT NULL CHECK(score>=0 AND score <=100)
     )
```

9.2.5　列约束和表约束

约束可以是列约束或表约束：

- 列约束被指定为列定义的一部分，并且仅适用于那个列（前面的score表中的约束就是列约束）。
- 表约束的声明与列的定义无关，可以适用于表中一个以上的列。

当一个约束中必须包含一个以上的列时，必须使用表约束。例如，如果一个表的主键内有两个或两个以上的列，则必须使用表约束将这两列加入主键内。假设有一个表记录工厂内的一台计算机上所发生的事件，同时假定有几类事件可以同时发生，但不能有两个同时发生的事件属于同一类型，这一点可以通过将type列和time列加入双列主键内来强制执行，代码如下：

```
CREATE TABLE factory_event
    (event_type    int,
     event_time    datetime,
     event_site    char(50),
     event_desc    char(1024),
CONSTRAINT event_key PRIMARY KEY (event_type, event_time) )
```

9.3　默认值

如果在插入行时没有指定列的值，则默认值指定列中所使用的值。默认值可以是任何取值为常量的对象。

在SQL Server中，有两种使用默认值的方法：

- 在创建表时指定默认值。
- 使用CREATE DEFAULT语句创建默认值对象，然后使用存储过程sp_bindefault将该默认对象绑定到列上。

在使用SQL Server Management Studio创建表时，可以在输入字段名称后设定该字段的默认值，如图9.1所示。

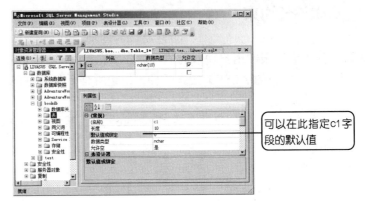

图 9.1　设定默认值

如果使用Transact语言，则可以使用DEFAULT子句。这样在使用INSERT和UPDATE语句时，如果没有提供值，则默认值会提供值。

例如，下面在test数据库中创建一个datetest表，其中c2指定默认值为当前日期：

```
USE test
GO
CREATE TABLE datetest(
        c1 int,
        c2 datetime  DEFAULT (getdate())
        )
```

然后插入一行数据：

```
INSERT datetest(c1) VALUES(1)
SELECT * FROM datetest
```

执行结果如下：

```
c1      c2
---     --------------------------------
1       2007-08-10 14:43:13.153
```

可看到，在上面插入的数据中，只给定了c1字段的值，c2自动使用默认值，这里默认值是使用getdate()函数来获取当前日期。

9.4　规则

规则限制了可以存储在表中或者用户定义数据类型的值，它可以使用多种方式来完成对数据值的检验，可以使用函数返回验证信息，也可以使用关键字BETWEEN、LIKE和IN完成对输入数据的检查。

当将规则绑定到列或者用户定义数据类型时，规则将指定可以插入到列中的可接受的值。规则是作为一个独立的数据库对象存在，表中每列或者每个用户定义数据类型只能和一个规则绑定。

规则是一个向后兼容的功能，用于执行一些与CHECK约束相同的功能。CHECK约束是用来限制列值的首选标准方法。CHECK约束比规则更简明，一个列只能应用一个规则，但是却可以应用多个CHECK约束。CHECK约束作为CREATE TABLE语句的一部分进行指定，而规则以单独的对象创建，然后绑定到列上。

和默认对象类似，规则只有绑定到列或者用户定义数据类型上才能起作用。如果要删除规则，则应确定规则已经解除绑定。

9.4.1 创建规则

创建规则使用CREATE RULE语句，其语法格式如下：

```
CREATE RULE rule
AS condition_expression
```

其中各参数含义如下：

- rule　是新规则的名称。规则名称必须符合标识符规则。可以选择是否指定规则所有者的名称。
- condition_expression　是定义规则的条件。规则可以是WHERE子句中任何有效的表达式，并且可以包含诸如算术运算符、关系运算符和谓词（如IN、LIKE、BETWEEN）之类的元素。规则不能引用列或其他数据库对象。可以包含不引用数据库对象的内置函数。

condition_expression 包含一个变量。每个局部变量的前面都有一个@符号。该表达式引用通过 UPDATE 或 INSERT 语句输入的值。在创建规则时，可以使用任何名称或符号表示值，但第一个字符必须是@符号。

例如，下面的SQL语句创建一个名为score_rule的规则，限定输入的值必须在0~100之间：

```
USE test
GO
CREATE RULE score_rule AS @score BETWEEN 0 and 100
```

而下面创建的规则将输入到该规则所绑定的列中的实际值限制为只能是该规则中列出的值：

```
USE test
GO
CREATE RULE list_rule AS @list IN ('1997', '1997', '1996')
```

也可以使用LIKE来创建一个模式规则，即遵循某种格式的规则。例如，要使该规则指定任意两个字符的后面跟一个连字符和任意多个字符（或没有字符），并以1~6之间的整数结尾，则可以使用下面的SQL语句：

```
USE test
GO
CREATE RULE pattern_rule
AS
@value LIKE '__-%[1-6]'
```

9.4.2　绑定规则

要使用规则，必须首先将其和列或者用户定义数据类型绑定。可以使用sp_bindrule存储过程，也可以使用企业管理器。

使用企业管理器绑定规则的操作步骤和绑定默认对象的操作步骤相同，而sp_bindrule存储过程的语法格式为：

```
sp_bindrule [ @rulename = ] 'rule'',
[ @objname = ] 'object_name'
[ , [ @futureonly = ] 'futureonly_flag' ]
```

各参数含义和sp_bindefault存储过程相同。例如，下面的SQL语句可以将score_rule规则绑定到score表的score列上：

```
USE test
EXEC sp_bindrule 'score_rule', 'score.score'
```

规则必须与列的数据类型兼容。规则不能绑定到 text、image 或 timestamp 列。一定要用单引号（'）将字符和日期常量引起来，在二进制常量前加 0x。例如，不能将"@value LIKE A%"用作数字列的规则。如果规则与其所绑定的列不兼容，SQL Server 将在插入值时（而不是在绑定规则时）返回错误信息。

对于用户定义数据类型，只有尝试在该类型的数据库列中插入值，或更新该类型的数据库列时，绑定到该类型的规则才会激活。因为规则不检验变量，所以在向用户定义数据类型的变量赋值时，不要赋予绑定到该数据类型的列的规则所拒绝的值。

注意

> 如果未解除绑定的规则，并且再次将一个新的规则绑定到列或者用户定义数据类型时，旧的规则将自动被解除，只有最近一次绑定的规则有效。而且，如果列中包含CHECK约束，则CHECK约束优先。

9.4.3　删除规则

对于不再使用的规则，可以使用DROP RULE语句删除。要删除规则，首先要解除对该规则的绑定，解除规则的绑定可以使用sp_unbindrule存储过程。

sp_unbindrule存储过程的语法格式如下：

```
sp_unbindrule [@objname =] 'object_name'
[, [@futureonly =] 'futureonly_flag']
```

参数和 sp_unbinddefault 存储过程的参数含义相同。

例如，要解除绑定到score表的score列上的规则，可以使用下面的SQL语句：

```
USE test
EXEC sp_unbindrule 'score.score'
```

解除规则的绑定后，就可以使用 DROP RULE 语句删除，其语法格式如下：

```
DROP RULE { rule } [ , …n ]
```

例如，要删除规则score_rule，可以使用下面的SQL语句：

```
DROP RULE score_rule
```

9.5 存储过程

存储过程是SQL语句和可选控制流语句的预编译集合，以一个名称存储并作为一个单元处理。存储过程存储在数据库内，可由应用程序通过一个调用执行，而且允许用户声明变量、有条件执行以及其他强大的编程功能。存储过程可以使对数据库的管理以及显示关于数据库及其用户信息的工作容易得多。

存储过程可包含程序流、逻辑以及对数据库的查询。它们可以接受参数、输出参数、返回单个或多个结果集以及返回值。

可以出于任何使用SQL语句的目的来使用存储过程，它具有以下优点：

- 可以在单个存储过程中执行一系列SQL语句。
- 可以从自己的存储过程内引用其他存储过程，这可以简化一系列复杂语句。
- 存储过程在创建时即在服务器上进行编译，所以执行起来比单个SQL语句快，而且能减少网络通信的负担。

9.5.1 创建存储过程

要使用存储过程，首先要创建一个存储过程。可以使用Transact-SQL语言的CREATE PROCEDURE语句，也可以使用SQL Server Management Studio来完成。

1. 使用 CREATE PROCEDURE 语句创建

CREATE PROCEDURE语句的语法格式如下：

```
CREATE PROC [ EDURE ] procedure_name [ ; number ]
[ { @parameter data_type }
    [ VARYING ] [ = default ] [ OUTPUT ]
    ] [ , …n ]
[ WITH
    { RECOMPILE | ENCRYPTION | RECOMPILE , ENCRYPTION } ]
[ FOR REPLICATION ]
AS sql_statement […n ]
```

其中各参数含义如下：

- procedure_name　新存储过程的名称。
- ;number　是可选的整数，用来对同名的过程分组，以便用一条DROP PROCEDURE语句即可将同组的过程一起除去。例如，名为orders的应用程序使用的过程可以命名为orderproc;1、orderproc;2等。DROP PROCEDURE orderproc语句将除去整个组。如果名称中包含定界标识符，则数字不应包含在标识符中，只应在procedure_name前后使用适当的定界符。
- @parameter　过程中的参数。在CREATE PROCEDURE语句中可以声明一个或多个参数。用户必须在执行过程时提供每个所声明参数的值（除非定义了该参数的默认值）。存储过程最多可以有2 100个参数。

- data_type 参数的数据类型。所有数据类型（包括text、ntext和image）均可以用作存储过程的参数。不过，cursor数据类型只能用于OUTPUT参数。如果指定的数据类型为cursor，也必须同时指定VARYING和OUTPUT关键字。
- VARYING 指定作为输出参数支持的结果集（由存储过程动态构造，内容可以变化）。仅适用于游标参数。
- default 参数的默认值。如果定义了默认值，不必指定该参数的值即可执行过程。默认值必须是常量或NULL。
- OUTPUT 表明参数是返回参数。该选项的值可以返回给EXEC[UTE]。使用OUTPUT参数可将信息返回给调用过程。
- {RECOMPILE | ENCRYPTION | RECOMPILE, ENCRYPTION} RECOMPILE表明SQL Server不会缓存该过程的计划，该过程将在运行时重新编译。ENCRYPTION表示SQL Server加密syscomments表中包含CREATE PROCEDURE语句文本的条目。
- FOR REPLICATION 指定不能在订阅服务器上执行为复制创建的存储过程。
- sql_statement 过程中要包含的任意数目和类型的Transact-SQL语句（有一些限制）。

例如，下面创建一个简单的存储过程bookinfopro，用于检索书籍的名称、价格和出版社：

```
USE bookdb
--判断bookinfopro存储过程是否存在，若存在，则删除
IF EXISTS (SELECT name FROM sysobjects
        WHERE name = 'bookinfopro' AND type = 'P')
  DROP PROCEDURE bookinfopro
GO
USE bookdb
GO
--创建存储过程bookinfopro
CREATE PROCEDURE bookinfopro
AS
SELECT book_name,price,publisher
    FROM book
GO
```

通过下述 SQL 语句执行该存储过程：

```
EXECUTE bookinfopro
```

执行结果如图9.2所示。

创建存储过程时应该注意下面几点：

	book_name	price	publisher
1	3D Studio MAX实例精选	35	明耀工作室
2	Windows 2003 Server网络管理	45	唐唐出版社
3	Mathematica 5.0入门与提高	30	东东出版社
4	AutoCAD 2008 中文版使用指南	25	21世纪出版社
5	Office 2007 中文版使用指南	28	明天出版社
6	Linux 使用指南	32	唐唐出版社
7	Windows Vista看图速成	35	21世纪出版社

图 9.2 存储过程的执行结果

- 存储过程的大小最大为128MB。
- 用户定义的存储过程只能在当前数据库中创建（临时过程除外，临时过程总是在tempdb中创建）。
- 在单个批处理中，CREATE PROCEDURE语句不能与其他Transact-SQL语句组合使用。
- 存储过程可以嵌套使用，在一个存储过程中可以调用其他的存储过程。嵌套的最

大深度不能超过32层。

- 存储过程如果创建了临时表，则该临时表只能用于该存储过程，而且当存储过程执行完毕后，临时表自动被删除。

- 创建存储过程时，sql_statement 不能包含下面的 Transact-SQL 语句：SET SHOWPLAN_TEXT 、 SET SHOWPLAN_ALL 、 CREATE VIEW 、 CREATE DEFAULT、CREATE RULE、CREATE PROCEDURE和CREATE TRIGGER。

SQL Server 允许创建的存储过程引用尚不存在的对象。在创建时，只进行语法检查。执行时，如果高速缓存中尚无有效的计划，则编译存储过程以生成执行计划。只有在编译过程中才解析存储过程中引用的所有对象。因此，如果在语法正确的存储过程引用了不存在的对象，则仍可以成功创建；但在运行时将失败，因为所引用的对象不存在。

2. 使用 SQL Server Management Studio 创建

使用SQL Server Management Studio创建存储过程的操作步骤如下：

Step 01 打开SQL Server Management Studio，打开"数据库"文件夹，并打开要创建存储过程的数据库。

Step 02 打开"可编程性"文件夹，然后右击"存储过程"文件夹，在打开的快捷菜单中，执行"新建存储过程"命令。此时，右侧窗口显示了CREATE PROCEDURE语句的框架，可以修改要创建的存储过程的名称，然后加入存储过程所包含的SQL语句，如图9.3所示。

图 9.3　新建存储过程

Step 03 输入完成后，单击工具栏上的"执行"按钮，可以立即执行SQL语句以创建存储过程。也可以单击"保存"按钮保存该存储过程的SQL语句。

9.5.2　执行存储过程

执行存储过程使用EXECUTE语句，其完整语法格式如下：

```
[ [ EXEC [ UTE ] ]
{
[ @return_status = ]
{ procedure_name [ ;number ] | @procedure_name_var
}
[ [ @parameter = ] { value | @variable [ OUTPUT ] | [ DEFAULT ] ]
[ , …n ]
[ WITH RECOMPILE ]
```

其中各参数含义如下：

- @return_status　是一个可选的整型变量，保存存储过程的返回状态。这个变量在用于EXECUTE语句前，必须在批处理、存储过程或函数中声明过。

- procedure_name　调用的存储过程名称。

- ;number 是可选的整数，用于将相同名称的过程进行组合，使得它们可以通过 DROP PROCEDURE语句除去。
- @procedure_name_var 是局部定义变量名，代表存储过程名称。
- @parameter 是过程参数，在CREATE PROCEDURE语句中定义。参数名称前必须加上符号（@）。
- value 是过程中参数的值。
- @variable 是用来保存参数或者返回参数的变量。
- OUTPUT 指定存储过程必须返回一个参数。该存储过程的匹配参数也必须由关键字OUTPUT创建。使用游标变量作参数时使用该关键字。
- DEFAULT 根据过程的定义，提供参数的默认值。
- WITH RECOMPILE 强制编译新的计划。

下面就是执行简单存储过程的例子：

```
EXECUTE bookinfopro
```

9.5.3 存储过程的参数

在创建和使用存储过程时，其参数是非常重要的。下面详细讨论存储过程的参数传递和返回。

1. 使用参数

在调用存储过程时，有两种传递参数的方法。第一种是在传递参数时，使传递的参数和定义时的参数顺序一致，对于使用默认值的参数可以用DEFAULT代替。

例如，下面的SQL语句创建了一个用于向orderform表中插入记录的存储过程Add_Order：

```
USE bookdb
GO
CREATE PROC Add_Order
(
@order_id int,
@book_id int,
@book_number int,
@order_date datetime,
@client_id int
)
AS
INSERT INTO orderform
VALUES(@order_id,@book_id,@book_number,@order_date,@client_id)
```

则可以使用下面的SQL语句调用该存储过程：

```
EXEC Add_Order 7,2,10,'99-05-06',2
```

另外一种传递参数的方法是采用"@order_id=7"的形式，此时，各个参数的顺序可以任意排列。例如，上面的例子可以这样执行：

```
EXEC Add_Order @order_id=7, @book_id=2, @book_number=10,
@order_date ='99-05-06', @client_id =2
```

2. 使用默认参数

创建存储过程时，可以为参数提供一个默认值，默认值必须为常量或者NULL。
例如，下面的存储过程就指定了默认值：

```
USE bookdb
GO
CREATE PROC Add_Author
(
@author_id int,
@author_name char(8),
@address char(50)='无',   --默认值为'无'
@telephone char(15)='无'  --默认值为'无'
)
AS
INSERT INTO authors
VALUES(@author_id,@author_name,@address,@telephone)
```

在上面创建的存储过程中包含4个参数，其中，@address和@telephone具有默认值"无"。
如果调用该存储过程：

```
EXEC Add_Author 4,'张三'
GO
SELECT * FROM authors
GO
```

	author_id	author_name	address	telephone
1	1	刘耀儒	北京市海淀区	010-66886688
2	2	王晓明	北京市东城区	010-66888888
3	3	张英魁	NULL	NULL
4	4	张三	无	无

则执行结果如图 9.4 所示。　　　　　　　　　　图 9.4　使用默认参数的存储过程的执行结果

可以看到，这里对没有给定的参数@address和@telephone使用了默认值。

3. 使用返回参数

在创建存储过程时，可以定义返回参数。在执行存储过程时，可以将结果返回给返回
参数。

例如，下面的存储过程Query_book返回两个参数@book_name和@price，分别代表了书
名和价格：

```
CREATE PROC Query_book
(
 @book_id int,
@book_name char(50) OUTPUT,
@price float OUTPUT
)
AS
SELECT @price=price,@book_name=book_name
FROM book
WHERE book_id=@book_id
```

执行该存储过程，来查询book_id为2的书籍的名称和价格：

```
DECLARE @price float
DECLARE @book_name char(50)
EXEC Query_book 2,@book_name OUTPUT,@price OUTPUT
SELECT '书名'=@book_name,'价格'=@price
GO
```

执行结果如下：

```
书名                                          价格
-------------------------------------------   -----------
3D Studio MAX实例精选                          35.0
```

4. 存储过程的返回值

存储过程在执行后都会返回一个整型值。如果执行成功，则返回0；否则返回-1~-99之间的数值。也可以使用RETURN语句来指定一个返回值。

例如，下面的存储过程根据输入的参数来判断返回值：

```
USE test
GO
CREATE PROC test_ret
(
@input_int int =0
)
AS
IF @input_int=0
    RETURN 0           --如果输入的参数等于0，则返回0
IF @input_int>0
    RETURN 1000             --如果输入的参数大于0，则返回1000
IF @input_int<0
    RETURN -1000       --如果输入的参数等于0，则返回-1000
```

执行该存储过程：

```
DECLARE @Ret_int int
EXEC @Ret_int=test_ret -50
SELECT '返回值'=@Ret_int
```

执行结果如下：

```
返回值
----------
-1000
```

9.5.4 查看、修改和删除存储过程

可以使用sp_helptext存储过程来查看存储过程的定义信息，例如，要查看test_ret存储过程的定义信息，可以执行下面的SQL语句：

```
EXEC sp_helptext test_ret
```

执行结果如下：

```
Text
---------------------
CREATE PROC test_ret
(
@input_int int =0
)
AS
IF @input_int=0
    RETURN 0
IF @input_int>0
    RETURN 1000
IF @input_int<0
    RETURN -1000
```

也可以使用SQL Server Management Studio管理平台来查看存储过程的定义信息，操作步骤如下：

Step 01 打开SQL Server Management Studio窗口，打开"数据库"文件夹，然后选择存储过

程所在的数据库。

Step 02 依次选择"可编程性"|"存储过程"选项。

Step 03 在右侧详细信息窗口中右击存储过程,执行"修改"命令,打开存储过程的SQL语句窗口。

Step 04 直接修改存储过程的定义。完成后,单击工具栏上的"执行"按钮,修改存储过程。

不再需要存储过程时可将其删除。这可以通过 SQL Server Management Studio 来完成,在要删除的存储过程中右击,然后执行"删除"命令,在弹出的"删除对象"对话框中单击"确定"按钮即可。也可以通过 DROP PROCEDURE 语句来完成。

例如,要删除test_ret存储过程,可执行下面的SQL语句:

```
DROP PROCEDURE test_ret
```

注意 ● ● ●

存储过程分组后,将无法删除组内的单个存储过程。删除一个存储过程会将同一组内的所有存储过程都删除。

9.6 触发器

触发器是一种特殊类型的存储过程,它在指定的表中的数据发生变化时自动生效,唤醒并调用触发器以响应INSERT、UPDATE或DELETE语句。触发器可以查询其他表,并可以包含复杂的Transact-SQL语句。

触发器具有如下优点:

- 触发器可通过数据库中的相关表实现级联更改。但是,通过级联引用完整性约束可以更有效地执行这些更改。
- 触发器可以强制比用CHECK约束定义的约束更为复杂的约束。与CHECK约束不同,触发器可以引用其他表中的列。
- 触发器也可以评估数据修改前后的表状态,并根据其差异采取对策。
- 一个表中的多个同类触发器(INSERT、UPDATE或DELETE)允许采取多个不同的对策,以响应同一个修改语句。
- 确保数据规范化。使用触发器可以维护非正规化数据库环境中的记录级数据的完整性。

9.6.1 创建触发器

创建触发器时需要指定下面的选项:

- 触发器的名称,必须遵循标识符的命名规则。
- 在其上定义触发器的表。
- 触发器将何时激发。
- 激活触发器的数据修改语句。有效选项为INSERT、UPDATE或DELETE。多个数据修改语句可激活同一个触发器。例如，触发器可由INSERT或UPDATE语句激活。
- 执行触发操作的编程语句。

触发器可以由CREATE TRIGGER语句创建，其语法格式如下：

```
CREATE TRIGGER trigger_name
ON { table | view }
[ WITH ENCRYPTION ]
{
{ { FOR | AFTER | INSTEAD OF } { [DELETE] [,] [INSERT] [,] [UPDATE] }
    [ WITH APPEND ]
    [ NOT FOR REPLICATION ]
    AS
    [ { IF UPDATE ( column )
    [ { AND | OR } UPDATE ( column ) ]
    […n ]
  | IF ( COLUMNS_UPDATED ( ) { bitwise_operator } updated_bitmask )
    { comparison_operator } column_bitmask […n ]
  } ]
  sql_statement […n ]
  }
}
```

其中各参数含义如下：

- trigger_name   是触发器的名称。
- Table | view   是在其上执行触发器的表或视图，有时称为触发器表或触发器视图。
- WITH ENCRYPTION   加密syscomments表中包含CREATE TRIGGER语句文本的条目。
- AFTER   指定触发器只有在触发SQL语句中指定的所有操作都已成功执行后才激发。所有的引用级联操作和约束检查也必须成功完成后才能执行此触发器。如果仅指定FOR关键字，则AFTER是默认设置。不能在视图上定义AFTER触发器。
- INSTEAD OF   指定执行触发器而不是执行触发SQL语句，从而替代触发语句的操作。
- { [DELETE] [,] [INSERT] [,] [UPDATE] }   指定在表或视图上执行哪些数据修改语句时将激活触发器的关键字。
- WITH APPEND   指定应该添加现有类型的其他触发器。
- NOT FOR REPLICATION   表示当复制进程更改触发器所涉及的表时不应执行该触发器。
- AS   是触发器要执行的操作。
- sql_statement   是触发器的条件和操作。

IF子句说明了触发器条件中的列值被修改时才触发触发器。判断列是否被修改，有如下两种办法：

（1）UPDATE (column)

参数为表或者视图中的列名称，说明这一列的数据是否被INSERT或者UPDATE操作修改过，如果修改过，则返回TRUE；否则返回FALSE。

（2）COLUMNS_UPDATED ( ) { bitwise_operator } updated_bitmask)

```
{ comparison_operator } column_bitmask […n ]
```

COLUMNS_UPDATED()检测指定列是否被INSERT或者UPDATE操作修改过。它返回

varbinary位模式，表示插入或更新了表中的哪些列。

COLUMNS_UPDATED函数以从左到右的顺序返回位，最左边的为最不重要的位。最左边的位表示表中的第一列；向右的下一位表示第二列，依此类推。如果在表上创建的触发器包含8列以上，则COLUMNS_UPDATED返回多个字节，最左边的为最不重要的字节。在INSERT操作中COLUMNS_UPDATED将对所有列返回TRUE值，因为这些列插入了显式值或隐性（NULL）值。

其后的几个选项的含义如下：

- bitwise_operator　是用于比较运算的位运算符。
- updated_bitmask　是整型位掩码，表示实际更新或插入的列。例如，表t1包含列C1、C2、C3、C4和C5。假定表t1上有UPDATE触发器，若要检查列C2、C3和C4是否都有更新，则指定值14（对应二进制数为01110）；若要检查是否只有列C2有更新，则指定值2（对应二进制数为00010）。
- comparison_operator　是比较运算符。使用等号（=）检查updated_bitmask中指定的所有列是否都实际进行了更新。使用大于号（>）检查updated_bitmask中指定的任一列或某些列是否已更新。
- column_bitmask　要检查列的整型位掩码，用来检查是否已更新或插入了这些列。

例如，下面创建一个触发器，在插入记录时，自动显示表中的内容：

```
USE test
GO
/*如果表T1存在，则删除*/
IF EXISTS(SELECT name FROM sysobjects WHERE name ='T1')
DROP TABLE T1
GO
/*创建表T1 */
CREATE TABLE T1(
    student_number int,
    student_name char(30)
)
GO
/*如果触发器Query_T1存在，则删除*/
IF EXISTS (SELECT name FROM sysobjects
    WHERE name = 'Query_T1' AND type = 'TR')
  DROP TRIGGER Query_T1
GO
/*创建触发器Query_T1 */
CREATE TRIGGER Query_T1
ON T1
FOR INSERT, UPDATE, DELETE
AS
  SELECT * FROM T1
GO
```

则在执行下面的语句时：

```
INSERT T1 VALUES(985240,'llyyrr')
```

结果会显示出T1表中的记录：

```
student_number  student_name
--------------  ----------------------
985240          llyyrr
```

9.6.2 使用触发器

在SQL Server 2005中，除了提供INSERT、UPDATE和DELETE这3种触发器外，还提供了INSTEAD OF INSERT、INSTEAD OF UPDATE和INSTEAD OF DELETE触发器。下面就具体的例子来介绍INSERT、UPDATE和DELETE这3种触发器的应用，对于INSTEAD OF触发器，限于篇幅，本书不做介绍。

1. INSERT 和 UPDATE 触发器

当向表中插入或者更新记录时，INSERT或者UPDATE触发器被执行。一般情况下，这两种触发器常用来检查插入或者修改后的数据是否满足要求。例如，下面创建的check_score触发器可用来检查插入的成绩是否在0~100之间：

```
USE test
GO
/*检查是否存在score表，若存在，则删除*/
IF EXISTS (SELECT name FROM sysobjects
    WHERE name = 'score')
  DROP TABLE score
GO
/*创建score表*/
CREATE TABLE score
(
  student_no int,
  score int
)
/*检查是否存在check_score触发器，若存在，则删除*/
IF EXISTS (SELECT name FROM sysobjects
    WHERE name = 'check_score' AND type = 'TR')
  DROP TRIGGER check_score
GO
/*在score表上创建check_score触发器*/
CREATE TRIGGER check_score
ON score
FOR INSERT, UPDATE
AS
DECLARE @score int
SELECT @score=score FROM inserted
IF @score<0 OR @score>100
    BEGIN
      ROLLBACK
      RAISERROR('成绩必须在0~100之间！',16,1)
    END
GO
```

如果此时插入一笔记录：

```
INSERT score VALUES(985240,150)
```

则会出现下述提示信息：

```
消息50000，级别16，状态1，过程check_score，第11 行
成绩必须在0~100之间！
消息3609，级别16，状态1，第1 行
事务在触发器中结束。批处理已中止。
```

同样，在更新记录时，如果修改后的数据不满足要求，也会出现上述错误信息。

2. DELETE 触发器

DELETE触发器通常用于下面的情况：

- 防止那些确实要删除，但是可能会引起数据一致性问题的情况，一般是为那些用作其他表的外部键记录。
- 用于级联删除操作。

例如，score 表中包含学生的学号和成绩，如果存在一个 T1 表，其中包含学生的学号和姓名，它们之间以学号相关联。

如果要删除T1表中的记录，则与该记录的学号对应的学生成绩也应该删除：

```
/*向表score中插入一笔记录*/
INSERT score VALUES(985240,85)
GO
/*创建触发器delete_trigger*/
CREATE TRIGGER delete_trigger
ON T1
FOR DELETE
AS
DELETE score WHERE score.student_no=deleted.student_number
GO
```

此时，要删除 T1 表中的记录：

```
DELETE T1 WHERE student_number=985240
```

则score表中对应的记录也被删除。如果使用SELECT语句来查询score表，将看到该记录已经被删除。

9.6.3 删除触发器

除了使用SQL Server Management Studio删除触发器外，也可以使用DROP TRIGGER语句来删除触发器。其语法格式如下：

```
DROP TRIGGER { trigger } [ , …n ]
```

其中，trigger是要删除的触发器名称，n表示可以指定多个触发器的占位符。
例如，要删除Query_T1触发器，则可以执行下面的SQL语句：

```
DROP TRIGGER Query_T1
```

9.7 上机实训

9.7.1 在"性别"字段上创建约束和默认值

✊ 实例说明：

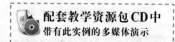
配套教学资源包CD中
带有此实例的多媒体演示

在数据库LIB_DATA数据库的读者表au中，性别字段

Au_sex的值必须为"男"或"女",如果该值未被输入,则默认值为"男"。本例要为该字段创建约束并设置默认值。

学习目标:

通过本例的学习,掌握为字段创建约束和设置默认值方法。具体操作过程如下:

Step 01 在SQL Server Management Studio窗口中,依次打开"数据库" | LIB_DATA | "表" | au。

Step 02 在"约束"上右击,在快捷菜单中选择"新建约束"命令,打开"CHECK约束"对话框,如图9.5所示。

Step 03 在"表达式"一栏中输入约束的表达式:([Au_sex] = '男' or [Au_sex] = '女'),然后单击"添加"按钮。

Step 04 如果要添加多个约束,继续在"表达式"一栏中输入约束的表达式。

Step 05 最后单击"关闭"按钮,关闭对话框。

Step 06 在表au上右击,选择快捷菜单中的"修改"命令,打开表结构的修改窗格。

Step 07 选择Au_sex列,在窗格下方的"列属性"中选择"默认值或绑定",输入"(N'男')",如图9.6所示。

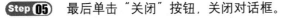

图 9.5 "CHECK 约束"对话框

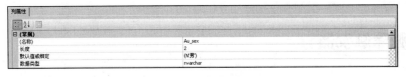

图 9.6 为 Au_sex 列指定默认值

Step 08 最后单击工具栏的"保存"按钮,保存对表的修改。

9.7.2 创建"增加读者"存储过程

配套教学资源包CD中
带有此实例的多媒体演示

实例说明:

在图书馆管理系统中,要通过程序页面向数据库LIB_DATA查询数据或操纵数据。可将查询和操纵数据的SQL语句保存在程序中,也可保存在数据库中。本书把对数据库的查询和操作的SQL语句保存在数据库中,这就需要创建存储过程。本例要创建向读者表au增加记录的存储过程。

学习目标:

通过本例的学习,掌握创建存储过程的方法。具体操作过程如下:

Step 01 在SQL Server Management Studio中,打开数据库LIB_DATA。

Step 02 选择"可编程性"，在"存储过程"上右击，选择"新建存储过程"命令，在打开的任务窗格中输入下面的语句：

```
/*插入一位读者的信息*/
CREATE PROCEDURE [dbo].[insertinau]
    @Au_id nvarchar(50), /*1*/
    @Au_name nvarchar(50), /*2*/
    @Au_sex nvarchar(2), /*3*/
    @Au_sort nvarchar(50), /*4*/
    @Au_adddate smalldatetime, /*5*/
    @Au_adr nvarchar(50), /*6*/
    @Au_password nvarchar(12), /*7*/
    @Au_email nvarchar(50), /*8*/
    @Au_remarks nvarchar(4000) /*9*/
AS
    INSERT INTO au
        (Au_id, Au_name, Au_sex, Au_sort, Au_adddate, Au_adr,
        Au_password, Au_email,Au_remarks)
    VALUES (@Au_id, @Au_name, @Au_sex, @Au_sort, @Au_adddate,
        @Au_adr,@Au_password, @Au_email, @Au_remarks)
    RETURN
```

Step 03 单击工具栏的"保存"按钮，输入存储过程的名称InsertInAu。

Step 04 单击工具栏的"执行"按钮，执行存储过程。在"消息"栏中会显示"命令已成功完成。"

9.8 小结

　　数据完整性是指数据的正确性和完备性。在对数据进行操作时，数据的完整性可能会遭到破坏。例如，在使用INSERT、DELETE和UPDATE语句进行操作时，可能会破坏数据的完整性和一致性。

　　本章主要介绍了SQL Server提供的保持数据完整性的工具组件，包括约束、默认值、规则、存储过程和触发器。它们分别可以实现不同类型的完整性。

　　约束是SQL Server 2005自动强制数据完整性的方式。SQL Server 2005提供了5种约束，定义了关于列中允许值的规则，是强制完整性的标准机制。

　　默认值是如果在插入行时没有指定列的值而默认使用的值。它表示的是一个域完整性。它有两种实现方式：DEFAULT子句和默认值对象。DEFAULT子句是在创建表时使用的选项，而默认值对象则是独立存在的数据库对象。在创建默认值对象后，需要将其绑定到指定的列或者用户定义数据类型。

　　规则限制了可以存储在表中或者用户定义数据类型的值，它可以使用多种方式来完成对数据值的检验。和默认值对象类似，在创建规则后，也需要将其和列或者用户定义数据类型绑定。

　　存储过程是SQL语句和可选控制流语句的预编译集合，以一个名称存储并作为一个单元处理。触发器则是一种特殊的存储过程，在对表执行INSERT、DELETE和UPDATE操作时自动执行。使用存储过程和触发器可以有效地检查数据的有效性和数据的完整性、一致性。

9.9 习题

1. 简答题

（1）简述规则和CHECK约束的异同。

（2）使用默认值对象和规则的步骤类似，主要包括哪两个步骤？

（3）触发器如何维护数据的完整性和一致性？

（4）触发器和约束的区别有哪些？

2. 操作题

（1）创建一个存储过程，用于检索订单信息，包括订单日期、客户名称、定购的书籍名称、单价、数量和总价。

（2）创建一个触发器，用于在向author表修改或者插入数据时，检查telephone字段的长度不大于13位（必须为区号＋电话号码的格式，例如0312-12345678）。

（3）创建一个存储过程，向图书表book中增加一条记录。

第 10 章

数据的备份、恢复和报表

本章主要介绍SQL Server数据库的备份、恢复，数据的转换输出及报表。

本章重点在于数据库的备份和恢复。

- 备份的基础知识
- 备份设备的创建
- 数据库的备份
- 系统数据库的备份
- 数据的恢复
- 数据的导出
- Reporting Services

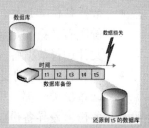

10.1 SQL Server备份概述

在实际工作中，可能会遇到各种各样的故障，此时，备份和恢复数据库就显得非常重要。SQL Server 2005提供了高性能的备份和还原功能。SQL Server备份和还原组件提供了重要的保护手段，以保护存储在SQL Server数据库中的关键数据。实施计划妥善的备份和还原策略可保护数据库，避免由于各种故障造成的损坏而丢失数据。

"备份"是数据的副本，用于在系统发生故障后还原和恢复数据。备份能够在发生故障后还原数据。通过适当的备份，可以在媒体故障、用户错误、硬件故障或者自然灾难中恢复数据。此外，数据库备份对于例行的工作（例如，将数据库从一台服务器复制到另一台服务器、设置数据库镜像和文件归档等）也很有用。

图10.1中显示了由于灾难或其他原因丢失数据后，从数据库的完整备份还原数据的简单情形。图中，数据库在t1、t2、……、t5等时刻对数据库进行了备份。在t5时刻后，数据发生了损失，则可将数据库恢复到其最近一次的备份，即t5时刻的备份。备份点和故障点之间的所有更新将全部丢失，但是通过添加日志备份，通常可将数据库还原到数据发生故障的时刻，而不会丢失数据。

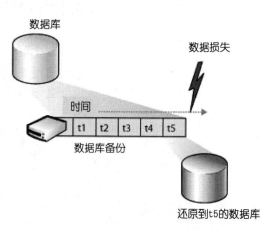

图 10.1　数据的备份和恢复

SQL Server 2005提供了几种不同的备份类型：数据备份、差异备份以及在完整和大容量日志恢复模式下的事务日志备份。

- 数据备份　是指包含一个或多个数据文件的完整映像的任何备份。数据备份会备份所有数据和足够的日志，以便恢复数据。可对全部或部分数据库、一个或多个文件进行数据备份。
- 差异备份　基于之前进行的数据备份，称为差异的"基准备份"。每种主要的数据备份类型都有相应的差异备份。基准备份是差异备份所对应的最近完整或部分备份。差异备份仅包含基准备份之后更改的数据区。在还原差异备份之前，必须先还原其基准备份。
- 事务日志备份　也称为"日志备份"，包括了在前一个日志备份中没有备份的所有日志记录。只有在完整恢复模式和大容量日志恢复模式下才会有事务日志备份。

10.2 数据备份

SQL Server提供两种方式备份数据库：

- 备份数据库　对数据库中的数据和对象进行完全备份。
- 备份事务日志　事务日志记录了上一次事务日志备份后的改变。

一种好的备份既有完全数据库备份，也有不断增加的事务日志备份。

注 意

备份是一种十分耗费时间和资源的操作，不能频繁操作。应该根据数据库使用情况确定一个适当的备份周期。

10.2.1 备份设备

创建备份时，必须选择存放备份数据的备份设备。在SQL Server 2005中，可以将数据库、事务日志和文件备份到磁盘和磁带设备上。

SQL Server使用物理设备名称或逻辑设备名称标识备份设备。物理备份设备是操作系统用来标识备份设备的名称，如D:\Backup\book.bak。

逻辑备份设备是用来标识物理备份设备的别名或公用名称。逻辑设备名称永久地存储在SQL Server内的系统表中。使用逻辑备份设备的优点是引用它比引用物理设备名称简单。例如，逻辑设备名称可以是book_Backup，而物理设备名称则是D:\Backup\book.bak。

提 示

备份或还原数据库时，可以交替使用物理或逻辑备份设备名称。

可以在SQL Server Management Studio中或者使用sp_addump- device存储过程来创建一个备份设备。

1. 使用 SQL Server Management Studio 创建备份设备

配套教学资源包CD中
带有此实例的多媒体演示

使用SQL Server Management Studio创建备份设备的操作步骤如下：

Step 01 打开SQL Server Management Studio窗口，打开"服务器对象"文件夹。

Step 02 右击"备份设备"文件夹，在打开的快捷菜单中，选择"新建备份设备"命令，打开"备份设备"对话框。

Step 03 在"设备名称"文本框中，输入备份设备的名称。然后在"文件"文本框中，直接输入备份设备的存储路径，如图10.2所示。

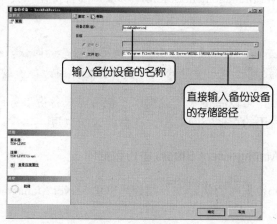

图 10.2 创建备份设备

Step 04 设置完成后，单击"确定"按钮，即可创建一个备份设备。

2. 使用 sp_addumpdevice 存储过程

sp_addumpdevice存储过程的语法格式如下：

```
sp_addumpdevice [ @devtype = ] 'device_type' ,
   [ @logicalname = ] 'logical_name' ,
   [ @physicalname = ] 'physical_name'
   [ , { [ @cntrltype = ] controller_type
   | [ @devstatus = ] 'device_status' }
   }
   ]
```

其中各参数的含义如下：

- [@devtype =] 'device_type' 备份设备的类型，可以是disk、pipe和tape，它们分别表示磁盘、管道和磁带。
- [@logicalname =] 'logical_name' 备份设备的逻辑名称，该逻辑名称用于 BACKUP 和RESTORE语句中，logical_name的数据类型为sysname，没有默认值，并且不能为NULL。
- [@physicalname =] 'physical_name' 备份设备的物理名称。
- [@cntrltype =] controller_type 指备份设备的类型，2表示磁盘，5表示磁带，6表示管道。
- [@devstatus =] 'device_status' 指磁带备份设备对ANSI磁带标签的识别（noskip或者skip），该选项决定是跳过或者读取磁带上的ANSI头部信息。

例如，下面创建一个逻辑名为test_backup的备份设备：

```
USE test
EXEC sp_addumpdevice 'disk', 'test_backup', 'D:\test_backup.bak'
```

10.2.2 备份数据库

可以通过SQL Server Management Studio或者Transact-SQL语言的BACKUP语句来备份数据库。使用SQL Server Management Studio，可以调度备份在一天中的任何时候发生。

提 示

SQL Server备份是动态的，也就是说，当用户使用数据库的时候，也可以进行备份。但是，最好是在数据库没有进行大量的修改时执行备份，因为备份过程会使系统变慢。

在执行备份的时候，可以备份整个数据库，也可以只备份事务日志，单独备份事务日志比备份整个数据库占用的存储空间要少，花费的时间也短。

1. 使用 SQL Server Management Studio 备份数据库

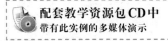
配套教学资源包CD中
带有此实例的多媒体演示

下面以备份bookdb数据库为例，来介绍使用SQL Server Management Studio备份数据库的一般操作步骤：

Step 01 打开SQL Server Management Studio窗口，打开"数据库"文件夹。

Step 02 在要备份的数据库上右击，这里是bookdb。在打开的快捷菜单中选择"任务"|"备份"命令，打开"备份数据库-bookdb"对话框，如图10.3所示。

Step 03 在"源"栏中，进行如下设置：

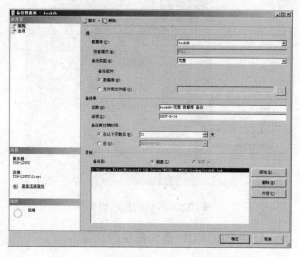

- 在"数据库"下拉列表框中，可以选择要备份的数据库。这里选择bookdb数据库。
- 在"备份类型"下拉列表框中，选择备份类型，这里选择"完整"选项。
- 在"备份组件"区域中，可以选择备份数据库或者备份文件和文件组。这里选择"数据库"单选框，表示备份数据库。

图10.3　"备份数据库-bookdb"对话框

Step 04 在"备份集"栏中，进行如下设置：

- 在"名称"文本框中输入备份的名称。
- 在"说明"文本框中输入对该备份的说明。
- 在"备份集过期时间"区域中设置备份集的过期时间。

Step 05 在"目标"栏中，可以选择备份到磁盘或备份到磁带。单击"添加"按钮，打开"选择备份目标"对话框，如图10.4所示。在此对话框中可以选择备份设备，或者设置一个文件名称来备份数据库。这里选择前面创建的备份设备BookBakDevice。

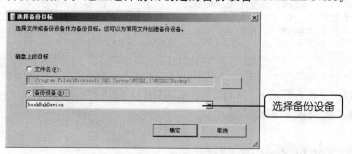

图10.4　"选择备份目标"对话框

Step 06 单击"确定"按钮，返回到"备份数据库-bookdb"对话框。

Step 07 在"选择页"栏中，选择"选项"选项，可打开"选项"选项卡，如图10.5所示。在此选项卡中，可以设置备份时的一些选项。

Step 08 设置完成后，单击"确定"按钮，即可开始备份。备份完成后，会弹出一个提示对话框，如图10.6所示。

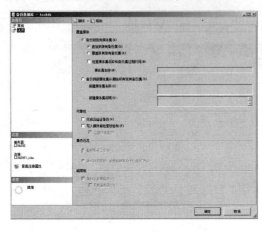

图 10.5　备份的选项设置　　　　　　图 10.6　备份完成时的提示对话框

2. 使用 BACKUP 语句备份数据库

BACKUP语句的语法格式如下：

```
BACKUP DATABASE { database_name | @database_name_var }
TO < backup_device >[ , …n ]
```

其中，database_name | @database_name_var 为要备份的数据库名称；backup_device 为备份设备的名称。

例如，使用下面的SQL语句可以完成上面相同的功能：

```
BACKUP DATABASE bookdb TO BookBakDevice
```

备份完成后，出现下述提示信息：

```
已为数据库'bookdb'，文件'bookdb' (位于文件1 上)处理了216 页。
已为数据库'bookdb'，文件'bookdb01' (位于文件1 上)处理了8 页。
已为数据库'bookdb'，文件'sysft_BookDescripCatalog' (位于文件1 上)处理了141 页。
已为数据库'bookdb'，文件'bookdb_log' (位于文件1 上)处理了1 页。
BACKUP DATABASE 成功处理了366 页，花费0.722s(4.143 MB/s)。
```

提　示

如果只备份事务日志，可以使用BACKUP LOG语句。它和BACKUP DATABASE都有很多选项，用来设置备份的选项。

10.2.3　备份系统数据库

和用户数据库一样，系统数据库也要定期进行备份，尤其是master和msdb数据库。

master数据库包含了SQL Server配置的信息和服务器上所有其他数据库的有关信息，因此应该定期备份该数据库。在SQL Server的配置或者它包含的数据库被改变后，都应该备份master数据库。这些改变包括：

- 在数据库上使用了CREATE或者ALTER语句。
- 使用了DBCC SHRINKDB命令。
- 添加或者删除登录账户或者改变了用户的权限。

- 建立、删除或者改变数据库或者备份设备的大小。

msdb 数据库是 SQL Server Agent 服务使用的数据库。它是所有调度任务以及这些任务历史的存储区。只要增加或者修改任务，增加或者修改自动备份工作，msdb 数据库都会发生改变。

10.3 数据恢复

万一数据库被损坏，就可以使用备份来恢复数据库。恢复数据库是一个装载数据库的备份，然后应用事务日志重建的过程。应用事务日志之后，数据库就会回到最后事务日志备份之前的状态。

10.3.1 自动恢复

在每次启动时，SQL Server都会进行自动恢复，检查并且看一下是否有恢复工作需要进行。自动恢复过程检查每个数据库的事务日志。

自动恢复过程以master数据库开始，然后移动到model数据库。SQL Server用model数据库作为新建数据库的模板。model数据库被恢复之后，自动恢复过程消除tempdb数据库中的所有对象。

提 示　　　● ● ●

> tempdb数据库是SQL Server建立临时表和临时工作存储的地方。

自动恢复接下来检查msdb数据库、pubs数据库。所有的系统数据库被恢复之后，自动恢复才恢复用户数据库。系统数据恢复后，用户就能登录到服务器。

10.3.2 恢复用户数据库

在恢复用户数据库时，SQL Server自动执行安全检查，防止从不完整、不正确或者其他数据库备份中恢复数据。

1. 使用 SQL Server Management Studio 恢复数据库

> **配套教学资源包 CD 中**
> 带有此实例的多媒体演示

使用SQL Server Management Studio恢复数据库的操作步骤如下：

Step 01 打开SQL Server Management Studio窗口，打开 "数据库" 文件夹。

Step 02 由于数据库的还原操作是静态的，因此在还原数据库前，必须限制其他用户对数据库进行其他操作。右击要还原的数据库，例如bookdb，执行快捷菜单中的 "属性" 命令，打开 "数据库属性-bookdb" 对话框。在 "选择页" 栏中，选择 "选项" 选项，打开 "选项" 选项卡，在 "限制选项" 下拉列表中，选择SIGLE_USER，如图10.7所示。

Step 03 单击 "确定" 按钮，此时弹出提示对话框，单击 "确定" 按钮即可。

Step 04 在bookdb数据库上右击,在弹出的快捷菜单中,依次选择"任务"|"还原"|"数据库"命令,打开"还原数据库-bookdb"对话框。

Step 05 在"目标数据库"文本框中选择现有数据库或者输入一个新的数据库名称,然后在"目标时间点"列表框中设置要更换到的时间点,如图10.8所示。

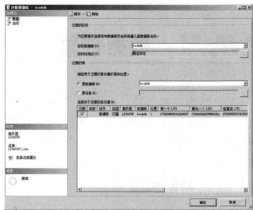

图 10.7 "数据库属性-bookdb"对话框　　　图 10.8 "还原数据库-bookdb"对话框

Step 06 在"还原的源"栏中,选择"源设备"单选项,然后单击其右侧的按钮,打开"指定备份"对话框。

Step 07 在"备份媒体"下拉列表中选择"备份设备"选项,如图10.9所示。单击"添加"按钮可以添加备份设备。

Step 08 单击"确定"按钮,返回到"还原数据库-bookdb"对话框。

Step 09 在"选择页"栏中,选择"选项"选项,打开"选项"选项卡,可以对还原的选项进行设置。

图 10.9 "指定备份"对话框

Step 10 设置完成后,单击"确定"按钮即可开始还原数据库。

Step 11 完成后,系统会弹出提示框,提示还原已经成功。

2. 使用 RESTORE 语句恢复数据库

RESTORE语句的语法格式如下:

```
RESTORE DATABASE { database_name | @database_name_var }
[ FROM < backup_device > [ ,...n ] ]
```

其中,database_name | @database_name_var 是将日志或整个数据库还原到的目的数据库。<backup_device>指定还原操作要使用的逻辑或物理备份设备。

例如,下面的SQL语句用于恢复bookdb数据库:

```
RESTORE DATABASE bookdb FROM Book_Backup
```

10.4 | 数据的导入和导出

SQL Server提供了一种易于在SQL Server数据库或者非 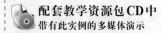 配套教学资源包CD中 带有此实例的多媒体演示 SQL Server数据库和另外一个SQL Server数据库间转换数据 的方法。通过SQL Server Management Studio，可以在不同的数据库之间转换和传输数据。 例如，可以将一个SQL Server数据库中的数据转换到Microsoft Excel表中。操作步骤如下：

Step 01 打开SQL Server Management Studio窗口，打开"数据库"文件夹。

Step 02 在要转换的数据库上右击，例如bookdb数据库。在打开的快捷菜单上选择"任务"| "导出数据"命令，打开"SQL Server导入和导出向导"对话框。

Step 03 单击"下一步"按钮，向导提示选择数据源，如图10.10所示。在"数据源"列表框 中选择数据源类型，在"服务器名称"列表框中选择服务器，并设置验证模式。在 "数据库"下拉列表框中选择数据库。

Step 04 单击"下一步"按钮，向导提示选择目标数据源，如图10.11所示。在"目标"下拉 列表框中选择Microsoft Excel，表示将数据导出到Excel表中。然后在"Excel连接设 置"栏中设置Excel文件的保存路径和Excel的版本。

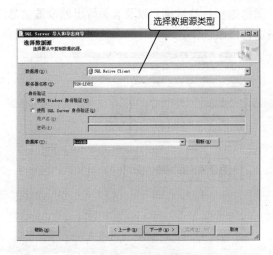

图 10.10　选择数据源

图 10.11　选择目标数据源

Step 05 单击"下一步"按钮，向导提示用户指定表复制或者查询复制，如图10.12所示。

其中两个单选按钮的含义如下：

● "复制一个或多个表或视图的数据"单选按钮　选择该项，表示直接复制表或者 视图的数据。

● "编写查询以指定要传输的数据"单选按钮　选择该项，表示通过SQL查询语句 来获取要传输的数据。例如，可以通过SELECT查询语句来获取传输的数据。

Step 06 选择"复制一个或多个表或视图的数据"单选按钮，然后单击"下一步"按钮，向 导提示选择源表和源视图，如图10.13所示。可以选择多个表或者视图，本例中选择 book表和book_info视图。可以单击"预览"按钮来预览要导出的数据集合。

图 10.12　指定表复制或查询　　　　　　图 10.13　选择源表和源视图

Step 07　单击"下一步"按钮，向导提示用户是否保存包，如图10.14所示。

其中两个复选框的含义如下：

- "立即执行"复选框　表示立即执行数据转换和传输。
- "保存SSIS包"复选框　可以保存SSIS包，以便用于复制或者调度以后执行。例如，每周执行一次。

Step 08　选择"立即执行"复选框，单击"下一步"按钮，提示完成该向导，如图10.15所示。在其中的列表框中显示了导出数据的源数据和目的数据，以及有关导出的设置信息。如果不正确，可单击"上一步"按钮进行修改。

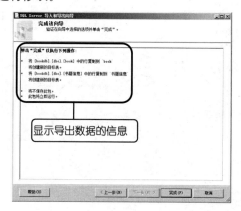

图 10.14　保存并执行包　　　　　　图 10.15　完成 SQL Server 导入/导出向导

Step 09　单击"完成"按钮，开始转换和传输数据，并显示转换进度。完成后，单击"关闭"按钮即可完成数据的传输。

提　示

导入数据的操作步骤和导出数据大致相同，在此不再介绍。

10.5　Reporting Services

SQL Server 2005 Reporting Services提供了支持Web的企业级报告功能，以便创建能够从多种数据源获取内容的报表,以不同格式发布报表,并集中管理安全性和订阅。

10.5.1 安装和配置Reporting Services

在使用Reporting Services以前,需要对其进行安装和配置。

1. 安装 Reporting Services

参照第2章的安装操作步骤,在"要安装的组件"窗口中(图2.6)选择Reporting Services复选框,然后依照安装向导的提示依次单击"下一步"按钮即可完成安装。

2. 配置报表服务器

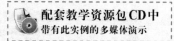
配套教学资源包CD中
带有此实例的多媒体演示

报表服务器是Reporting Services的主要组件,它以Windows服务和Web服务的形式实现,可以为处理和呈现报表提供优化的并行处理基础结构。

在使用报表服务器前,需要对其进行验证和配置。操作步骤如下:

Step 01 在"开始"菜单中,依次选择"所有程序"| Microsoft SQL Server 2005 |"配置工具"|
"Reporting Services配置"选项。

Step 02 此时,会弹出"选择报表服务器安装实例"对话框,在文本框内输入计算机名称和实例名,如图10.16所示。

Step 03 单击"连接"按钮,进入Reporting Services配置管理器,如图10.17所示。在其中可以看到Reporting Services报表服务器的状态信息,包括"实例名"、"实例ID"、"已初始化"和"服务状态"等。如果服务没有启动,可以单击"启动"按钮;如果单击"停止"按钮,则停止服务。

图 10.16   "选择报表服务器安装实例"对话框

Step 04 在窗口左侧栏中,选择"报表服务器虚拟目录"选项,可以打开"报表服务器虚拟目录设置"界面,如图10.18所示。

图 10.17   Reporting Services 配置报表管理器   图 10.18   "报表服务器虚拟目录设置"界面

Step 05 如果需要通过Web形式访问报表服务器,则需要对报告服务器的虚拟目录进行设置。

Step 06 单击"新建"按钮,打开"创建新的虚拟目录"对话框,如图10.19所示。

在"网站"下拉列表框中选择网站,然后在"虚拟目录"文本框中输入虚拟目录的名称,单击"确定"按钮即可。

Step 07 创建虚拟目录后,可以在浏览器中输入虚拟目录的地址,来访问Reporting Services报表服务器,如图10.20所示,显示报表服务器安装成功。

图 10.19 "创建新的虚拟目录"对话框   图 10.20 通过 Web 方式访问报表服务器

提 示

访问报表服务器的地址为:http://<computername>/ReportServer,其中,computername为计算机名称或者IP地址,如果是本地计算机,则可以直接输入localhost;ReportServer则是默认的虚拟目录。

3. 配置报表服务管理器

报表服务管理器是基于Web方式的报告访问和管理工具,可以通过浏览器通过HTTP连接远程管理报表服务器实例,其操作步骤如下:

Step 01 在图10.18所示的窗口中,单击左侧窗口中的"报表管理器虚拟目录"选项,打开"报表管理器虚拟目录设置"界面,如图10.21所示。

Step 02 单击"新建"按钮即可设置一个虚拟目录。

Step 03 配置报表管理器的虚拟目录后,就可以通过Web方式来管理报表管理器实例,如图10.22所示。

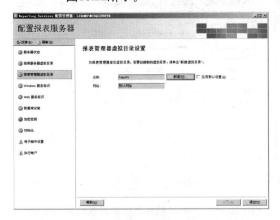

图 10.21 "报表管理器虚拟目录设置"界面   图 10.22 报表管理器实例

10.5.2 创建和设计报表

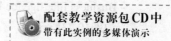
配套教学资源包CD中
带有此实例的多媒体演示

Reporting Services提供了报表设计器，用于创建和设计报表。报表设计器是一组组件，它们是集成在Microsoft Visual Studio开发环境中的图形化设计工具。在10.6.2节中将以具体的上机实习来讲解报表的创建和设计。

10.6 上机实训

10.6.1 备份LIB_DATA数据库

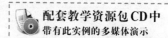
配套教学资源包CD中
带有此实例的多媒体演示

实例说明：

本例要备份LIB_DATA数据库。

学习目标：

通过对本例的学习，掌握备份数据库的方法。操作步骤如下：

Step 01 打开SQL Server Management Studio窗口，打开"服务器对象"文件夹。

Step 02 首先创建一个备份设备。右击"备份设备"，在打开的快捷菜单中，执行"新建备份设备"命令，打开"备份设备"对话框。在"设备名称"文本框中输入LIB_DATA_bakdevice，然后在"文件"文本框中设置保存的文件路径。

Step 03 单击"确定"按钮，创建备份设备。

Step 04 在"对象资源管理器"窗口中，右击要备份的LIB_DATA数据库，执行"任务"|"备份"命令。

Step 05 依照10.2.2节的操作，对LIB_DATA数据库进行完整备份。备份名称设置为LIB_DATA_bak；备份目标选择上面创建的备份设备。

Step 06 设置完成后，单击"确定"按钮，即可开始备份。

10.6.2 制作图书报表

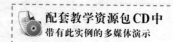
配套教学资源包CD中
带有此实例的多媒体演示

实例说明：

本例将利用Reporting Services创建LIB_DATA数据库的报表。

学习目标

通过本例的学习，掌握利用Reporting Services创建数据库报表的方法。操作步骤如下：

1. 创建报表服务器项目

Step 01 在"开始"菜单中，依次选择"所有程序"| Microsoft SQL Server 2005 | SQL Server

Business Intelligence Development Studio选项，打开Microsoft Visual Studio开发环境，如图10.23所示。

Step 02 在"文件"菜单中，选择"新建"|"项目"命令，打开"新建项目"对话框，如图10.24所示。

图 10.23　Microsoft VisualStudio 开发环境　　　　10.24　"新建项目"对话框

在其中进行如下设置：

- 在"项目类型"列表框中选择"商业智能项目"。
- 在"模板"列表框中选择"报表服务器项目"。
- 在"名称"文本框中输入BookInfo。
- 在"位置"文本框中设置保存路径。
- 在"解决方案名称"文本框中输入BookInfo。

Step 03 单击"确定"按钮，生成一个空白的报表服务器项目。

Step 04 在"解决方案资源管理器"窗口中，在"报表"上右击，在弹出的快捷菜单中选择"添加"|"新建项"命令，如图10.25所示。在打开的"添加新项"对话框，在"模板"列表框中选择"报表"选项，并在"名称"文本框中输入报表的名称BookInfo.rdl，如图10.26所示。

图 10.25　选择"新建项"命令　　　　图 10.26　选择"报表"选项

Step 05 单击"添加"按钮，打开报表设计器窗口。

2. 设置数据连接

Step 06 在报表设计器的"数据"选项卡中，单击"数据集"下拉列表框，选择"<新建数据集>"选项，如图10.27所示。

Step 07 在打开的"数据源"对话框中，在"名称"文本框中输入数据源的名称BookDataSource，在"类型"下拉列表框中选择Microsoft SQL Server，如图10.28所示。

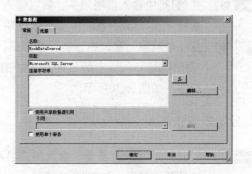

图10.27　选择"<新建数据集>"选项　　　　图10.28　"数据源"对话框

Step 08 单击"编辑"按钮，打开"连接属性"对话框，如图10.29所示。

图10.29　"连接属性"对话框

在该对话框中，进行如下设置：

- 在"服务器名"文本框中输入localhost。
- 选择"使用Windows身份验证"单选按钮。
- 选择"选择或输入一个数据库名"单选按钮，并在下面的下拉列表框中选择 LIB_DATA数据库。

Step 09 单击"确定"按钮，返回"数据源"对话框。

Step 10 单击"确定"按钮，返回报表设计器界面。

Step 11 在"数据集"下面的文本框中输入查询语句：

```
SELECT Book_code AS 条形码, Book_name AS 图书名称, Book_author AS 图书作者,
    Book_pub AS 出版社, Book_isbn AS ISBN号, Book_pubdate AS 出版日期,
    Book_page AS 图书页数, Book_price AS 图书价格, Book_adddate AS 入馆日期,
    Book_place AS 存放位置, Book_sort AS 图书分类
FROM book
```

Step 12 单击"运行"按钮，查看显示结果。

3. 报表布局设计

Step 13 打开"布局"选项卡，在"工具箱"中双击"表"，在报表布局中添加一个表。

Step 14 在任一列头上右击，在打开的快捷菜单中选择"在右侧插入列"命令，插入一列。

重复上面的操作，再插入两列。

Step 15 在第1行中输入报表表头，依次输入"条形码"、"图书名称"、"图书作者"、"出版社"、"ISBN号"、"出版日期"、"图书价格"和"存放位置"。

Step 16 从"数据集"窗口中，将"条形码"、"图书名称"、"图书作者"、"出版社"、"ISBN号"、"出版日期"、"图书价格"和"存放位置"等字段拖动至表的第2行中，如图10.30所示。

4. 预览报表和输出

Step 17 打开"预览"选项卡，输入用户名和密码后，单击"查看报表"按钮，即可看到报表的预览情况，如图10.31所示。

 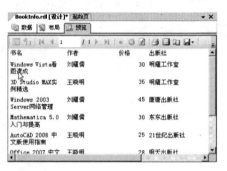

图 10.30 报表布局   图 10.31 报表预览

Step 18 单击"导出"按钮，进行相应的选择以输出报表。

10.7 | 小结

本章主要介绍了SQL Server数据库的备份、还原和数据的转换输出。

备份、还原可以保证在数据库崩溃的情况下，快速地恢复数据库的工作。应该经常备份数据库，以便在数据库出现故障时可以恢复。可以使用SQL Server Management Studio或者RESTORE语句来恢复数据库。

数据的转换可以使SQL Server与其他数据库交换数据。利用SQL Server Management Studio的导入/导出数据工具，可以方便地与其他数据库进行数据交换。

10.8 | 习题

1. 选择题

（1）备份数据库的理由有哪些？_____

　　A. 数据库崩溃时恢复

　　B. 将数据从一个服务器转移到另外一个服务器

C. 记录数据的历史档案

D. 转换数据

（2）用来备份数据库是下面哪一个命令？_____

A. BACKUP DATABASE

B. sp_backupdatabase存储过程

C. BKDATABASE

D. BACKUP DB

2. 简答题

简单叙述备份系统数据库的原因。

3. 操作题

（1）将bookdb数据库中的数据转换到Microsoft Access数据库管理系统中。

（2）将一个文本文件导入到SQL Server数据库中。

（3）将自己创建的数据库导出为文本文件。

（4）制作出版日期为2000年到2008年之间的图书报表。

第 11 章

项目实训——
图书馆管理系统的开发

本章将介绍数据库开发所需的工具，如ASP.NET及其开发工具 Visual Studio 2005等。最后讲解图书馆管理系统的设计和实现，以及系统的运行。

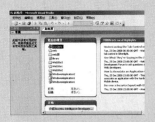

 知 识 点

ASP.NET和Visual Studio

ADO.NET

图书馆管理系统的设计

图书馆管理系统的实现

图书馆管理系统的运行

11.1 基于.NET的数据库程序开发

11.1.1 ASP.NET概述

ASP（Active Server Pages，活动服务器页面）是微软公司在1996年随其IIS（Internet Information Service）3.0推出的一种主要用于Web服务器应用开发的技术，它提供使用VBScript或JScript的服务器端脚本环境，可用来创建和运行动态、交互的Web服务器应用程序。

ASP简单易用，功能也很强大，但它存在一些不足，例如，缺乏良好的开发模型和程序语言，程序结构不清，COM组件部署困难等。

相对于传统的ASP技术，ASP.NET是全新一代的动态网页实现系统，是面向下一代企业级的网络计算Web平台。ASP.NET是建立.NET Framework 的公共语言运行库上的编程框架，可用于在服务器上生成功能强大的Web应用程序。

与以前的Web开发模型ASP相比，ASP.NET具有以下突出的优点：

- 增强的性能。早期绑定、实时编译、本机优化和缓存服务来提高程序的性能。
- 开发工具支持。Visual Studio.NET支持可视化开发，提高开发效率，简化程序的部署和维护工作。
- 多语言支持。支持的语言有C#、VB.NET、JScript.NET等，以及合作厂商开发的平台支持Pascal、Cobol、Perl和SmallTalk等。
- 高效可管理性、可缩放性和可用性。
- 清晰的程序结构。使用事件驱动和数据绑定的开发方式，将程序代码和用户界面彻底分开，具有清晰的结构和可读性。

运行 ASP.NET 应用程序，需要建立和配置运行环境。ASP.NET 运行环境包括操作系统、浏览器、Web 服务器和.NET 框架等。

当前支持ASP.NET程序的操作系统包括Windows 2000 Professional、Windows 2000 Server、Windows 2000 Advanced Server、Windows XP Professional等。Web客户端需要IE 5.5或以上版本的浏览器。

ASP.NET是基于Web的应用，需要Web服务器环境的支持。Windows操作系统下使用IIS 5.0及以上版本作为Web服务器，Windows 2000 Professional/ Server/Advanced Server、Windows XP Professional、Windows.NET Server下的IIS版本分别是5.0、5.1、6.0，它们安装的过程类似，下面以IIS 5.0 的安装和配置为例来介绍。

1. 安装 IIS 服务器

具体操作步骤如下：

Step 01 依次单击"开始"|"控制面板"|"添加或删除程序"选项，打开"添加或删除程序"对话框。

Step 02 在其中单击"添加/删除Windows组件"按钮，打开"Windows组件向导"对话框。

在其中选择"Internet信息服务（IIS）"选项，如图11.1所示。

Step 03 单击"下一步"按钮，安装程序提示放入Windows系统光盘。

Step 04 文件复制完成后，单击"完成"按钮。

Step 05 打开IE浏览器，在地址栏中输入http://localhost/，按下回车键，如果IIS安装正确，将显示IIS服务器的默认主页，如图11.2所示。

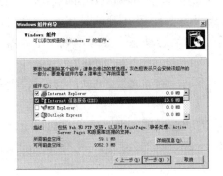

图 11.1　Windows 组件向导

图 11.2　默认主页

2. 配置 IIS 服务器

配套教学资源包 CD中
带有此实例的多媒体演示

　　ASP.NET应用程序的执行由IIS服务器完成，要使得IIS服务器执行指定的脚本，必须进行适当的配置。可以将要执行ASP.NET应用程序配置为一个站点，也可以配置为一个虚拟目录。下面以Windows 2003 Server上的IIS 6.0为例，介绍虚拟目录的设置，操作步骤如下：

Step 01 在"控制面板"窗口中，执行"管理工具"下的"Internet信息服务"命令，打开"Internet信息服务"窗口，如图11.3所示。

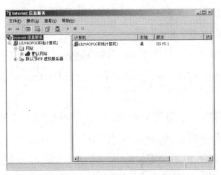

图 11.3　"Internet 信息服务"窗口

Step 02 在"默认网站"上右击，执行"属性"命令，打开"默认网站属性"对话框，如图11.4所示。在此对话框中可以设置默认网站的主目录、IP地址及其端口等属性。设置完成后，单击"确定"按钮即可。

提　示

　如果已经设置了默认网站，可以跳过这一步的操作，直接进入下一步。

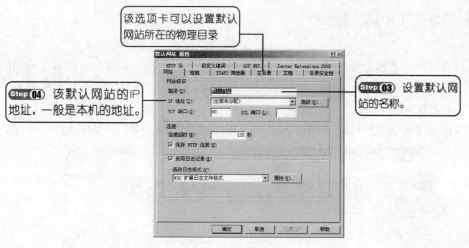

图 11.4 "默认网站属性"对话框

Step 05 在"默认网站"上右击,执行"新建"丨"虚拟目录"命令,打开"虚拟目录创建向导"对话框。

Step 06 单击"下一步"按钮,输入虚拟目录的别名,如图11.5所示。

Step 07 单击"下一步"按钮,向导提示输入虚拟目录对应的物理目录,如图11.6所示。

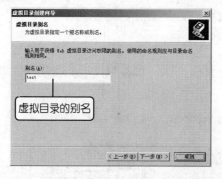

图 11.5 输入虚拟目录的别名   图 11.6 输入虚拟目录对应的物理目录

Step 08 单击"下一步"按钮,出现设置权限对话框,如图11.7所示。

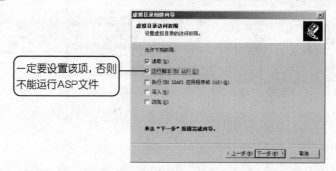

图 11.7 设置虚拟目录权限

Step 09 单击"下一步"按钮,出现完成对话框,单击"完成"按钮即可。

11.1.2 Visual Studio概述

Visual Studio是微软公司推出的集成开发环境，可进行源程序的编辑、编译、项目管理和程序开发，并提供多语言支持，包括VB.NET、C#、C++、C++.NET等。本书简要介绍Visual Studio 2005版本。

安装Visual Studio 2005后，启动程序组中的Visual Studio 2005，界面如图11.8所示。

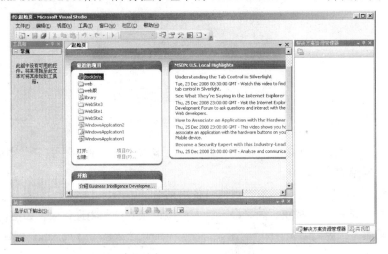

图 11.8　Visual Studio 2005 的起始页

在起始页中可以选择打开最近的项目、打开原有项目或创建新项目。下面打开一个解决方案，其主界面如图11.9所示。

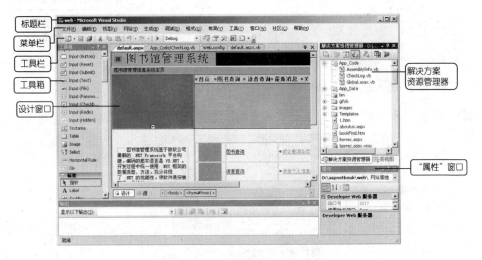

图 11.9　Visual Studio 2005 主界面

Visual Studio 2005主界面包括标题栏、菜单栏、工具栏、工具箱、设计窗口、解决方案资源管理器和"属性"窗口等。在解决方案资源管理器中，可进行查看代码、复制项目、添加新项、显示项目所有文件等操作。

11.1.3   ADO.NET概述

ADO.NET（Active Data Object.NET）是微软为了进行广泛的数据控制而设计的，具有灵活性强、功能多、效率高的数据存取功能，是一个强大的数据访问接口。它采用面向对象的结构，使用业界标准的XML作为数据交换模式。通过ADO.NET访问数据库的编程接口模型如图11.10所示。

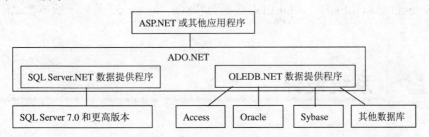

图 11.10   ADO.NET 访问数据库的编程接口模型

由图可见，ADO.NET使用SQL Server .NET数据提供程序和OLEDB .NET数据提供程序来访问不同的数据源，访问SQL Server 2005需要使用SQL Server .NET数据提供程序。

ADO.NET采用的是不连接传输方式，用户要求访问数据源时，首先建立连接，ADO.NET通过DataSet对象将数据源的数据读入，只有当应用程序要读取或更新数据时才连接数据源。因此，数据源不必一直和应用程序连接，因而通信量减少了，性能提高了。

ADO.NET对象模型包括.NET数据提供程序、DataSet数据集对象和ADO.NET命名空间。

1. .NET 数据提供程序

ADO.NET包含的两种数据提供程序都包含如下4个对象，其作用如下：

- Connection   创建到数据源的连接。连接SQL Server 7.0和更高版本数据库使用SqlConnection，其他的使用OLEDBConnection。
- Command   对数据源执行SQL命令并返回数据集。连接SQL Server 7.0和更高版本数据库使用Sql Command，其他的使用OLEDB Command。
- DataReader   读取数据源的数据，只能将数据源的数据依次读出。连接SQL Server 7.0和更高版本数据库使用Sql DataReader，其他的使用OLEDB DataReader。
- DataAdapter   对数据源执行SQL命令并返回结果，要与DataSet对象配合使用。连接SQL Server 7.0和更高版本数据库使用Sql DataAdapter，其他的使用OLEDB DataAdapter。

2. DataSet 数据集对象

DataSet数据集对象是一个内存数据库，它包含多个数据表，在程序中动态产生数据表。DataSet对象提供的方法可以对数据集中的表数据进行浏览、编辑、排序、过滤和建立视图。

3. ADO.NET 命名空间

.NET框架的命名空间包括了应用程序可能会用到的动态链接库，提供了多个数据访问操作的类，包括以下几个命名空间。

- System.Data　ADO.NET的基本类。
- System.Data.SQLClient　为SQL Server 7.0和更高版本数据库设计的类。
- System.Data.OLEDB　为OLEDB数据源和SQL Server 6.5及以下版本数据库设计的类。

11.2 系统设计

11.2.1 需求分析

图书馆管理系统是针对高等院校的图书馆开发的，该系统应满足读者对图书信息的检索和对个人信息的查看和修改功能，以及实现管理人员对图书资料、读者、借阅、归还等管理的功能。该系统使用SQL Server作为后台数据库管理，选用ASP.NET作为前端开发工具，开发B/S结构的管理系统，即浏览器/服务器结构。图书馆甚至整个校园的联网计算机终端都可以通过浏览器来浏览系统的主页，可满足读者浏览、查阅等功能。在图书馆内的终端机上，管理人员可以进行系统的管理，例如维护读者信息、图书资料信息以及进行借书和还书的操作。

管理部分提供以下功能：

- 管理员功能　提供管理员信息添加、修改密码、登录验证等功能。
- 借书、还书管理　实现日常图书借阅及归还。
- 图书管理　实现图书的添加、修改和注销功能。
- 读者管理　实现读者的添加、修改和注销功能。
- 综合查询统计　可以根据不同条件的组合检索图书或读者以及借阅数据，对检索出来的数据可提供打印功能。
- 系统设定　设置一些图书馆基本规则，如读者类别、图书类别、读者借阅最大天数等。

读者需要通过联网的计算机和一个常用的Web浏览器来进行图书查询、更改个人信息、向图书馆反馈信息。主要功能如下：

- 登录验证　防止读者信息被盗用。
- 图书查询　一个综合的图书查询系统，可以方便读者查到需要的书籍。
- 读者个人信息查询以及管理　可以适当地更改一些读者个人的资料，如E-mail等，此外在这里还可以查到读者当前所有的借阅记录等。
- 信息服务　定期公布超期的读者列表，以及新到的图书等信息。

11.2.2 开发与运行环境

本程序的开发与运行环境要求如下：

- 操作系统 Windows XP Professional
- 数据库管理系统 Microsoft SQL Server 2005
- 开发工具 Microsoft Visual Studio 2005
- 运行环境 Windows 2000/XP/Me

11.2.3 系统模块设计

根据系统的功能，经过模块化的分析，整个系统的功能模块结构图如图11.11所示。

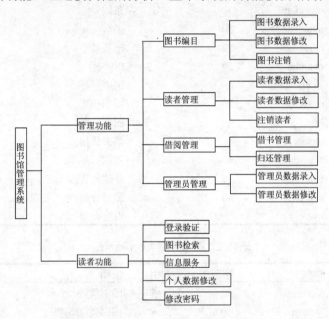

图 11.11 功能模块结构图

11.2.4 数据库设计

1. 数据字典

根据系统功能模块分析图，可总结出以下数据字典：

- 图书数据 图书编目所使用的数据，数据项包括：图书编号、条形码、书名、出版社、ISBN号、出版日期、作者、字数、页数、图书价格、入馆日期、存放位置、内容介绍。
- 图书分类数据 图书分类所使用的数据，数据项包括：图书类别、图书类别说明。
- 读者数据 读者的个人信息，数据项包括：读者姓名、读者类别、图书证编号、办证时间。

- 读者分类数据　借阅图书的读者类别，数据项包括：读者类别编号、读者类别、借书数量、借书期限。
- 图书借阅数据　图书借阅数据，数据项包括：图书条形码、图书证编号、借阅日期、归还日期。
- 管理员数据　系统用户及图书管理员的数据，数据项包括：管理员账号、密码、权限。

根据以上分析，得到的数据表结构以及类型如表 11.1~表 11.7 所示。

表11.1　图书数据表book

字段名	类型	字节数	索引	说明
Book_id	Int	4		图书编号(自动增长) unique约束
Book_code	nvarchar	50	主键	条码号
Book_name	nvarchar	50		书名(not null)
Book_pub	nvarchar	50		出版社
Book_isbn	nvarchar	50		ISBN号
Book_pubdate	smalldatetime	4		出版日期
Book_author	nvarchar	50		图书作者
Book_page	Int	4		图书页数
Book_price	money	8		图书价格
Book_adddate	smalldatetime	4		入馆日期
Book_place	nvarchar	50		存放位置(外部键- place. Book_place)
Book_sort	nvarchar	50		图书分类(外部键- booksort. Book_sort)
Book_remarks	nvarchar	4000		内容介绍

表11.2　图书分类表booksort

字段名	类型	字节数	索引	说明
Book_Sort	Varchar	50	主键	图书类别
Sort_remarks	Varchar	4000		图书类别说明

表11.3　图书存放表place

字段名	类型	字节数	索引	说明
Book_place	nvarchar	50	主键	存放位置
Place_remarks	nvarchar	4000		存放位置具体说明

表11.4　读者数据表au

字段名	类型	字节数	索引	说明
Au_serial	int	4		读者序号(自动增长) unique约束
Au_id	nvarchar	50	主键	借书证号
Au_name	nvarchar	50	有索引	读者姓名
Au_sex	nvarchar	2		读者性别(只能为'男'或'女')
Au_sort	nvarchar	50		读者类别(外部键- ausort.Au_sort)
Au_adddate	smalldatetime	4		注册日期

（续表）

字段名	类型	字节数	索引	说明
Au_adr	nvarchar	50		读者地址
Au_password	nvarchar	12		读者密码(12位)
Au_email	nvarchar	50		读者E-mail
Au_remarks	nvarchar	4000		读者详细资料

表11.5 读者分类表ausort

字段名	类型	字节数	索引	说明
Au_sort	nvarchar	50		读者类别
Au_borrowdays	Int	4		最大借书数量
Au_borrowbooks	Int	4		最长借阅时间

表11.6 图书借阅表borrow

字段名	类型	字节数	索引	说明
Number	int	4	主键	编号（自动增长）
Au_id	nvarchar	50		读者编号
book_code	nvarchar	50		图书编号
Borrow_date	smalldatetime	4		借阅日期
Should_date	smalldatetime	4		应归还日期
Return_date	smalldatetime	4		归还日期
forfeit	money	4		罚款金额

表11.7 管理员表manager

字段名	类型	字节数	索引	说明
Man_id	nvarchar	50		管理员账号
Man_pwd	nvarchar	12		管理员密码
Man_purview	nvarchar	10		管理员权限

2. 数据库完整性设计

（1）实体完整性规则

实体完整性规则是指主关键字的任何部分不能为空值。比如在图书数据表（book）中，条码号（Book_code）是主关键字，其值就不能够为空。

主关键字不一定由一个字段组成，可以是多个字段的组合。

（2）引用完整性

引用完整性又称参照完整性，主要是描述存在关系间引用时不能引用不存在的元组。例如，图书分类表（booksort）与图书数据表（book）之间的关系（如图11.12所示）就是一个典型的一对多关系。此关系的主键是booksort表中的Book_sort（图书类别）字段，关系的外键是book表中的Book_code（图书类别）字段。

其引用完整性就是book表中的每一本书的图书类别Book_sort或者为空值，或等于图书分类表（booksort）中某行的Book_sort值。通俗的说法就是图书不能属于一个没有定义的类别。

数据库中的各数据表的关系如图11.13所示。

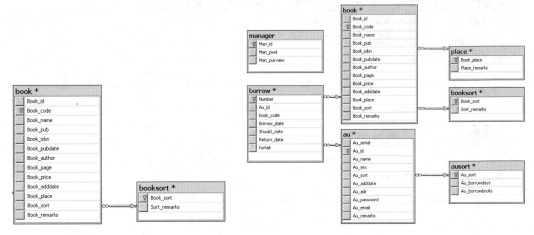

图 11.12　book 表与 booksort 表的引用关系图　　　图 11.13　数据库关系图

（3）用户自定义完整性

这是一种比较有针对性的完整性，由具体环境决定。例如，在读者表（au）中，读者的性别字段（Au_sex）的值必须为"男"或"女"。这就是一条用户自定义完整性规则。

这类完整性在SQL Server 2005中的实现就是对相关表建立一个check约束即可。比如在au表中建立一个CK_au约束，其约束表达式为（[Au_sex] = '男' or [Au_sex] = '女'），就实现了值必须为"男"或"女"的用户自定义完整规则。

3. 存储过程设计

在使用SQL Server 2005创建应用程序时，Transact-SQL编程语言是应用程序和SQL Server 数据库之间的主要编程接口。使用Transact-SQL程序时，可用两种方法存储和执行程序：

- 在本地应用程序中存储程序，同时创建向SQL Server发送命令并处理结果的应用程序。
- 将程序在SQL Server中存储为存储过程，同时创建执行存储过程并处理结果的应用程序。

在本章中，图书管理系统采用存储过程来保存 SQL 程序。在数据库中创建的存储过程如下。

（1）获取读者信息

```
set ANSI_NULLS ON
set QUOTED_IDENTIFIER ON
go
/*获取所有读者信息*/
/*按读者序号Au_serial降序排列*/
ALTER PROCEDURE [dbo].[selectAllAu]
AS
    SELECT Au_serial AS 记录, Au_id AS 图书证号, Au_name AS 读者姓名,
        Au_sex AS 读者性别, Au_sort AS 读者类别, Au_adddate AS 添加日期,
        Au_adr AS 读者地址,Au_password AS 读者密码,Au_email AS 读者email,
        Au_remarks AS 详细资料
```

```
        FROM au
        ORDER BY Au_serial DESC
        RETURN
```

（2）获取读者超期图书信息

```
/* 用于获取一位读者所有超期的借书列表Au_id */
ALTER PROCEDURE [dbo].[Select1AuMaxDateBookList]
        @Au_id nvarchar(50) /*1*/
AS
        SELECT borrow.book_code AS 图书条码号, book.Book_name AS 图书题名,
            borrow.Borrow_date AS 借阅日期, borrow.Should_date AS 应还日期
        FROM book INNER JOIN
            borrow ON book.Book_code = borrow.book_code
        WHERE (borrow.Au_id = @Au_id) AND (borrow.Return_date IS NULL) AND
            (borrow.Should_date < GETDATE())
        ORDER BY borrow.Should_date DESC
        RETURN
```

（3）读者借阅图书

```
set ANSI_NULLS ON
set QUOTED_IDENTIFIER ON
go
/*读者借书的过程*/
ALTER PROCEDURE [dbo].[Insert1Borrow]
        @Au_id nvarchar(50),
        @Book_code nvarchar(50),
        @Au_borrowdays int
AS
        declare @borrowdays int
        INSERT INTO borrow
            (Au_id, book_code, Borrow_date, Should_date)
        VALUES (@Au_id, @Book_code, GETDATE(), GETDATE()+@Au_borrowdays)
        RETURN
```

（4）读者归还图书

```
set ANSI_NULLS ON
set QUOTED_IDENTIFIER ON
go
/*归还一本图书
@Au_id为借书证号
@Book_code为图书条码号
然后判断归还是否为空
*/
ALTER PROCEDURE [dbo].[Update1Borrow]
        @Au_id nvarchar(50),
        @Book_code nvarchar(50)
AS
        declare @borrowdays int
        UPDATE borrow
        SET Return_date = GETDATE()
        WHERE(Au_id=@Au_id)AND(book_code=@Book_code)AND(Return_date IS NULL)
        RETURN
```

（5）修改密码

```
set ANSI_NULLS ON
set QUOTED_IDENTIFIER ON
go
/*更新读者的密码*/
ALTER PROCEDURE [dbo].[UpdateAuPwd]
        @Au_id nvarchar(50), /*1*/
        @Au_password nvarchar(12), /*7*/
        @Au_Newpassword nvarchar(12) /*7*/
```

```
AS
    UPDATE au
    SET Au_password = @Au_Newpassword
    WHERE (Au_id = @Au_id) AND (Au_password = @Au_password)
    RETURN
```

鉴于篇幅所限，其他存储过程可以参看本书附带光盘中的数据库 **LIB_DATA.MDF**。

11.3 系统实现

本节将在Microsoft Visual Studio 2005中实现图书管理系统的功能。下面详细介绍典型的页面设计。

11.3.1 配置文件

为保持系统的可移植性，采用统一管理数据库配置的方法，在Web.config文件中，存放连接字符串的信息，通过程序对该文件的配置进行调用。

配置文件Web.config代码如下：

```
<?xml version="1.0"?>
<configuration>
<connectionStrings>
<add name="lib_DataConnectionString" connectionString="Data Source=.\SQLEXPRESS;
AttachDbFilename = D:\aspnetbook\web\App_Data\lib_Data.MDF;
Integrated Security=True;Connect Timeout=30;User Instance=
True"providerName="System.Data.SqlClient" />
</connectionStrings>
<system.web>
<!-- 动态调试编译设置。compilation debug="true" 以将调试符号(.pdb 信息)插入到编译页中。因
为这将创建执行起来较慢的大文件，所以应该只在调试时将该值设置为 true,而所有其他时候都设置为false。
有关更多信息，请参考有关调试 ASP.NET 文件的文档。-->
<compilation defaultLanguage="vb" debug="true">
<compilers>
<compiler language="vb" type="Microsoft.VisualBasic.VBCodeProvider, System,
Version=2.0.0.0, Culture=neutral, PublicKeyToken=B77A5C561934E089" extension=".VB"
compilerOptions="/define:Debug=True /define:Trace=
True /imports:Microsoft.VisualBasic,System,System.Collections,
System.Configuration,System.Data,System.Drawing,System.Web,System.Web.UI,System.W
eb.UI.HtmlControls,System.Web.UI.WebControls"/></compilers></compilation>
<!--自定义错误信息设置 customErrors mode="On" 或 "RemoteOnly"以启用自定义错误信息，或设置
为 "Off" 以禁用自定义错误信息。为每个要处理的错误添加<error> 标记。"On" 始终显示自定义(友好的)
信息。"Off" 始终显示详细的 ASP.NET 错误信息。"RemoteOnly" 只对不在本地 Web 服务器上运行的用户
显示自定义(友好的)信息。出于安全目的，建议使用此设置，以便不向远程客户端显示应用程序的详细信息。
-->
<customErrors mode="RemoteOnly"/>
<!--身份验证此节设置应用程序的身份验证策略。可能的模式是 "Windows"、"Forms"、 "Passport" 和
"None"。"None" 不执行身份验证。"Windows" IIS 根据应用程序的设置执行身份验证 (基本、简要或集成
Windows)。在 IIS 中必须禁用匿名访问。"Forms" 您为用户提供一个输入凭据的自定义窗体(Web 页)，然
后在您的应用程序中验证他们的身份。用户凭据标记存储在 Cookie 中。"Passport" 身份验证是通过
Microsoft 的集中身份验证服务执行的，它为成员站点提供单独登录和核心配置文件服务。-->
<authentication mode="Windows"/>
<!-- 授权。此节设置应用程序的授权策略。可以允许或拒绝不同的用户或角色访问应用程序资源。通配符："*"
表示任何人，"?" 表示匿名 (未经身份验证的)用户。-->
<authorization>
<allow users="*"/> <!-- 允许所有用户 -->
<!-- <allow     users="[逗号分隔的用户列表]"
```

```
                roles="[逗号分隔的角色列表]"/>
        <deny     users="[逗号分隔的用户列表]"
                roles="[逗号分隔的角色列表]"/> -->
</authorization>
<!--应用程序级别跟踪记录-->
<trace enabled="false" requestLimit="10" pageOutput="false" traceMode="SortByTime"
localOnly="true"/>
<sessionState mode="InProc" stateConnectionString="tcpip:127.0.0.1:42424"
sqlConnectionString="data source=127.0.0.1;Trusted_Connection=yes" cookieless=
"false" timeout="20"/>
<globalization requestEncoding="utf-8" responseEncoding="utf-8"/>
<xhtmlConformance mode="Legacy"/>
<pages>
<namespaces>
    <add namespace="Microsoft.VisualBasic"/>
    <add namespace="System.Data"/>
    <add namespace="System.Drawing"/></namespaces></pages></system.web>
<appSettings>
    <add key="cncstr1" value="server=localhost;Integrated Security=SSPI;
database=lib2004"/>
    <!--设置数据源-->
    <add    key="cncstr"    value="Data    Source=.\SQLEXPRESS;    AttachDbFilename=
    D:\aspnetbook\web\App_Data\lib_Data.MDF; Integrated Security=True;
User Instance=True"/>
</appSettings>
</configuration>
```

本系统的数据源在"D:\aspnetbook\web\App_Data\"路径下，文件名为 lib_Data.MDF。读者在实际操作中如有变动，只需更改本文件的数据源路径即可。

11.3.2 主页

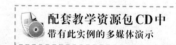
配套教学资源包CD中
带有此实例的多媒体演示

主页完成系统功能导航和系统功能介绍功能。其界面设计如图11.14所示。

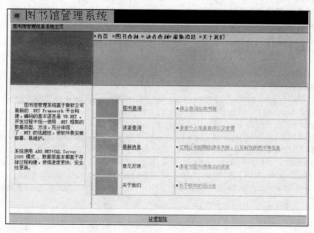

图 11.14 主页界面设计

该页对应default.aspx文件，其html代码如下：

```
<%Page Language="vb" AutoEventWireup="false" Inherits="lib2004.index" CodeFile=
"default.aspx.vb" %>
<!DOCTYPE HTML PUBLIC "-//W3C//DTD HTML 4.01 Transitional//EN"
"http://www.w3.org/TR/html4/loose.dtd">
<html><!-- InstanceBegin template="/Templates/
lastmob.dwt" codeOutsideHTMLIsLocked="false" -->
```

```
<head>
<meta http-equiv="Content-Type" content="text/html; charset=gb2312">
<!-- InstanceBeginEditable name="doctitle" -->
<title>图书馆管理信息系统主页</title>
<!-- InstanceEndEditable -->
<style type="text/css">
<!--body {
    margin-left: 0px;
    margin-top: 0px;
    margin-right: 0px;
    margin-bottom: 0px;
}-->
</style>
<link href="css.css" rel="stylesheet" type="text/css">
<style type="text/css">
<!--.style1 {
    color: #000000;
    font-size: 9pt;
}-->
</style>
<!-- InstanceBeginEditable name="head" --><!-- InstanceEndEditable -->
</head>

<body>
    <form id="form1" runat="server">
<table  width="776"  border="0"  align="center"  cellpadding="0"  cellspacing="0"
bgcolor="#000000">
  <!--DWLayoutTable-->
  <tr>
    <td width="776" height="29" bgcolor="#000000"><img  src="images/index_1.gif"
width="270" height="36"></td>
  </tr>
</table>

<table  width="776"  border="0"  align="center"  cellpadding="0"  cellspacing="1"
bgcolor="#000000" class="txt">
  <!--DWLayoutTable-->
  <tr bgcolor="#E48A00">
    <td height="19" colspan="2"><!-- InstanceBeginEditable name="top1" --> 
图书馆管理信息系统主页<!-- InstanceEndEditable --></td>
  </tr>
  <tr>
    <td   width="213"   rowspan="2"   valign="top"><img   src="images/pic01_1.jpg"
width="213" height="134"></td>
    <td width="560" height="22" valign="top" bgcolor="#FDBB53">
        <a href="default.aspx"><img src="images/index_6.gif" alt="" width=
        48 height=22 border="0"></a><a href="quebook.aspx">
        <img src="images/index_8.gif" alt="" width=74 height=22 border="0"></a>
        <a href="login.aspx"><img src="images/index_10.gif" alt="" width=72 height=
        22 border="0"></a><a href="yifk.aspx"><img src="images/index_12.gif"
        width="77" height="22" border="0"></a><a href="aboutus.aspx">
        <img src="images/index_16.gif" alt="" width=74 height=22 border="0"></a></td>
  </tr>
  <tr>
    <td  height="112"  bgcolor="#F4C986"><img  src="images/index_25.gif"  width=556
height=111 alt=""></td>
  </tr>
  <tr align="center" bgcolor="#FFFFFF">
    <td colspan="2"> <!-- InstanceBeginEditable name="context1" -->
      <table width="100%"  border="0" cellpadding="0" cellspacing="0">
        <tr>
          <td   width="213"   bgcolor="#FFEED3"><table   width="87%"   height="208"
border="0" align="center" cellpadding="0" cellspacing="0">
            <tr>
              <td align="left" valign="top"><p>    图书馆管理系统基
于微软公司最新的.NET Framework 平台构建, 编码的基本语言是VB.NET 。开发过程中统一使用.NET 框架
```

的数据类型、方法，充分体现了.NET 的优越性，使软件易安装部署、易维护。</p>
         <p>系统使用ADO.NET+SQL Server 2005 模式，数据层基本都基于存储过程构建，使得速度更快、安全性更高。</p></td>

```
              </tr>
          </table></td>
          <td width="1" bgcolor="#FFEED3">
              <table width="1" height="300" border="0" cellpadding="0" cellspacing="0"
bordercolor="#D4D0C8" bgcolor="#000000">
          <tr>
              <td></td>
              </tr>
          </table></td>
          <td bgcolor="#FFEED3"><table width="100%" align="left" cellspacing="1">
          <tr>
              <td  width="73"><img  src="images/index_39.gif"  width=58  height=46
alt=""></td>
              <td width="132" align="left"><a href="quebook.aspx">图书查询</a></td>
              <td width="340" align="left"><img src="images/index_43.gif" width=10
height=10 alt=""><u><font color="#FF6600">综合查询各类书籍</font></u></td>
          </tr>
          <tr>
              <td><img src="images/index_50.gif" width=58 height=46 alt=""></td>
              <td align="left"><a href="login.aspx">读者查询</a></td>
              <td  align="left"><img  src="images/index_43.gif"  width=10  height=10
alt=""><u><font color="#FF6600">读者个人信息查询以及管理</font></u></td>
          </tr>
          <tr>
              <td><img src="images/index_58.gif" width=58 height=46 alt=""></td>
              <td align="left"><a href="yifk.aspx">最新消息</a></td>
              <td  align="left"><img  src="images/index_43.gif"  width=10  height=10
alt=""><u><font  color="#FF6600">定期公布超期的读者列表，以及新到的图书等信息
</font></u></td>
          </tr>
          <tr>
              <td><img src="images/index_64.gif" width=58 height=46 alt=""></td>
              <td align="left">意见反馈</td>
              <td  align="left"><img  src="images/index_43.gif"  width=10  height=10
alt=""><u><font color="#FF6600">读者对图书馆建议的答复</font></u></td>
          </tr>
          <tr>
              <td><img src="images/index_68.gif" width=58 height=46 alt=""></td>
              <td align="left">关于我们</td>
              <td  align="left"><img  src="images/index_43.gif"  width=10  height=10
alt=""><u><font color="#FF6600">关于软件的设计者</font></u></td>
          </tr>
          </table></td>
      </tr>
    </table>
  <!-- InstanceEndEditable --></td>
  </tr>
  <tr align="center" bgcolor="#FDBB53">
    <td height="22" colspan="2">
      <asp:HyperLink  ID="HyperLink1"  Target="_blank"  NavigateUrl="~/LOG.aspx"
runat="server">管理登录</asp:HyperLink>
    </td>
  </tr>
</table>
    </form>
</body>
<!-- InstanceEnd --></html>
```

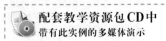
11.3.3 图书查询页面

图书查询页面完成图书的综合查询，可根据图书的条形码、书名、出版社、作者等信息来进行查询，如果不输入查询条件，表明该条件不受限制。

该页的设计界面如图11.15所示。

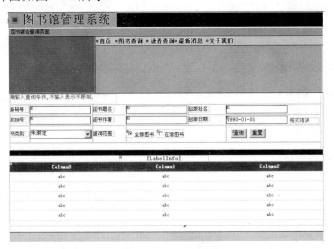

图 11.15 图书查询页面

该页面对应quebook.aspx页面，其后台文件为quebook.aspx.vb，其代码如下：

```vb
'首先声明命名空间
Imports System.Data.SqlClient
Namespace lib2008
Partial Class quebook
    Inherits System.Web.UI.Page
#Region " Web 窗体设计器生成的代码"
    '该调用是Web 窗体设计器所必需的
    <System.Diagnostics.DebuggerStepThrough()> Private Sub InitializeComponent()
    End Sub
    '注意：以下占位符声明是Web 窗体设计器所必需的
    '不要删除或移动它
    Private Sub Page_Init(ByVal sender As System.Object, ByVal e As System.EventArgs)
Handles MyBase.Init
        'CODEGEN：此方法调用是Web 窗体设计器所必需的
        '不要使用代码编辑器修改它
        InitializeComponent()
    End Sub
#End Region

'页面加载时，如果是第一次加载，则调用初始化函数BindComboBox1，后面定义该函数
Private Sub Page_Load(ByVal sender As System.Object, ByVal e As System.EventArgs)
Handles MyBase.Load
    '在此处放置初始化页的用户代码
    If Not IsPostBack Then
        BindComboBox1()
    End If
    'Me.DataBind()
End Sub
```

```
'定义BindComboBox1函数，用于初始化
    Function BindComboBox1()
        Dim cnLib2004 As SqlConnection
        Dim cmdbooksort As SqlCommand
        Dim drBooksort As SqlDataReader

        cnLib2004 = New SqlConnection(ConfigurationSettings.AppSettings("cncstr"))
        cmdbooksort = New SqlCommand
        With cmdbooksort
            .CommandType = CommandType.StoredProcedure
            .Connection = cnLib2004
            .CommandText = "selectBookSort"
        End With

        Try
            cnLib2004.Open()
            drBooksort = cmdbooksort.ExecuteReader
            Me.cboBook_sort.DataSource = drBooksort
            Me.cboBook_sort.DataTextField = "Book_sort"
            Me.cboBook_sort.DataBind()
            Me.cboBook_sort.Items.Add("全部类别")
            Me.cboBook_sort.SelectedIndex = Me.cboBook_sort.Items.Count - 1
        Catch ex As Exception
            Response.Redirect("error.aspx?errmsg="  +  ex.Message.Replace(Chr(13),
"<BR>"))
        Finally
            cnLib2004.Close()
        End Try
    End Function

'在此声明search函数，用于查询图书信息
Function search()
        Dim cn As New
            SqlClient.SqlConnection(ConfigurationSettings.AppSettings("cncstr"))
        Dim cmd As New SqlCommand
        Dim dr As SqlDataReader
        With cmd
            If Me.radAllBook.Checked = True Then
                .CommandText = "searchBook"
            Else
                .CommandText = "searchBookInlib"
            End If
            .CommandType = CommandType.StoredProcedure
            .Connection = cn
        End With

        Dim mBook_code As New SqlParameter("@Book_code", SqlDbType.NVarChar, 50) '1
        Dim mBook_name As New SqlParameter("@Book_name", SqlDbType.NVarChar, 50) '2
        Dim mBook_pub As New SqlParameter("@Book_pub", SqlDbType.NVarChar, 50) '3
        Dim mBook_isbn As New SqlParameter("@Book_isbn", SqlDbType.NVarChar, 50) '4
        Dim       mBook_pubdate      As       New       SqlParameter("@Book_pubdate",
SqlDbType.SmallDateTime, 4) '5
        Dim mBook_author As New SqlParameter("@Book_author", SqlDbType.NVarChar, 50)
'6
        Dim mBook_sort As New SqlParameter("@Book_sort", SqlDbType.NVarChar, 50) '11

        With cmd.Parameters
            .Add(mBook_code)
            .Add(mBook_name)
            .Add(mBook_pub)
            .Add(mBook_isbn)
            .Add(mBook_pubdate)
            .Add(mBook_author)
```

```
                .Add(mBook_sort)

        End With
        '赋值
        mBook_code.Value = Me.txtBook_code.Text.Trim    '1
        mBook_name.Value = Me.txtBook_name.Text.Trim    '2
        mBook_pub.Value = Me.txtBook_pub.Text.Trim    '3
        mBook_isbn.Value = Me.txtBook_isbn.Text.Trim    '4
        If Me.dtpBook_pubdate.Text.Trim <> "" Then
            mBook_pubdate.Value = CType(Me.dtpBook_pubdate.Text.Trim, Date) '5
        Else
            mBook_pubdate.Value = CType("1990-01-01", Date)
        End If

        mBook_author.Value = Me.txtBook_author.Text.Trim    '6
        If Me.cboBook_sort.SelectedIndex <> Me.cboBook_sort.Items.Count - 1 Then
            mBook_sort.Value = Me.cboBook_sort.SelectedValue    '11
        Else
            mBook_sort.Value = ""
        End If
        'Response.Write(mBook_sort.Value)

        Try
            cn.Open()
            dr = cmd.ExecuteReader
            Me.dbg.DataSource = dr
            Me.dbg.DataBind()
            Me.LabelInfo.Text = "共检索到" + Me.dbg.Items.Count.ToString + "条记录"
            ' Me.Label8.Text = "共检索到"+ds.Tables(0).Rows.Count.ToString + "条记录"
        Catch ex As Exception
            Response.Redirect("error.aspx?errmsg="  +  ex.Message.Replace(Chr(13),
"<BR>"))
        Finally
            cn.Close()
            If Not cn Is Nothing Then
                cn.Dispose()
            End If
        End Try
    End Function

'在"查询"按钮的Click事件过程中调用search函数
    Private  Sub  btnQuery_Click(ByVal   sender   As   System.Object,  ByVal  e  As
System.EventArgs) Handles btnQuery.Click
        Me.search()
    End Sub

End Class
End Namespace
```

11.3.4 读者登录页面

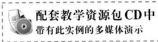

配套教学资源包 CD 中
带有此实例的多媒体演示

该页面主要完成读者登录功能。对于读者本人信息的查看、修改以及密码的修改等操作，需要进行读者登录的验证，该页面通过输入读者的用户名和密码进行登录验证。

页面设计如图11.16所示。

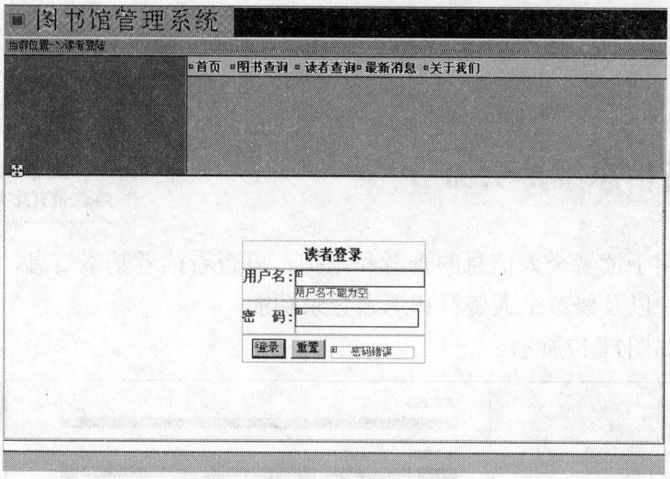

图 11.16　读者登录验证页面

该页面对应login.aspx文件，其后台文件为login.asp.vb，代码如下：

```
'首先声明命名空间
Imports System.Data.SqlClient
Namespace lib2004
Partial Class login
    Inherits System.Web.UI.Page
#Region " Web 窗体设计器生成的代码"
    '该调用是Web 窗体设计器所必需的
    <System.Diagnostics.DebuggerStepThrough()> Private Sub InitializeComponent()
    End Sub
    '注意：以下占位符声明是Web 窗体设计器所必需的
    '不要删除或移动它
    Private Sub Page_Init(ByVal sender As System.Object, ByVal e As System.EventArgs)
Handles MyBase.Init
        'CODEGEN：此方法调用是Web 窗体设计器所必需的
        '不要使用代码编辑器修改它
        InitializeComponent()
    End Sub
#End Region

'初始化页面
    Private Sub Page_Load(ByVal sender As System.Object, ByVal e As System.EventArgs)
Handles MyBase.Load
        '在此处放置初始化页的用户代码
        'Response.Write(Me.ClientID)
        If Not Page.IsPostBack Then
            Me.lblIslog.Visible = False
        End If
    End Sub

' "登录" 按钮的Click事件过程，用于验证用户名和密码是否正确
    Private  Sub  btnLogin_Click(ByVal  sender  As  System.Object,  ByVal  e  As
System.EventArgs) Handles btnLogin.Click
        Dim cLog As New CCheckLog(Me.txtAu_id.Text, Me.txtAu_pwd.Text)
        If cLog.IsLogSuc = True Then
            Session("UID") = Me.txtAu_id.Text
            Page.Response.Redirect("userinfo.aspx")
        Else
            Me.txtAu_pwd.Text = ""
            Me.txtAu_id.Text = ""
            'Me.lblIslog.Text = "登录失败！"
            Me.lblIslog.Visible = True
        End If
    End Sub
```

```
        End Sub
End Class

End Namespace
```

11.3.5　读者信息维护页面

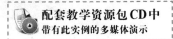
配套教学资源包CD中
带有此实例的多媒体演示

该页面主要用于读者个人信息的查看和维护，可查看读者基本信息、借阅信息、借阅记录、超期信息，以及修改个人资料和退出登录功能。

该页面设计如图11.17所示。

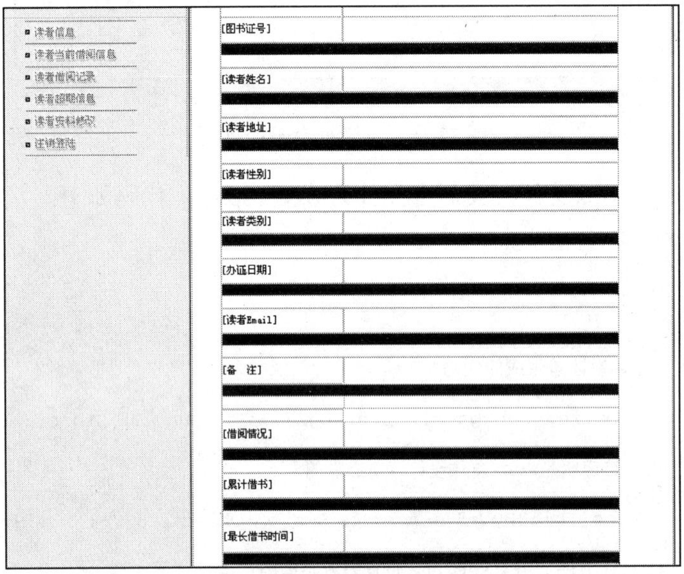

图 11.17　读者信息维护页面

该页面文件为userinfo.aspx，其后台文件为userinfo.aspx.vb，代码如下：

```
'首先声明命名空间
Imports System.Data.SqlClient
Namespace lib2004

Partial Class userinfo
    Inherits System.Web.UI.Page

#Region " Web 窗体设计器生成的代码"

    '该调用是Web 窗体设计器所必需的
    <System.Diagnostics.DebuggerStepThrough()> Private Sub InitializeComponent()
    End Sub
    Protected WithEvents spBookcode As System.Web.UI.HtmlControls.HtmlGenericControl
    Protected WithEvents IMG1 As System.Web.UI.HtmlControls.HtmlImage

    '注意：以下占位符声明是Web 窗体设计器所必需的
    '不要删除或移动它
    Private Sub Page_Init(ByVal sender As System.Object, ByVal e As System.EventArgs)
Handles MyBase.Init
        'CODEGEN: 此方法调用是Web 窗体设计器所必需的
```

```vbnet
        '不要使用代码编辑器修改它
        InitializeComponent()
    End Sub

#End Region

    Private Sub Page_Load(ByVal sender As System.Object, ByVal e As System.EventArgs)
Handles MyBase.Load
        '在此处放置初始化页的用户代码
        If Session("UID") Is Nothing Then
            Page.Response.Redirect("login.aspx")
        End If
        If Not IsPostBack Then
            If Not Session("UID") Is Nothing Then
                AuTextBind(Session("UID"))
                setBorrowState(Session("UID"))
            Else
                Page.Response.Redirect("login.aspx")
            End If

        End If
    End Sub
    '显示某读者基本情况
    Function AuTextBind(ByVal strAu_id As String)
        Dim cnlib2004 As SqlConnection
        Dim cmdAuBorrowList As SqlCommand
        Dim drAuBorrowList As SqlDataReader

        cnlib2004 = New SqlConnection(ConfigurationSettings.AppSettings("cncstr"))
        cmdAuBorrowList = New SqlCommand
        With cmdAuBorrowList
            .CommandType = CommandType.StoredProcedure
            .CommandText = "Select1Au"
            .Connection = cnlib2004
        End With
        Dim mAu_id As New SqlParameter("@Au_id", SqlDbType.NVarChar, 50) '1
        cmdAuBorrowList.Parameters.Add(mAu_id)
        mAu_id.Value = strAu_id
        Try
            cnlib2004.Open()
            drAuBorrowList =
cmdAuBorrowList.ExecuteReader(CommandBehavior.SingleRow)
            With drAuBorrowList
                If .Read() Then
                    Me.spAuadddate.InnerHtml = CType(.Item("Au_adddate"), String)
                    Me.spAuadr.InnerHtml = .Item("Au_adr")
                    Me.spAuname.InnerHtml = .Item("Au_name")
                    Me.spAusex.InnerHtml = .Item("Au_sex")
                    Me.spAusort.InnerHtml = .Item("Au_sort")
                    Me.spAuid.InnerHtml = strAu_id
                    Me.spAuemail.InnerHtml = .Item("Au_email")
                    Me.spAuremarks.InnerHtml = .Item("Au_remarks")
                Else

                End If
            End With

        Catch ex As Exception
            Response.Write(ex.Message)
        Finally
            cnlib2004.Close()
        End Try
```

```
    End Function

 '显示读者借书状态最大借书册书、当前借书册数等
 Function setBorrowState(ByVal strAu_id As String)
     Dim cnlib2004 As SqlConnection
     Dim cmd As SqlCommand
     Dim dr As SqlDataReader
     Dim CurBorrowNo As Int16
     Dim AllborrowNo As Int16
     Dim BorrowDays As Int16
     Dim BorrowBooks As Int16
     cnlib2004 = New SqlConnection(ConfigurationSettings.AppSettings("cncstr"))
     cmd = New SqlCommand
     With cmd
         .CommandType = CommandType.StoredProcedure
         .CommandText = "SelectAuCurrentBorrowNo"
         .Connection = cnlib2004
     End With
     Dim mAu_id As New SqlParameter("@Au_id", SqlDbType.NVarChar, 50) '1
     cmd.Parameters.Add(mAu_id)
     mAu_id.Value = strAu_id

     Try
         cnlib2004.Open()
         CurBorrowNo = CType(cmd.ExecuteScalar, Int16)

         cmd.CommandText = "SelectAuAllBorrowNo"
         AllborrowNo = CType(cmd.ExecuteScalar, Int16)

         cmd.CommandText = "SelectAuSortInfo"
         dr = cmd.ExecuteReader(CommandBehavior.SingleRow)

         While dr.Read()
             BorrowDays = dr.Item("Au_borrowdays")
             BorrowBooks = dr.Item("Au_borrowbooks")
         End While

         Me.spTotalBorrowNo.InnerHtml = "共借书" + AllborrowNo.ToString + "册"
         Me.spMaxBorrowDays.InnerHtml = BorrowDays.ToString + "天"

         Me.spBorrowQinkuang.InnerHtml = "[" + CurBorrowNo.ToString + "/"
         Me.spBorrowQinkuang.InnerHtml += BorrowBooks.ToString + "]"
     Catch ex As Exception
         Response.Redirect("error.aspx?errmsg=" + ex.Message)
     Finally
         cnlib2004.Close()
     End Try
 End Function

 End Class
 End Namespace
```

11.3.6 读者超期信息页面

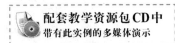

配套教学资源包CD中
带有此实例的多媒体演示

　　读者超期信息页面由读者信息维护页面来打开，查询当前登录读者的超期未还图书。
页面设计如图11.18所示。

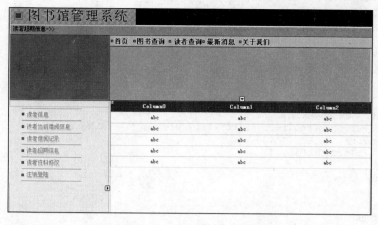

图 11.18 读者超期图书页面

该页面对应maxinfo.aspx文件，其后台文件是maxinfo.aspx.vb，代码如下：

```vbnet
'本代码用于获取当前登录读者的超期借阅记录
Imports System.Data.SqlClient
Namespace lib2004
Partial Class maxinfo
    Inherits System.Web.UI.Page
#Region " Web 窗体设计器生成的代码"
    '该调用是Web 窗体设计器所必需的
    <System.Diagnostics.DebuggerStepThrough()> Private Sub InitializeComponent()
    End Sub
    '注意: 以下占位符声明是Web 窗体设计器所必需的
    '不要删除或移动它
    Private Sub Page_Init(ByVal sender As System.Object, ByVal e As System.EventArgs)
Handles MyBase.Init
        'CODEGEN: 此方法调用是Web 窗体设计器所必需的
        '不要使用代码编辑器修改它
        InitializeComponent()
    End Sub
#End Region

    Private Sub Page_Load(ByVal sender As System.Object, ByVal e As System.EventArgs)
Handles MyBase.Load
        '在此处放置初始化页的用户代码
        If Session("UID") Is Nothing Then
            Page.Response.Redirect("login.aspx")
        Else
            If Not IsPostBack Then
                mydatabind(Session("UID"))
            End If
        End If
    End Sub

    Function mydatabind(ByVal strAu_id As String)
        Dim cnlib2004 As SqlConnection
        Dim cmdAuBorrowList As SqlCommand
        Dim dr As SqlDataReader

        cnlib2004 = New SqlConnection(ConfigurationSettings.AppSettings("cncstr"))
        cmdAuBorrowList = New SqlCommand

        With cmdAuBorrowList
            .CommandType = CommandType.StoredProcedure
            .CommandText = "Select1AuMaxDateBookList"
            .Connection = cnlib2004
        End With
        Dim mAu_id As New SqlParameter("@Au_id", SqlDbType.NVarChar, 50) '1
```

```
    cmdAuBorrowList.Parameters.Add(mAu_id)
    mAu_id.Value = strAu_id

    Try
        cnlib2004.Open()
        dr = cmdAuBorrowList.ExecuteReader
        Me.dbgborrowlist.DataSource = dr
        Me.dbgborrowlist.DataBind()
    Catch ex As Exception
        Response.Redirect("error.aspx?errmsg=" + ex.Message)
    Finally
        cnlib2004.Close()
    End Try
End Function

End Class
End Namespace
```

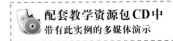

11.3.7　后台管理页面

　　图书馆的管理员打开主页的"管理登录"，通过身份验证后进入后台管理。后台管理可进行图书管理、借阅管理、读者管理和管理员管理功能，默认打开的是图书管理。

　　该页面设计如图11.19所示。

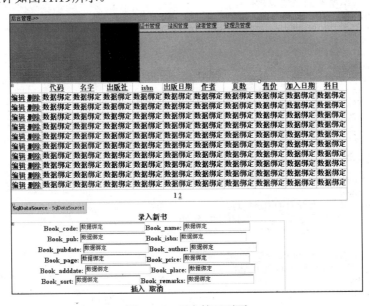

图 11.19　后台管理页面

该页面的录入新书、编辑和删除图书功能由控件完成，页面对应Default1.aspx文件。

11.3.8　借阅图书页面

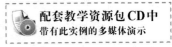

　　借阅图书页面用于读者借阅图书，该页面主要通过运行存储过程来向图书借阅表borrow添加记录。

　　页面设计如图11.20所示。

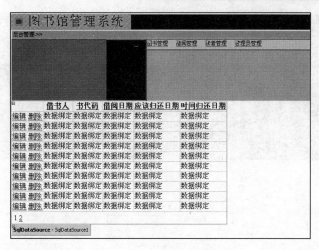

图 11.20　借阅图书管理

该页面对应文件Default3.aspx，增加借阅记录的功能由控件完成。

11.4 系统运行

本节演示系统的运行情况。操作步骤如下：

Step 01 在Visual Studio 2005中，打开default.aspx页面，单击"运行"按钮，显示主页如图11.21所示。

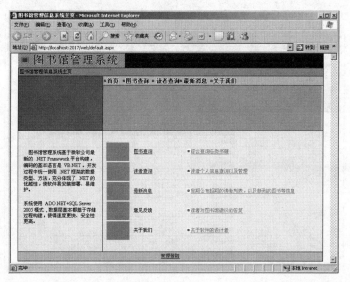

图 11.21　主页

Step 02 在主页中，用户可进行图书查询、读者查询、查看最新消息等操作。选择"读者查询"选项，显示"读者登录"页面，如图11.22所示。

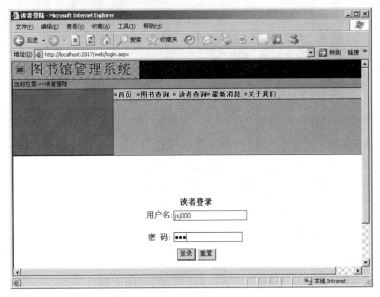

图 11.22 "读者登录"页面

Step 03 在"读者登录"页面中，输入用户名和密码，如jsj000、123。单击"登录"按钮，进入"读者个人信息"页面，如图11.23所示。

Step 04 在该页面中选择"读者超期信息"，显示该读者超期未还的图书信息，如图11.24所示。

Step 05 在主页的下方，单击"管理登录"按钮，打开"管理登录"页面，如图11.25所示。

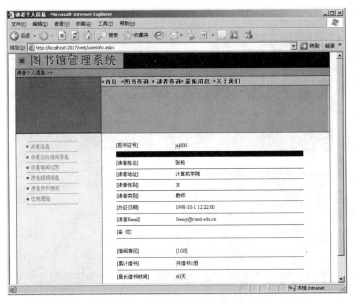

图 11.23 "读者个人信息"页面

图书条码号	图书题名	借阅日期	应还日期
book9	大学英语	2008-06-11 0:08:00	2008-08-11 0:08:00

图 11.24　显示"读者超期信息"　　　　　　　图 11.25　"管理登录"页面

Step 06　在该页面输入管理员的用户名和密码，如admin、123，打开"后台管理"页面，在该页面中可进行读者管理、图书管理、借阅管理和管理员管理，默认打开的是图书管理页面，如图11.26所示。

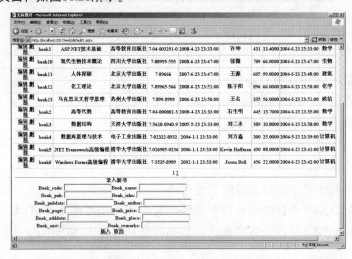

图 11.26　默认打开的图书管理页面

Step 07　在"录入新书"部分录入新书的信息，如图11.27所示。

录入新书

Book_code:	book14	Book_name:	Delphi程序设计
Book_pub:	清华大学出版社	Book_isbn:	828-92929-22
Book_pubdate:	2008-12-20	Book_author:	张莉
Book_page:	30	Book_price:	38
Book_adddate:		Book_place:	
Book_sort:		Book_remarks:	

插入　取消

图 11.27　录入新书

Step 08　单击"插入"按钮，将该书录入到书库中，查看页面上方的图书列表，可看到该书信息，如图11.28所示。

book14	Delphi程序设计	清华大学出版社	828-92929-22	2008-12-20 0:00:00	张莉	30	38.0000		

图 11.28　录入的图书信息

11.5 　小结

本章对SQL　Server与ASP.NET结合开发数据库管理系统作了详细的介绍，并以图书馆管理系统为例，从系统需求分析入手，进行系统的模块设计、数据库设计以及程序设计，最后介绍了系统的运行。

通过本章的学习，读者不仅能加强对SQL Server 2005的理解和熟练操作，更重要的是能实际动手开发一个信息管理系统。实践中的乐趣更能激发学习的兴趣，望读者在实践中获得更多的经验及智慧。

11.6 　习题

1. 简答题

（1）简单叙述IIS中虚拟目录的设置过程。
（2）简单叙述ASP.NET对数据库的操作步骤。
（3）简单叙述ADO.NET的结构。

2. 操作题

（1）完善本书图书馆管理系统的其他模块。
（2）使用ASP.NET设计图书和订单系统，数据库结构参考本书第1章上机实训。
（3）使用ASP.NET设计公告栏系统，数据库结构可参考本书第1章上机实训。

第 **12** 章

课程设计——
学生成绩管理系统的开发

本章给大家安排课程设计的题目，请读者根据系统需求和功能分析，运用SQL Server 2005和ASP.NET来实现系统。

 知 识 点

- 学生成绩管理系统的需求分析
- 学生成绩管理系统的概要设计
- 学生成绩管理系统的数据库设计
- 学生成绩管理系统的详细设计

学生成绩管理系统

12.1 | 需求分析

12.1.1 学校工作流程分析

学校工作总体规划由教务人员在学生信息管理系统中完成对运行教务处所需的基本数据的维护，包括这些信息的增加、修改及对各项信息的变动都将在这里进行操作。

新的学年，教务人员首先加入年级信息，然后编排班级，再对来校学生进行基本的信息录入，新生入学后由教务人员在学籍系统中完成新学生信息的维护。

在每个学期开始，教务处根据班级的情况，以班为单位，为每个班级安排一个班主任，为每个年级安排一个年级组长，并对各科老师进行安排。

每举行一次考试后由任课老师对成绩进行录入。班主任对本班的成绩汇总，并进行排名；然后年级组长再进行汇总，并对本年级各科成绩及总成绩进行排名。

教务处、年级组长、班主任及任课老师根据实际情况对录入的成绩进行维护，各位同学对以上录入的信息可以根据自己的需要进行适当的查询。

12.1.2 系统具体需求分析

系统的具体需求如下：

- 学生　对自己各科成绩的查询及查看成绩排名等情况。
- 任课老师　输入并维护所教课程的学生成绩，计算本课程的成绩排名和本课程成绩在班上的排名，输出本班科目的成绩及排名情况。
- 班主任　输入并维护本班的基本信息，对本班的各科成绩汇总，计算各科成绩的总分、排名、本班平均分等。输出学生的基本信息、各科的成绩及各科成绩的排名、总分的排名情况。
- 教务处　学校全体成员的信息管理，对考试科目、时间及对所考科目的编号等进行具体的管理，并对任课老师、班主任等输入的信息进行存库，对学生的信息进行必要的维护，可打印学生的所有信息。

12.1.3 系统设计分析

本系统的功能主要分为如下几类：

- 用户管理　用于对用户的添加，给用户赋予不同权限，并对用户信息进行修改及查询。
- 课程管理　用于对各学期课程的开设和修改。
- 成绩管理　用于对成绩的输入、修改、汇总及排名。
- 学生信息管理　添加、删除和修改学生信息等。
- 授课信息管理　对授课教师、课程号、学时数、班级等信息进行添加和维护等。

- 学生信息查询　对学生成绩等信息的查询，查询方式为模糊，且具有多条件组合查询功能。
- 学生成绩统计　统计本课程的总分和平均分等。

12.1.4　系统功能分析

系统的具体功能包含以下一些：

- 权限功能　系统具有动态的权限分配功能，可按用户权限对用户进行分组。可分为普通用户、一般用户、超级用户。普通用户只是查询不能修改，一般用户只能对授权范围内进行相应修改及删除，超级用户能修改、删除所有信息。
- 录入功能　为一般用户提供相应的录入功能，为超级用户提供对所有信息的录入功能。
- 查询功能　为所有用户提供查询的功能，可查询允许范围内的所有信息。
- 维护功能　为一般用户提供查询及相应的修改、删除功能，为超级用户提供对所有信息的修改、删除功能。
- 退出功能　结束并关闭系统。

12.2 | 用户角色及功能结构

本系统用户角色主要有两类：系统管理员与普通用户。其中，系统管理员可进行用户管理，普通用户可分为学生、老师和教务处等用户。

- 系统管理员　可进行用户管理、组权限分配和信息查询等工作。
- 教师　可进行学生信息管理、课程信息管理、成绩管理、授课信息管理、信息查询和成绩统计等工作。
- 学生　可进行成绩查询等操作。

管理功能结构图如图 12.1 所示。

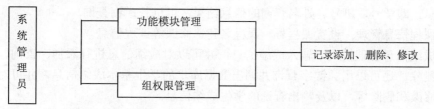

图 12.1　管理功能结构图

教师功能结构图如图12.2所示。

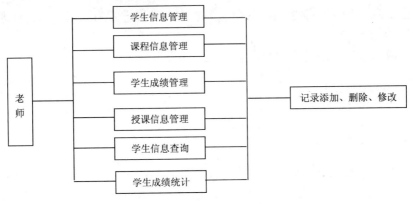

图 12.2　教师功能结构图

学生功能结构图如图12.3所示。

图 12.3　学生功能结构图

12.3 系统模块

本系统从功能上可分为以下几大模块：功能模块管理、组权限管理、学生信息管理、课程信息管理、学生成绩管理、授课信息管理、学生信息查询和学生成绩统计等几大模块。以下将对各子模块进行说明。

- 功能模块管理　将系统功能模块保存到数据库中以便于动态地进行不同用户组权限的分配等操作。本模块包括功能模块的添加、删除和修改等。
- 组权限管理　对用户进行分组，并将权限设置到不同的用户组。
- 学生信息管理模块　输入学生基本信息，并可以对学生信息进行添加、查询、修改和删除。还可以关键字查询并从数据库里调出学生基本信息，输出学生基本信息，即学号、班号、姓名查询的信息结果，可进行模糊查询。
- 课程信息管理　设置课程号、课程名和选修课等课程信息。
- 成绩信息管理模块　输入成绩信息，并可以对成绩信息进行添加、查询、修改和删除。还可以用关键字查询并调出数据库里的学生基本成绩信息，并可对其进行修改和删除等，以及输出查询的学生成绩信息。
- 授课信息管理　对教师授课信息的调度和安排等信息的管理。
- 学生成绩统计　对学生成绩总分、平均分等进行统计。

系统模块图如图 12.4 所示。

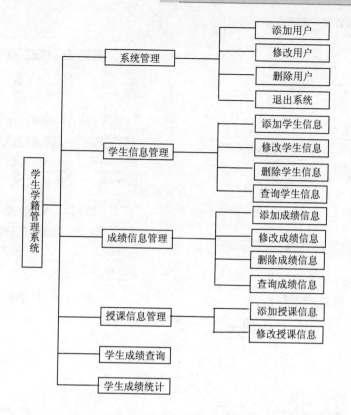

图 12.4　系统模块图

12.4 数据库设计

12.4.1 数据库表的逻辑结构设计

本系统定义的数据库中包含以下7个表：学生信息表、AdminGroup表、AdminUrl表、Admin表、成绩表、授课表和课程表等。下面介绍这些表的结构。

- 学生信息表　用于保存学生的学号、姓名、性别、年龄、所在院系、班级名、入学年份等信息。
- AdminGroup表　用于保存系统用户组信息、权限和组说明等信息。
- AdminUrl表　用于保存系统功能模块信息，包括模块URL、模块名和说明等。
- Admin表　用于保存系统用户及管理员信息，包括组别、登录用户名和密码等。
- 成绩表　用于保存学生成绩信息，包括学号、课程号和成绩等字段。
- 授课表　用于保存教师授课信息，包括教师名、课程号、学时数和班级名等。
- 课程表　用户保存课程信息，包括课程名、课程号和选修课等信息。

上述各表的结构分别如图 12.5~图 12.11 所示。

列名	数据类型	长度	允许空
学号	char	10	
姓名	char	10	✓
性别	char	10	✓
年龄	tinyint	1	✓
所在院系	varchar	50	✓
班级名	varchar	50	✓
入学年份	datetime	8	✓

图 12.5　学生信息表

列名	数据类型	长度	允许空
ID	int	4	
[Group]	varchar	50	
Promise	varchar	50	✓
comment	varchar	50	✓

图 12.6　AdminGroup 表

列名	数据类型	长度	允许空
Id	int	4	
Url	varchar	50	
UrlName	varchar	50	
Comment	varchar	50	✓

图 12.7　AdminUrl 表

列名	数据类型	长度	允许空
userid	int	4	
username	varchar	50	✓
password	varchar	50	✓
[group]	char	20	✓

图 12.8　Admin 表

列名	数据类型	长度	允许空
学号	char	10	
课程号	char	8	
成绩	tinyint	1	✓

图 12.9　成绩表

列名	数据类型	长度	允许空
教师名	char	10	✓
课程号	char	8	
学时数	tinyint	1	✓
班级名	char	10	

图 12.10　授课表

列名	数据类型	长度	允许空
课程号	char	8	
课程名	char	20	✓
选修课	char	10	✓

图 12.11　课程表

12.4.2　数据库表的关系图

以上数据表的关系图如图12.12所示。

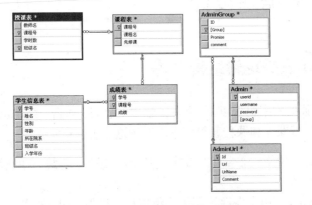

图 12.12　数据库的表关系图

12.5 小结

　　本章分析了学生成绩管理系统的系统需求和数据库设计等，读者可以根据本章的分析进行上机实训，完成数据库的建立，以及程序的建立、实现和运行。随书光盘中的程序源代码和演示可帮助读者更好地完成本课程设计。

附录　习题参考答案

第 1 章

略。

第 2 章

略。

第 3 章

1. 选择题

（1）A

因为1MB包含128个页面。而每个页面的前132字节作为页面头使用，所以实际上只有8 060个字节可以使用。每一笔记录为1 024，所以每个页面只能包含7笔记录。所以1MB字节只能包含128×7笔记录。因此数据库的大小应为100 000/（128×7）=120MB。

（2）D

不能创建小于model数据库容量的数据库。

（3）B

一个数据库可以跨越多个数据文件，不管它们是否位于同一个硬盘上。

（4）C

可以收缩数据库，以节省磁盘空间。

2. 简答题

（1）略。

（2）略。

（3）有两种方法可以删除与其他表存在关联的表：一是先删除关联，然后删除表；另外一种是在关系图窗口中右击要删除的表，然后选择"从数据库中删除表"命令，并在关闭关系图窗口时保存关系图。

第 4 章

1. 选择题

（1）B

因为所有的用户都有Windows的账户，所以使用混合验证模式没有太大的意义，而使用Windows验证模式则显得比较方便。

（2）A、D

（3）A

（4）A

（5）A、B、C都能完成任务，但是A最省事，而D不能完成任务。

（6）A

因为所有数据库中的用户名和登录名的映射可能都不相同，所以每个数据库都包含自己的 sysusers 表。

2. 简答题

略。

第 5 章

略。

第 6 章

1. 选择题

C

2. 简答题

略。

第 7 章

略。

第 8 章

略。

第 9 章

1. 简答题

（1）略。

（2）创建和绑定。

（3）略。

（4）略。

第 10 章

1. 选择题

（1）A、B和C

（2）A

2. 简答题

略。

第 11 章

略。